本书出版得到国家林业公益性行业科研专项支持：

南岭山地水松等珍稀树种濒危机制及其保育技术研究（2011033）

# 南岭山地珍稀树种遗传多样性研究

## Studies of Genetic Diversity of Endangered Trees from Nanling Region

徐刚标　著

科学出版社

北　京

# 内 容 简 介

　　珍稀濒危植物遗传多样性是当前生物界研究的热点，也是各国政府关注的焦点。本书是著者对我国南岭山地珍稀树种长期研究的主要成果总结。全书共 7 章，前 3 章阐述植物遗传多样性研究的基本原理和主要方法，后 4 章是以南岭山地珍稀濒危树种的代表种为研究对象，开展植物遗传多样性研究的案例。

　　本书可供生物学、生态学、遗传学、林学等学科专业的师生和科研工作者及相关专业技术人员参考。

**图书在版编目（CIP）数据**

南岭山地珍稀树种遗传多样性研究/徐刚标著. —北京：科学出版社，2016
ISBN 978-7-03-046568-9

Ⅰ. ①南…　Ⅱ. ①徐…　Ⅲ. ①山地-濒危植物-树种-遗传多样性-研究-中国　Ⅳ. ①S79

中国版本图书馆 CIP 数据核字（2015）第 288522 号

责任编辑：丛　楠　文　茜 / 责任校对：彭珍珍
责任印制：赵　博 / 封面设计：铭轩堂

*科学出版社* 出版
北京东黄城根北街 16 号
邮政编码：100717
http://www.sciencep.com

北京科印技术咨询服务有限公司数码印刷分部印刷
科学出版社发行　　各地新华书店经销

\*

2016 年 1 月第　一　版　　开本：787×1092　1/16
2025 年 1 月第三次印刷　　印张：11 1/2
字数：312 000

定价：**88.00** 元
（如有印装质量问题，我社负责调换）

# 前　言

近 2 个多世纪以来，由于人口急剧增长，人类经济活动日益频繁，城市化进程及农业用地面积扩大不断加剧，导致森林面积持续减少，连续成片森林变成彼此隔离的森林斑块的碎片化现象日益凸显，陆地森林生态系统潜在威胁逐渐显现，生物多样性急剧下降。保护生物多样性，特别是维持物种遗传多样性，已成为全球性森林保护的核心问题。为了满足生物遗传多样性研究与保护的需求，国内于 1993 年创办了《生物多样性》学术期刊。

基于中国知网资源数据库（http://www.cnki.net）的检索结果，有关国内生物遗传多样性研究文献量由 20 世纪 90 年代初期的年均不足 20 篇，激增到 2014 年的 1500 余篇。分析国内有关植物遗传多样性的研究文献，不难发现少部分研究者对植物材料收集的设计重视不够，有关种群遗传参数的生物学含义及其适用范围不太清楚，导致一些同种植物的研究结果不一致，甚至对研究结果的科学解释不很准确。

20 世纪 80 年代，著者首次参加由中南林学院（现更名为中南林业科技大学）老一辈林学家主持的湖南省林木种质资源普查工作时，深感我国林木资源流失现象十分严重——50 年代记载的珍稀植物已有部分物种野外找不到。90 年代初，著者第一次接触到遗传多样性的科学概念时，就对濒危树种遗传多样性研究领域产生了深厚兴趣。20 世纪初，著者有幸在国家留学基金委员会出国留学基金的资助下，前往加拿大 Alberta 大学师从杨荣才博士，较系统地学习了植物遗传多样性研究的原理与方法。

本书共 7 章，可分为两个部分。第一部分为第一章至第三章，是开展植物遗传多样性研究的必备知识背景，也是著者近 20 年来学习心得。第二部分为第四章至第七章，是著者主持的国家林业公益性行业科研专项"南岭山地水松等珍稀树种濒危机制及其保育技术研究"(2011033)三大主要研究内容之一，以水松(*Glyptostrobus pensilis*)、南方红豆杉(*Taxus chinensis* var. *mairei*)、观光木(*Tsoongiodendron odorum*)和伯乐树(*Bretschneidera sinensis*)为研究对象，开展珍稀濒危树种遗传多样性研究的成果总结。附录为种群遗传多样性与遗传结构分析软件，旨在为读者提供种群遗传多样性分析工具。

本书是国内外第一部针对南岭山地及周边地区珍稀濒危树种的代表种开展遗传多样性研究的专著，也是著者近 20 多年从事植物遗传多样性理论学习和实践的总结，部分内容已发表在国内外期刊上。

在开展"南岭山地濒危树种遗传多样性研究"过程中，野外样本收集得到了国家林业局野生动植物保护与自然保护区管理司、湖南省林业厅野生动植物保护处、广东省自然保护区管理办公室、江西省林政资源保护管理处、广西壮族自治区野生动植物保护与自然保护区管理处、贵州省野生动植物保护与自然保护区管理处、福建省野生动植物保护中心，以及具体采样单位的大力支持，在此深表感谢！特别感谢国家林业公益性行业科研专项"南岭山地水松等珍稀树种濒危机制及其保育技术研究"项目组成员文亚峰研究员提供了部分南方红豆杉样本及分子标记数据，以及韩文军副教授、周宏高级工程师、黎恢安工程师的精心合作。感谢中南林业科技大学王爱云教授，研究生申响保、梁艳、吴雪琴、刘雄盛、肖玉菲、胡尚力、郝博搏、何长青、邹帆等参与野外样本采集及室内分子标记实验与分子数据分析，李红盛同学帮助绘制了本书中所有的采样地图。

　　本书撰写时，正值著者爱人攻读博士学位，爱女上高三。为了支持著者完成本书撰写任务，她们从不干扰著者写作与数据分析。在此，致以最崇高的敬意。

　　由于著者水平所限，本书难免存在不足之处，敬请读者批评指正。

徐刚标

2015 年 10 月 29 日于长沙

# 目　　录

前言
**第一章　遗传多样性研究概述** ································································· 1
  第一节　遗传多样性来源及意义 ····························································· 4
    一、遗传重组 ······················································································ 4
    二、突变 ···························································································· 4
    三、表观遗传修饰 ················································································ 5
  第二节　植物遗传多样性研究的意义 ······················································· 6
  第三节　植物遗传多样性模式及水平 ······················································· 8
    一、繁育系统与种子散播方式 ································································ 9
    二、分布区与地理区域 ········································································· 12
    三、系统发育、生活史、群落演替阶段 ··················································· 13
  第四节　谱系地理学在濒危植物遗传多样性中应用 ······································ 13
    一、谱系地理学理论 ············································································ 13
    二、叶绿体非编码序列分子标记 ···························································· 14
    三、谱系地理学分析方法 ······································································ 16
    四、谱系地理学在珍稀植物遗传多样性中的应用 ········································ 16
  参考文献 ···························································································· 17
**第二章　植物遗传多样性数据产生及参数估算** ············································ 22
  第一节　样本采集策略 ········································································· 22
    一、抽样基本理论 ··············································································· 23
    二、简单随机抽样 ··············································································· 24
    三、分层随机抽样 ··············································································· 25
    四、系统抽样 ···················································································· 25
    五、种群内采样 ················································································· 26
    六、种群间抽样 ················································································· 27
  第二节　遗传标记 ··············································································· 27
    一、等位酶标记 ················································································· 28
    二、微卫星标记 ················································································· 29
    三、显性分子标记 ··············································································· 29
    四、植物细胞器 DNA 标记 ··································································· 29
  第三节　遗传多样性丰富度 ··································································· 30
    一、多态位点百分比与等位基因数目 ······················································ 30

　　二、基因多样性（杂合度）…………………………………………………31

　　三、核苷酸多态性与核苷酸多样性……………………………………………33

　　四、显性数据…………………………………………………………………33

　　五、单倍体基因组……………………………………………………………35

　第四节　种群遗传分化…………………………………………………………36

　　一、F-统计量…………………………………………………………………36

　　二、基因差异分化系数…………………………………………………………37

　　三、等位基因频率方差…………………………………………………………38

　　四、特殊情况下多基因位点遗传分化…………………………………………40

　　五、细胞器基因组……………………………………………………………41

　　六、分子方差分析……………………………………………………………41

　第五节　遗传距离与基因流……………………………………………………42

　　一、遗传距离…………………………………………………………………42

　　二、基因流……………………………………………………………………44

　参考文献…………………………………………………………………………45

第三章　濒危植物小种群遗传进化………………………………………………47

　第一节　小种群遗传基本理论…………………………………………………48

　　一、遗传漂移…………………………………………………………………48

　　二、小种群遗传多样性的维持机制……………………………………………50

　第二节　生境碎片化濒危植物种群……………………………………………53

　　一、瓶颈效应…………………………………………………………………53

　　二、奠基者效应………………………………………………………………55

　　三、近交………………………………………………………………………56

　　四、杂交与种群合并…………………………………………………………56

　第三节　濒危植物种群大小与种群遗传多样性………………………………58

　　一、生境异质与植物种群大小…………………………………………………58

　　二、植物种群大小、遗传多样性与适应性……………………………………59

　第四节　最小存活种群…………………………………………………………63

　参考文献…………………………………………………………………………64

第四章　水松遗传多样性研究……………………………………………………68

　第一节　水松研究进展…………………………………………………………68

　第二节　基于 ISSR 标记的水松种群遗传多样性……………………………70

　　一、材料与方法………………………………………………………………70

　　二、结果与分析………………………………………………………………75

　　三、讨论………………………………………………………………………81

　第三节　基于叶绿体标记的水松遗传多样性…………………………………84

　　一、材料与方法………………………………………………………………84

　　二、结果与分析………………………………………………………………86

　　二、讨论 88
　参考文献 89
第五章　南方红豆杉遗传多样性研究 93
　第一节　南方红豆杉的研究概况 93
　第二节　南方红豆杉天然种群遗传多样性 95
　　一、材料与方法 95
　　二、结果与分析 98
　　三、讨论 103
　第三节　南方红豆杉分子谱系地理学 104
　　一、材料与方法 104
　　二、结果与分析 106
　　三、讨论 112
　参考文献 113
第六章　观光木遗传多样性研究 116
　第一节　观光木研究概况 116
　第二节　观光木天然种群遗传多样性 118
　　一、材料与方法 118
　　二、结果与分析 119
　　三、讨论 123
　第三节　观光木分子谱系地理学 125
　　一、材料与方法 125
　　二、结果与分析 127
　　三、讨论 133
　第四节　观光木人工保育林遗传多样性评价 134
　　一、材料与方法 134
　　二、研究结果 135
　　三、讨论 138
　参考文献 140
第七章　伯乐树遗传多样性研究 143
　第一节　伯乐树研究进展 143
　第二节　伯乐树种群遗传多样性分析 145
　　一、材料与方法 145
　　二、结果与分析 147
　　三、讨论 152
　第三节　伯乐树分子谱系地理学 154
　　一、材料与方法 154
　　二、结果与分析 155
　　三、讨论 160

第四节　伯乐树人工保育林遗传多样性评价 ·······················161

　　一、材料与方法 ··············································161

　　二、结果与分析 ··············································162

　　三、讨论 ····················································165

参考文献 ··························································167

**附录** ····························································170

# 第一章　遗传多样性研究概述

生物多样性包括生态系统多样性、物种多样性及物种内所包含的遗传多样性，是生物漫长进化过程中重要的自然组成部分。

自人类社会出现以来，生物多样性就与人类生存、发展密不可分。但是，严谨、系统地开展物种多样性研究始于18世纪。18世纪30年代，瑞典生物学家林奈先后在其著作《自然系统》、《植物属》中对物种多样性按种、属、科等阶层进行分类、识别；19世纪，英国博物学家达尔文在其巨著《物种起源》中，首次科学地阐述了物种多样性的形成机制；20世纪初，丹麦遗传学家约翰森明确地将生物表型多样性区分为遗传多样性与环境多样性，证实了遗传多样性的完整性与环境变异无关；1928年，苏联植物学家和农学家瓦维洛夫提出"作物起源中心"，又名为"多样性中心"。

早在19世纪，局部或地区生物多样性调查发现，生物多样性正面临着前所未有的严重威胁。工业化革命较早的英国，于19世纪末的自然植被调查发现，重要的代表性植物种已消失。随后的植物群落研究进一步证实，由于工业污染、土地用途的改变、植物资源过度开发利用等，植物生境以前所未有的速度破碎、减少，资源日益枯竭，部分植物种趋向灭绝。植物种一旦灭绝，所蕴藏的独特基因库将永远地消失，最终将导致人类和其他生物赖以生存的物质基础和栖息地丧失，以及其他不可弥补的后果等。进入20世纪，随着全球性生物多样性研究深入，生物多样性的流失现象引起世界有识人士高度关注，从而推动了全球性生物保护工作的开展。20世纪中叶，联合国和法国政府创建了世界自然保护联盟；1961年，世界野生生物基金会建立；1971年，联合国教科文组织提出"人与生物圈计划"；1978年，在美国圣地亚哥召开了"第一次国际保护生物学大会"；1980年，国际自然保护组织编制完成《世界自然保护大纲》；1985年，成立了"保护生物学会"。随后，各国政府通过颁布法案，国际组织通过划分濒危等级、制定濒危物种名录、研究物种濒危机制、制定物种保护措施及出版濒危物种红皮书等方式，致力于生物多样性保护工作（Frakel et al., 1995）。

随着生物保护工作的开展，自然群落、代表物种已成为人类关注的热点。作为自然群落功能一部分的物种，其生存与灭绝，是生物学家首要关心的问题。在各类保护计划中，由于环境变化及不可避免的人类活动，物种和种群面临着自然选择，处于动态变化过程。因此，有效的生物保护方案，实质上是将生态系统、物种及种内遗传多样性作为整体。1988年，著名生态学家Rose提出了"生物多样性"术语。"生物多样性"概念的提出，意味着遗传学和生态学理论的整合。

遗传多样性有广义与狭义之分。广义是指地球上所有生物所携带的遗传信息的总和。通常所说的遗传多样性是狭义概念，是指同一物种内所有的遗传物质变化，包括物种内不同种群间或种群内不同个体间的遗传变异总和。遗传学上，遗传多样性又称为多态性

（夏铭，1999；张大勇和姜新华，1999）。

植物遗传多样性，具体表现在同种植物个体之间在形态学特征、生理特性、细胞和分子结构等不同层次水平上的变异。植物形态变异是最直观且易被人们注意的一种表型变异，如豌豆（*Pisum sativum* L.）的花色、种子的形状，种群中出现的白化苗、花柱异长植株等一些稀有突变；植物生理特性变异包括光合作用的强弱、酶活性的高低等；细胞水平变异，主要体现在染色体数目变化和染色体结构变异，如染色体核型（染色体数目、结构、随体有无、着丝粒位置等）和带型（C 带、N 带、G 带等）的变化。染色体长度、着丝点位置及随体有无，反映了染色体的缺失、重复、倒位和易位等遗传变异。染色体数量变异包括整倍体和非整倍体。分子变异是指 DNA 分子上的脱氧核苷酸排列顺序发生了改变，导致基因突变，以及遗传信息转录后各个层次上的遗传变异，如等位酶的分子结构变异（徐刚标，2009）。

除了孤雌生殖和营养生殖的植物外，自然界中绝大多数植物通过有性繁殖方式繁衍后代。有性繁殖植物的后代个体携带的染色体是减数分裂和受精共同作用的结果。减数分裂过程中，非姐妹染色单体之间的 DNA 片段产生各种方式的交换，形成配子时，位于非同源染色体上的基因之间自由组合，由于每种植物包含的基因数目很多，重新排列组合的数量几乎是无限的。因此，对于大多数植物，物种或种群内的不同个体基因型几乎是不相同的（徐刚标，2009）。

陆生高等植物种内遗传多样性是由环境因子、生物因素及物种自身特征，在长期进化过程中共同作用的结果。环境因子包括气候、土壤、水分、地形地势；生物交互作用包括物种间竞争与共生、寄生与捕食；植物种自身特征包括种群大小、交配系统、突变、迁移与扩散。上述影响因子不仅影响着植物遗传多样性及种群遗传结构，而且通过自然选择、随机事件决定着种群进化方式和方向。同样，植物种群对病虫害反应也是系统过程和随机过程。由于某种病、虫存在，寄主植物产生种群抗性以适应不利的环境条件，而寄生物也产生致病性，从而影响和决定植物种群遗传变异程度。

任何植物个体的生命都是短暂的，但由个体构成的种群或种群组成的物种在时间上连绵不断，是生物进化的基本单位。每种陆生高等植物都有其特定的地理分布区，由于分布区内不同地域的气候、土壤水分、地形地势等生态环境因子存在着差异，在漫长的物种进化过程中，不同地域的种群长期经受不同环境自然选择压力，并可能被山脉、湖泊、海洋阻隔，加之突变、遗传漂移等进化因子作用，种群间将会产生明显遗传分化，表现出种群间存在着丰富的遗传变异。因此，植物种内遗传变异可进一步划分为种群内的个体间变异、生活在相似气候土壤条件下长期隔离的种群间变异，以及生长在不同环境条件下产生的独特生态型变异（White et al.，2007）。植物遗传多样性包括物种水平、种群水平的遗传变异程度（丰度），以及遗传变异在种群间分布格局（频度）。物种的进化潜力和抵御不良环境的能力既取决于物种水平的遗传变异大小，又依赖于种群遗传变异模式（徐刚标，2009）。

濒危物种是指短期内有可能灭绝的物种。根据植物受威胁的程度，世界自然保护同盟（International Union for the Conservation of Nature and Natural Resources，IUCN）将濒危植物分为极危（CR）、濒危（EN）、渐危（VU）、近危（NT）4 个不同级别。植物濒危是植物本身的内部因素和外部因素共同作用的结果。内部因素包括遗传进化潜力、生殖能力、存活能力、适应能力的衰竭等，这些因素是威胁植物生长、繁衍，导致其稀有濒危的主要原因。大多数珍稀濒危植物或多或少存在生殖障碍，如雌雄蕊发育不同步、花粉败育、花粉管不能正常到达胚囊及胚胎败育等，自然更新能力较弱。外部因素包括陆地的隆起和下沉、冰川期和后冰川干热期的交替造成的大规模气候变迁，以及人类过度采伐、采收、放牧、开垦、人为火灾等对植物资源不合理的开发利用（吴成贡和蒋昌顺，2006）。

根据自然分布特征，濒危植物大体可分为 4 种类型（Bawa and Ashton，1991）。

（1）种群密度很低，每公顷成熟开花植株不足 1 株。例如，木兰科（Magnoliaceae）中很多物种为濒危植物，虽然植物分布区很广，但植物处于高度散生状态。这类濒危植物，具有远距离传播花粉和种子的生物学机制，以维持低密度种群存活。

（2）在某些地方常见，但在两个隔离种群之间没有分布。许多热带濒危植物属于这种类型。

（3）地方特有种，如金缕梅科（Hamamelidaceae）中一些濒危物种仅于狭小的地理区域内分布。

（4）少数地方集中分布，但整个物种的分布密度很低。这类濒危植物对生境条件要求苛刻，当环境发生改变时，原有种群碎片化成大小和密度各异、相互隔离的"岛屿"种群。一般情况下，植物个体在"岛屿"间的较适宜微生境下生存、繁殖，起到"岛屿"种群间基因流的"脚踏石"作用。

由此可见，濒危植物种群通常较小，生殖能力很弱，散生，多局限于某一地方或常常在有限的、脆弱的生境中生存，生境碎片化（范繁荣等，2008）。小种群由于个体的损失一般会存在近交、遗传漂移、基因流受阻等潜在的遗传风险，并由此加剧种群遗传多样性丧失。近交会进一步降低后代的生育能力和种群生存能力，遗传多样性丢失会降低种群对环境变化适应的进化潜力（Frankham et al.，2004）。开展濒危植物遗传多样性研究，分析种群长期生存的进化遗传学问题，可为减少小种群中近交和遗传多样性丢失的遗传管理提供种群遗传学信息，最终目标是延缓濒危植物目前的灭绝速度（Frankham et al.，2004）。

横亘于我国江西、福建、湖南、广东、广西、贵州之间的南岭山地（23°30′N—26°30′N，109°E—116°E）是一个较完整的自然地理单元，为长江流域和珠江流域的分水岭（中华人民共和国林业部林业区划办公室，1987）。南岭山地山脉走向多变、地形复杂、隘口众多，南北植物区系成分在这里交汇、过渡和分化，是许多古老植物种属的第四纪"冰期"避难所，保留着大量的孑遗植物（陈涛和张宏达，1994；邢福武等，2011）。南岭山地的独特地理位置和多样化气候特点给植物生长、繁衍、变异创造了良好的自然条件，珍稀植物种类繁多，被誉为"绿色植物基因库"，保护价值巨大，是我国已建自然保护区最多的区域之一。开展南岭山地珍稀濒危植物遗传多样性研究，探讨其濒危机理，对南岭山地珍稀濒危植物保护和自然保护区建设，具有重要的理论指导意义和实践应用价值。

# 第一节　遗传多样性来源及意义

从分子水平来讲，遗传多样性是由特定编码基因、调节基因表达的 DNA 序列、非编码 DNA 序列、同源或相关 DNA 序列拷贝的差异，以及转座子从染色体某个位置转座到另一个位置引起的。从遗传学角度来讲，遗传多样性是由于物种或种群中不同个体间发生遗传重组、基因突变及表观遗传修饰而引起的。

## 一、遗传重组

遗传重组，是已经存在的遗传物质产生新的组合过程，是最直接的也是最重要的遗传变异来源（Felsenstein，1974）。

遗传重组主要通过有性生殖来实现。两性繁殖的后代个体染色体组成是由减数分裂和受精共同作用决定的。由于任何一个基因的表型效应不仅取决于基因本身，而且还取决于基因之间的相互作用，因而，通过有性生殖过程的遗传重组虽然不改变基因本身，但新的基因组合可以导致新的遗传变异。

植物有性交配过程是具有不同遗传物质基础的个体间杂交，通过连锁互换、自由组合等形式的遗传重组实现。影响植物遗传重组的内部因素是繁育系统和减数系数。

植物繁育系统一般是指种群内植株间交配方式、类型（交配系统）及繁育世代的长短。植物交配系统是种群两代个体间遗传联系的纽带，决定着后代种群遗传多样性水平及种群遗传结构，通常分为自交（近交）、异交（远交）、混合交配三种类型。近交植物是完全或主要通过自花授粉产生种子，异交植物是通过异花授粉产生种子，混合交配植物是由完全自交向完全异交过渡的类型。近交提高配对配子间的亲缘关系，降低遗传重组的概率，使家系内的基因型逐渐趋同，同时加大家系间的遗传分异。与此相反，异交减少配对配子间的亲缘关系，增加有效种群大小，打破种群内的家系结构，使得种群内部的遗传分化不太可能发生。分布于捷克境内的白茎眼子菜（*Potamogeton praelongus*）种群遗传多样性低，主要是由于该植物占无性繁殖主导地位及人工培育的无性繁殖个体造成的（Kitner et al.，2013）。

染色体的交换频率，即减数系数，也影响植物遗传多样性高低。对于短繁育世代的近交植物，虽然近交减少遗传变异，但较高的减数系数也可能增加遗传变异。一年生植物，世代短，减数系数大；而多年生植物，寿命长，减数系数小。因此，远交、短世代周期的植物遗传多样性最为丰富，而近交、长世代周期的植物遗传多样性相对较低。

## 二、突变

遗传多样性的主要来源是突变。突变包括染色体突变和基因突变，是创造遗传多样性的过程，但与遗传重组机制截然不同。

每种生物的染色体数目和结构是相对稳定的，大多数植物体细胞中染色体数目成对，分别来自双亲的配子，这些形态、结构与功能彼此不同的染色体，缺少任何一条，生命将难以维持，性状也不能正常遗传。

自然界中，植物染色体数目和结构改变经常发生。生物体染色体数目变异一般分为两类。一类是染色体组数增加或减少，如单倍体与多倍体变异；另一类是染色体组中增加或减少一条或多条染色体，结果形成单体、三体、缺体等非整倍体变异。

多倍体化是植物中最常见的遗传变异之一。小麦（*Triticum aestivum* L.）、燕麦（*Avena sativa* L.）、棉花（*Gossypium hirsutum* L.）、烟草（*Nicotiana tabacum* L.）、甘蔗（*Saccharum officinarum* L.）、香蕉（*Musa* spp.）、苹果（*Malus pumila* Mill.）、梨（*Pyrus communis* L.）、水仙（*Narcissus tazetta* var. *chinensis* M. Roem.）等经济植物都是多倍体。据估计，被子植物中有47%以上是多倍体，单子叶和双子叶植物中有70%为多倍体，蕨类植物多倍体比例高达97%，裸子植物较少为多倍体。由于某种未知的原因使染色体复制之后，细胞不随之分裂，细胞中染色体成倍增加而产生同源多倍体；不同种、属间的杂交种染色体加倍形成异源多倍体。

植物非整倍体，无论是单体、三体还是其他类型的非整倍体，由于增多或减少的染色体会扰乱正常基因组所赋予的发育平衡，都会对植物个体发育产生严重的不良影响，因此，非整倍体在植物进化中没有多大作用。

染色体片段缺失、重复或某片段发生颠倒，以及非同源染色体间相互交换染色体片段的染色体结构变异，都是生物遗传变异的重要来源之一。染色体结构变异不仅能改变旧的基因组合，建立新的基因连锁关系，而且能通过各种机制保证特定的基因组合不变更地一代一代传递下去，成为正常的遗传体系的一部分。

基因突变在生物界很普遍，如玉米（*Zea mays* L.）的紫色种子，水稻（*Oryza sativa* L.）的矮生型。自然界中，经常发生DNA分子中一个碱基对被另一个不同的碱基对取代所引起的点突变。其中，一种嘌呤被另一种嘌呤取代或一种嘧啶被另一种嘧啶取代的转换要多于嘌呤取代嘧啶或嘧啶取代嘌呤的颠换。

DNA片段中某一位点插入或丢失一个或几个（非3或3的倍数）碱基对，造成插入或丢失位点以后的一系列编码顺序发生错位的移码突变，可引起该位点以后的遗传信息出现异常。发生了移码突变的基因在表达时可使组成多肽链的氨基酸序列发生改变，从而严重影响蛋白质或酶的结构与功能。

基因组中一段可移动的DNA序列，通过切割、重新整合，从基因组中某个位置"跳跃"到另一位置的转座，通常对插入位点几乎没有序列选择性。转座子可能插入到基因内部，造成基因完全失活；也可能插入到一个基因的调控序列中，造成该基因表达的改变。转座是许多物种中新的突变来源，转座子这种不加选择的DNA插入能力，是导致物种遗传多样性的一个重要因素，在植物进化中起着重要的作用。

基因突变对生物体生活力及生殖能力可能有影响也可能没有影响。突变对生物生殖力和生活力没有影响的中性突变，如内含子与重复序列，不改变蛋白质功能的结构基因的一些突变等，对合成蛋白质氨基酸没有影响，不受自然选择影响，对生物体无影响，显然是遗传多样性的重要来源。

## 三、表观遗传修饰

表观遗传修饰，是指核苷酸序列不发生改变，遗传物质（染色体片段）可以被修饰，在其祖先信息基础上产生新信息，或依赖于与其共存同一基因组的其他基因。表观遗传修饰机制主要包括 DNA 甲基化、组蛋白修饰、非编码 RNA 干扰等，其结果是引起基因组印记、母性效应、基因沉默、核仁显性、副突变、休眠转座子激活和 RNA 编辑等一系列遗传效应（梁前进，2007a，2007b）。

DNA 甲基化是指在甲基转移酶的催化下，DNA 的嘧啶被选择性地添加甲基，形成 5-甲基胞嘧啶，并且，甲基化位点可随 DNA 复制而遗传，DNA 甲基化能引起染色质结构、DNA 构象、DNA 稳定性及 DNA 与蛋白质相互作用方式的改变，从而控制基因表达。

组蛋白修饰是指组蛋白在相关酶作用下发生甲基化、乙酰化、磷酸化、腺苷酸化、泛素化、ADP 核糖基化等修饰的过程。

非编码 RNA 干扰是指在进化过程中高度保守的、由双链 RNA 诱发的、同源 mRNA 高效特异性降解的现象。由双链 RNA 引发的植物 RNA 沉默，主要有转录水平的基因沉默和转录后水平的基因沉默两类。

表观遗传修饰对于物种进化有重要的作用（桂宾，2011）。基因组表观遗传修饰发生的频率和位置及其消失情况的研究结果显示，与 DNA 突变相比，表观遗传修饰更加重要也更加频繁，但效应时间很短。很多表观遗传修饰不稳定，经过几代后又会恢复到原始状态。尽管 DNA 甲基化需要很强的进化优势，才能在再度丢失之前累积起来，但是表观遗传修饰在进化中仍然有着重要作用，因为可逆的突变对于下一代并不是必须要发生的，一定有其意义。另一点与普通突变不同的是，表观遗传修饰的发生不是随机的，而是经常发生在基因组的某一相同位置。相应的转座子区的 DNA 甲基化则非常稳定。相对于单个胞嘧啶的甲基化来说，基因组大片段地甲基化更加重要。基因组大片段地甲基化的表观遗传修饰的改变和基因突变一样十分罕见，但这种表观遗传修饰的遗传效应却十分明显。研究人员发现这样一个区域，它在亲代首先失去了 DNA 甲基化，然而，在它的子一代，这个区域又被完全重新甲基化。

表观遗传修饰，是一种重要的遗传变异类型，阐述了生物体性状的强化或退化是受遗传物质和表达模式共同作用的结果，因此，它不是简单的拉马克学说，也没有否认达尔文"进化论"理论。达尔文学说仅从遗传物质变异解释生物的进化，表观遗传修饰则从基因的表达模式上对生物进化进行诠释，它是生物进化论理论的补充（王霞等，2008）。

## 第二节　植物遗传多样性研究的意义

遗传多样性是生物多样性的重要组成部分，物种所具有的独特基因库和遗传结构提供了物种适应环境、生存和进化的原材料，维持了物种稳定性和进化潜力，对物种多样性具有决定性作用。物种是构成生物群落进而组成生态系统的基本单元。生态系统多样性离不开物种多样性，更离不开不同物种的遗传多样性。维持物种和种群遗传多样性有助于保持物种和整个生态系统多样性，减缓由于适应和进化所导致的物种灭绝过程。因此，遗传多样性是生态系统多样性和物种多样性的基础，与生态系统的稳定有着直接关系（Hughes and Stachowiez，2004）。保护生物多样性最终目的是保护遗传多样性（王洪新和胡志昂，1996）。

遗传多样性是生物长期进化的产物，是物种维持其繁殖活力、抗病虫害能力和适应环境变化的物质基础，是物种生存适应和拓展进化的前提。遗传多样性与物种或种群的生存能力、繁育健康度的关系密切，种群遗传变异的大小与其进化速率呈正比。种群或物种遗传多样性越高或遗传变异越丰富，对环境变化的适应能力就越强，容易扩展其分布范围和开拓新的环境，物种进化潜力越大。遗传多样性丰富的植物种，由于进化可形成抗病虫害、抗逆境或耐污染的基因型，遗传多样性丧失将降低物种适应环境变化的能力，影响种群长期存活，某些特殊情况下，短期内导致种群的直接灭绝（Booy et al.，2000）。理论与大量实验表明，自交不亲和物种的自交不亲和位点多态性丧失可以导致物种的直接灭绝，例如，只分布在伊利诺伊斯州和俄亥俄州的美国特有植物湖边雏菊（*Hymenoxis acaulis* var. *glabra*）已处于极度濒危状态。人工控制杂交实验证明，伊利诺伊斯种群仅有1种亲和类型，个体之间无法产生正常的受精。多数俄亥俄种群只有3~4个，仅有1个种群达到了9个（Demauro，1993）。

遗传多样性丧失可能会降低物种抵御病虫害的能力（Huang et al.，1998）。最典型的例子是美洲栗（*Castanea dentata*），因对入侵的栗疫病缺乏抗性遗传多样性而几乎灭绝。外来樟疫（*Phytophthora cinnamomi*）已造成澳大利亚桉（*Eucalyptus marginata*）和相同森林生态系统其他几个树种的大量死亡（Shearer and Dillon，1995）。外来铁杉球蚜（*Adelges tsugae*）引进到美国东部森林，对卡罗莱纳铁杉（*Tsuga carolina*）和加拿大铁杉（*Tsuga canadensis*）造成了灾难性后果（McClure et al.，1992）。植物 *Agrostis tennuis* 由于进化形成耐重金属的基因型，能在矿井沉渣污染的土壤上正常生长繁衍，而遗传多样性低的植物种，不能在受污染的土壤上生长（Bradsaw et al.，1991）。尤其是，遗传均一种群或物种有随时灭绝的危险。黄花茅（*Anthoxanthum odoratum*）有性繁殖的子代，其存活能力、繁殖能力和生长速率等较遗传单一性无性系占有优势（Ellstrand and Antonovies，1985），而且遗传单一性无性系极易感染病菌（Fiedler and Kariea，1998）。近期发现的世界上最古老珍稀濒危植物，俗称"恐龙树"的澳大利亚梧莱米松（*Wollenmi noblis*）在几百个基因位点上均为遗传均一性，经检测所有植株均没有对普通的枯梢性真菌病害的抵抗能力，有着极大的灭绝风险（Bullock et al.，2000）。

开展遗传多样性研究为生物各分支学科提供重要的背景资料。古老分类学、系统学一直在不懈地探索、描述和解释生物多样性，并试图建立能反映生物系统发育关系的阶层系统和便利实用的信息资料存取及查询系统。遗传多样性的研究可以揭示物种或种群起源的时间、地点、方式等进化历史信息，加深对微观进化的认识，有助于对物种稀有或濒危原因及过程的探讨，为植物分类进化及遗传改良奠定基础，为进一步分析其进化潜力和未来的命运提供重要的资料。

植物遗传多样性对人类具有直接的经济意义。人类衣、食、住、行所需的原料——纤维、染料、粮食、果品、药物、木材、建筑材料、橡胶等，都来源于植物遗传资源。野生植物的抗性（抗病性、抗旱性等）比栽培种强得多，把遗传上亲缘物种抗性基因引入驯化或栽培种，能大幅提升农业生产力水平。

一些植物资源目前似乎毫无用途，但将来有可能有助于人类免于饥荒，祛除疾病。随着某种植物资源需求量增多，供应量不断减少，需求价值将不断下降。由于环境生态条件不断恶化，当前经济作物也许适应不了未来的环境变化，必须人工驯化新的野生植物资源，因此，珍稀濒危植物的经济价值可能不断增加。

植物遗传多样性是栽培植物的巨大资源库，也是培育植物新品种的物质基础（王峥峰和彭少麟，2003）。20 世纪掀起闻名世界的"绿色革命"以来，特别是 20 世纪后期的现代农业生物技术和遗传工程的迅速发展，突破了种间杂交障碍，为野生植物遗传多样性的利用提供了强有力的工具，培育出大量高产、抗逆和优质的植物新品种。与此同时，工业化和城市化进程、资源的不合理利用、种植品种单一化、外来物种入侵、气候变化等原因，使植物生境碎片化日益加剧，天然种群日益锐减，遗传多样性急剧丧失（葛颂和洪德元，1994；Avise，2010）。濒危植物遗传多样性日益缩小、消失，种质均质化，遗传资源枯竭，会带来灾难性后果。

保护遗传多样性是一种道德和美德上的责任，尤其是保护因人类开发或忽视而导致濒危的物种。一个多样化的世界比单调的世界更有利于人类生存和发展。每一类群的生物具有独一无二的性状和生活史，这些增加了这个星球的美丽。更重要的是，人类遗传学的知识还不完整，物种遗传多样性可能在未来有着当前难以想象的利益，如果不采取多样性保护，这难以想象的利益将可能永远不会实现。

地球出现生命以来，曾经生存过几十亿个物种。地质年代中，由于地球的气候是温暖和寒冷交替出现，经历了 4 次大冰川气候。冰川期气候寒冷，导致绝大部分植物灭绝，仅部分植物种退却到少数"避难所"中得以生存，在冰川期发生前后，地球上植物的分布和组成上发生了明显的变化。历史上，植物遗传多样性丢失主要是由于冰川、地震、火山等自然灾害引起的。据统计，在过去的 2 亿年中，每世纪约有 90 种植物灭绝，其中高等植物约 4 种，有些物种更是以惊人的速度灭绝（吴小巧等，2004）。目前，地球上有 2 万～2.5 万种植物处于濒危状态，我国 3 万种高等植物中近 3000 种处于濒危状态（傅立国，1991）。

森林覆盖地球陆地近半面积，是陆地生态系统的主体（Melillo et al.，1993），包含 3/4 陆地生物量，与大气碳收支关系紧密，对维持陆地生态系统稳定具有重要的意义（Aiten et al.，2008）。近 2 个多世纪以来，由于人口急剧增长，人类经济活动日益频繁，城市化进程及农业用地扩大不断加剧，导致森林面积持续减少，连续成片的森林变成彼此隔离的森林斑块的碎片化现象不断凸显，对陆地森林生态系统构成了潜在的威胁，生物多样性正在急剧下降，已成为全球性森林保护的核心问题（Hopper，2009；Breed et al.，2013）。尤其是，在生物多样性十分丰富的热带、亚热带发展中国家，森林生态系统遭受到了严重破坏，大量植物种已经灭绝或处于濒危状态。开展植物遗传多样性及其遗传结构研究，对理解林木种群进化机制至关重要（Sampson，2014），是科学制定生物多样性保护策略的理论基础（Aguilar et al.，2008），已引起各国政府及生物界普遍关注，成为林木进化生物学和保育遗传学研究领域中的热点（Angeloni et al.，2011；Ismail et al.，2012）。

## 第三节　植物遗传多样性模式及水平

近 40 年来，大量研究表明，不同植物天然种群遗传多样性大小及其变异模式差异很大，遗传多样性主要取决于以下因素。

（1）繁育系统，包括自交、动物或风媒的混合交配和动物或风媒的异交。

（2）地理分布，包括特有、窄域分布、区域分布与广域分布。

（3）生活史，包括一年草本、几年生灌木与多年生乔木。

（4）系统发育地位，包括被子植物（双子叶植物、单子叶植物）和裸子植物。

（5）种子传播机制，包括重力、风媒散播、动物消化与动物搬运。

（6）生长地域，包括北温带、温带、亚热带、热带。

（7）植物群落演替阶段，包括早期、中期与后期。

植物繁殖方式（有性、有性无性兼有）与其遗传多样性的关系不明显（Hamrick et al.，1992；Nybom，2000，2004）。

## 一、繁育系统与种子散播方式

植物通过繁殖将种群遗传信息从上代传递到下代，建立世代间的本质联系。植物繁育系统是决定着物种内和种群内遗传变异大小及种群遗传结构的最主要因素（Hamick and Godt，1989；Hamrick et al.，1992；王洪新和胡志昂，1996；Nybom，2000，2004）。

自然界中植物除少数是完全自交或完全异交（自交不亲和）外，大多数植物是自交和异交并存的混合交配。同工酶标记表明，468 种植物种群多态位点百分比和基因多样性平均值分别为34.2%和0.113，其中，自交植物种群基因多样性和多态位点百分比平均值分别为 0.074 和 20%，风媒异花授粉植物种群杂合度和多态位点百分比的平均值分别为0.148 和50%，异交植物种群遗传多样性是自交植物种群遗传多样性 2 倍左右（Hamrick et al.，1992），但两种交配系统植物种群多态位点等位基因数目差异不明显。显性 DNA 标记（RAPD、ISSR、AFLP）表明，异交植物种群基因多样性（0.27）是自交植物种群（0.12）的 2 倍以上，混合交配（0.18）与自交的植物种群基因多样性差异不显著；SSR 标记统计数据显示，异交（0.63）、混合交配（0.51）和自交（0.05）三种交配类型的植物种群基因多样性之间差异显著，异交是自交 10 倍以上，自交程度越高，种群遗传多样性越低（Nybom，2004）。

大量研究表明，大范围连续分布的异交植物的遗传变异，主要存在于种群之内；自交为主的植物的遗传变异，主要存在于种群之间；无性繁殖为主的植物，每个无性系集群在大部分基因位点相同，形态变异很小，但不同无性集群之间存在很大或明显的遗传差异。

Hamrick 和 Godt（1990）基于同工酶标记的统计数据分析表明，异交、混合交配和自交植物的种群遗传分化系数分别为 0.10、0.20、0.51。显性 DNA 标记（RAPD、ISSR、AFLP）分子数据的统计结果显示，自交（$\Phi_{ST}=0.65$、$G_{ST}=0.59$）、混合交配（$\Phi_{ST}=0.40$、$G_{ST}=0.20$）和异交（$\Phi_{ST}=0.27$、$G_{ST}=0.22$）植物种群间遗传分化的程度差异显著。SSR 标记的统计数据表明，异交（$G_{ST}=0.22$）、混合交配（$G_{ST}=0.26$）和自交（$G_{ST}=0.42$）的植物种群遗传分化系数存在差异但不显著（表 1-1 和表 1-2）。有人解释，异交植物的花粉可以扩散很远，强大的基因流促进种群间的基因交换，不同种群中的等位基因及其频率逐渐接近。近交，特别是自交消除杂合子，减少种群内遗传变异，倾向于形成内部均一而相互异质的小种群，增加种群间遗传分化（Loveless and Hamrick，1984；王洪新和胡志昂，1996）。

**表 1-1　基于同工酶标记植物遗传多样性**（Hamrick and Godt，1990，1991）

| 变异类型 | 物种（S） | | | 种群（P） | | | |
|---|---|---|---|---|---|---|---|
| | $P_S$/% | $A_S$ | $H_S$ | $P_P$/% | $A_P$ | $H_P$ | $G_{ST}$ |
| 群落演替阶段 | | | | | | | |
| 演替早期 | 44.6 | 1.67 | 0.137 | 56.9 | 1.75 | — | — |
| 演替中期 | 65.6 | 2.18 | 0.171 | 50.9 | 1.81 | 0.152 | 0.095 |
| 演替后期 | 66.0 | 2.27 | 0.182 | 48.3 | 1.74 | 0.146 | 0.080 |
| 系统分类地位 | | | | | | | |
| 被子植物 | 59.5 | 2.10 | 0.183 | 45.1 | 1.68 | 0.143 | 0.102 |
| 裸子植物 | 71.1 | 2.38 | 0.169 | 53.4 | 1.83 | 0.151 | 0.073 |
| 生活史 | | | | | | | |
| 一年生草本 | 49.2 | 2.02 | 0.154 | 29.4 | 1.45 | 0.101 | 0.355 |
| 几年生草本 | 43.4 | 1.75 | 0.125 | 28.3 | 1.39 | 0.098 | 0.253 |
| 多年生乔木和灌木 | 65.0 | 2.22 | 0.177 | 49.3 | 1.76 | 0.148 | 0.084 |
| 交配系统 | | | | | | | |
| 自交 | 42 | 1.69 | 0.12 | 20 | 1.31 | 0.07 | 0.51 |
| 依靠动物传粉混交交配 | 40 | 1.68 | 0.12 | 29 | 1.43 | 0.09 | 0.22 |
| 依靠风传粉混交交配 | 74 | 2.18 | 0.19 | 54 | 1.99 | 0.20 | 0.10 |
| 依靠动物传粉异交 | 50 | 1.99 | 0.17 | 36 | 1.54 | 0.12 | 0.20 |
| 依靠风传粉异交 | 66.2 | 2.24 | 0.14 | 43 | 1.70 | 0.12 | 0.14 |
| 种子传播方式 | | | | | | | |
| 自身重力 | 61.9 | 2.48 | 0.144 | 47.6 | 1.69 | 0.141 | 0.131 |
| 动物搬运 | 63.2 | 2.09 | 0.115 | 33.8 | 1.57 | 0.104 | 0.099 |
| 暴发式 | 40.5 | 1.61 | 0.133 | 26.3 | 1.26 | 0.070 | 0.092 |
| 动物消化 | 67.8 | 2.07 | 0.231 | 60.3 | 1.90 | 0.208 | 0.051 |
| 风 | 66.2 | 2.24 | 0.160 | 50.9 | 1.79 | 0.149 | 0.076 |
| 分布区 | | | | | | | |
| 特有种 | 42.5 | 1.82 | 0.078 | 26.3 | 1.48 | 0.056 | 0.141 |
| 窄域种 | 61.5 | 2.08 | 0.165 | 44.3 | 1.61 | 0.143 | 0.124 |
| 地方种 | 55.7 | 1.87 | 0.169 | 69.2 | 2.31 | 0.194 | 0.065 |
| 广域种 | 67.8 | 2.11 | 0.257 | 74.3 | 2.56 | 0.228 | 0.033 |

注：$P$. 多态位点百分比平均值；$A$. 等位基因丰富度平均值；$H$. 基因多样性平均值；$G_{ST}$. 种群遗传分化系数平均值；"—"表示缺数据。

表 1-2　基于 DNA 标记植物遗传多样性（Nybom，2004）

| 变异类型 | RAPD，ISSR，AFLP | | | SSR | |
|---|---|---|---|---|---|
| | $H$ | $\Phi_{ST}$ | $G_{ST}$ | $H$ | $F_{ST}$ |
| 生活史 | + | +++ | + | +++ | + |
| 一年生草本 | $0.13^a$ | $0.62^a$ | $0.47^a$ | 0.18 | $0.40^a$ |
| 几年生草本 | $0.26^{ab}$ | $0.41^b$ | $0.32^{ab}$ | $0.53^b$ | $0.31^{ab}$ |
| 多年生林木和灌木 | $0.25^b$ | $0.25^c$ | $0.19^b$ | $0.63^b$ | $0.19^b$ |
| 分布类型 | ns | ns | ns | + | ns |
| 特有种 | 0.20 | 0.26 | 0.18 | $0.32^a$ | 0.26 |
| 窄域种 | 0.28 | 0.34 | 0.21 | $0.52^{ab}$ | 0.23 |
| 地方种 | 0.21 | 0.42 | 0.28 | $0.65^b$ | 0.28 |
| 广域种 | 0.22 | 0.34 | 0.31 | $0.57^b$ | 0.25 |
| 交配系统 | +++ | +++ | +++ | +++ | + |
| 自交 | $0.12^a$ | $0.65^a$ | $0.59^a$ | $0.05^a$ | $0.42^a$ |
| 混合交配 | $0.18^a$ | $0.40^b$ | $0.20^b$ | $0.51^b$ | $0.26^b$ |
| 异交 | $0.27^b$ | $0.27^c$ | $0.22^b$ | $0.63^c$ | $0.22^b$ |
| 种子传播 | ns | ++ | ns | ++ | + |
| 自身重力 | 0.19 | $0.45^b$ | 0.32 | $0.50^{ab}$ | $0.34^a$ |
| 动物搬运 | 0.16 | $0.46^{ab}$ | 0.47 | $0.27^a$ | $0.33^{ab}$ |
| 风或水传播 | 0.27 | $0.25^b$ | 0.17 | $0.54^b$ | $0.13^b$ |
| 动物消化 | 0.24 | $0.27^b$ | 0.16 | $0.54^b$ | $0.13^b$ |
| 群落演替阶段 | ++ | ++ | ns | +++ | + |
| 早期 | $0.17^a$ | $0.37^a$ | 0.34 | $0.39^a$ | $0.37^a$ |
| 中期 | $0.21^a$ | $0.39^a$ | 0.27 | $0.60^b$ | $0.22^b$ |
| 后期 | $0.30^b$ | $0.23^b$ | 0.22 | $0.66^b$ | $0.17^b$ |

注：$H$. 基因多样性平均值；$\Phi_{ST}$、$G_{ST}$、$F_{ST}$. 均为种群遗传分化系数。同一栏中上标符号相同表示在 5% 概率水平上不显著。ns. $P>0.05$；+. $0.05>P>0.01$；++. $0.01=P>0.001$；+++. $P<0.001$。

　　植物花粉与种子的类型、散布方式和散布范围会对遗传多样性产生一定影响。基于同工酶和 SSR 标记的数据统计分析显示，动物搬运种子的植物种群遗传多样性比其他几类种子传播类型要高（表 1-1 和表 1-2），但显性 DNA 标记表明，4 类种子传播类型的植物种群遗传多样性差异不显著。同工酶标记表明，风媒传播种子植物种群间遗传分化明显比其他类型要小；但 DNA 标记揭示，种子通过自身重力或动物搬运的植物种群遗传分化程度差异不明显，但与种子依靠风或水、动物消化传播的植物种群遗传结构差异显著。这可能是由于，风媒传粉（风或水、动物消化小粒种子）植物与虫媒传粉（自身重力、动物搬运大粒种子）植物相比，花粉（小粒种子）的传播距离远，由其介导的基因流相对较高，种群间遗传分化较小。

　　无性繁殖植物与近缘有性繁殖植物相比遗传多样性低。但近年来研究表明，无性繁殖植物遗传多样性并不像早期预测的那样低，无性繁殖植物种群也可以维持较高水平遗传多样性。如果无性繁殖的植物种群间基因流存在较大障碍，种群间遗传变异占总遗传变异的比例会大为增加（Burdon and Aimers，2003；Burdon，2010）。

## 二、分布区与地理区域

每种陆生高等植物都是由很多个体组成，具有一定的地理分布区域。由于受进化历史地质事件和现代环境变化的影响，植物分布区呈现不同的大小和形状。按照 Moran 和 Hopper（1987）观点，根据植物分布区的大小，可划分为 4 种分布类型。

（1）广域分布种，分布区的幅度为 600km 以上的植物。

（2）窄域分布种，分布区的幅度为 150～600km 的植物。

（3）地方种，分布区的幅度小于 150km 的植物。

（4）特有种，仅为某个地方特有的植物种。

Hamrick 和 Godt（1991）对 457 种植物同工酶标记遗传多样性参数统计数据显示，在物种水平上，遗传多样性高低与其地理分布范围的大小呈显著正相关。例如，银杉（*Cathaya argyrophylla*）（Ge et al.，1998）、桫椤（*Alsophila spinulosa*）（Wang et al.，2004）、苏铁（*Cycas guizhouensis*）（Xiao et al.，2004）、沙冬青（*Ammopiptanthus mongolicus*）和矮沙冬青（*Ammopiptanthus nanus*）（陈国庆等，2005）、永瓣藤（*Monimopetalum chinense*）（Xie et al.，2005）及穗花杉（*Amentotaxus argotaenia*）（Xie et al.，2005）等窄域分布或地方特有种植物，遗传多样性较低。广域植物的物种和种群基因多态性平均值分别为 0.257 和 0.228，物种和种群水平的多态位点百分比分别为 67.8%和 74.3%，物种和种群水平的多态位点上等位基因数目平均值分别为 2.11 和 2.56；特有植物的物种和种群基因多态性平均值分别为 0.078 和 0.056，物种和种群水平多态位点百分比分别为 42.5%和 26.3%，物种和种群水平上等位基因数目分别为 1.82 和 1.48；窄域种和地方种，在物种水平上，基因多态性介于广域和特有种之间，平均值分别为 0.143 和 0.194（表 1-1）。基于 SSR 标记，植物遗传多样性高低与其分布区大小呈明显正相关；但 RAPD 标记数据表明，地理分布区大小对植物遗传多样性影响不显著。近年来，共显性分子标记揭示了一些珍稀特有植物种内维持较高水平的遗传多样性（Ayres et al.，1999；Kang et al.，2000；Helenurm，2001；Zawko et al.，2001；Xue et al.，2004；Crema et al.，2009；Jordan-pla et al.，2009；Sozen et al.，2010）。分布区大小不同的植物多样性高低的差异主要是由于其物种和种群水平多态位点百分比之间差异造成的（Hamrick et al.，1989）。各类标记数据统计结果都表明，植物地理分布区大小对植物种群间遗传分化影响不大。

关于植物分布大小与其种群遗传多样性关系，显性标记（RAPD、AFLP、ISSR）与共显性标记（同工酶、SSR）两类标记系统的数据统计分析结果完全不同。一种解释是，相对于广域植物种，大量出现在特有植物种群中的单态位点被显性标记系统考虑；另一种解释是，SSR 标记要比 RAPD 标记对多态性检测更敏感。

植物生长的地理区域对物种遗传多样性的影响，同工酶和 DNA 标记数据统计分析的结果不一致。同工酶标记显示，分布于北温带的植物种群遗传多样性及其种群遗传分化要比分布在温带、亚热带和热带的植物低（Hamrick et al.，1992），然而，DNA 标记统计数据表明，植物生长地域与种群遗传多样性高低及种群遗传分化程度不相关（Nybom，2004）。

### 三、系统发育、生活史、群落演替阶段

植物系统发育地位与其遗传多样性关系显著相关。整体上来说，裸子植物遗传多样性水平较高，而且不同裸子植物的物种遗传多样性变异幅度明显比被子植物要大，但裸子植物种群遗传分化要比被子植物低。被子植物中，单子叶植物遗传多样性比双子叶植物高。裸子植物种群遗传多样性高，可能与其生命周期长、风媒异花授粉及处于群落演潜后期阶段等因素有关。

植物生活史对其遗传多样性也会产生明显影响。同工酶标记显示，生命周期短（一年或几年生）的植物遗传多样性明显低于多年生林木遗传多样性，其中，几年生植物遗传多样性最低（表1-1）。DNA标记表明，几年生或多年生林木遗传多样性差异不明显，但都比一年生植物遗传多样性高（表1-2）。两类标记都证实，生命周期短植物种群间遗传分化比多年生林木种间遗传分化要大。

植物群落的演替阶段与植物种群遗传多样性之间也存在明显的相关性。群落演化后期植物种群遗传多样性明显比种群演替初期和中期的要高，但种群遗传分化要比演替初级阶段种群遗传分化程度低。这可能是群落演替初期的植物自交程度较高，而演替后期的植物异花授粉比较频繁。

## 第四节　谱系地理学在濒危植物遗传多样性中应用

谱系地理学是一门研究近缘物种间或种内水平的谱系地理分布原理和过程的新兴交义学科。它通过重建基因谱系，追溯近缘物种或种群间等位基因的演化关系，分析遗传结构与地质事件的关联，探讨近缘物种（或种群）的共同起源历史，被视为架设在种群生物学与系统生物学之间的桥梁（Avise，2000）。近几年，随着叶绿体非编码序列通用引物的开发应用，植物种内谱系地理学研究已成为植物进化及遗传多样性保护研究领域的热点。

### 一、谱系地理学理论

谱系地理学研究的核心内容是探讨遗传变异的地理格局成因并对其进行科学解释。分析现有自然种群结构可能机制（自然选择、突变、基因流、遗传漂变和交配系统）主要是以哈温定律为理论基础，而探讨引起种群数量和结构变化历史事件的理论依据是溯祖理论。

溯祖理论利用分析数学和统计学理论，描述追溯等位基因共同祖先过程中谱系变化，是分子种群遗传学中重要的基础理论。该理论认为，一个特定的种群中所有等位基因都是来源于一个共同祖先。在中性条件下，任何世代的每种等位基因产生2个不同后代等位基因的概率相同。种群中存在 $k$ 种不同等位基因，第一次发生共祖变为 $k-1$ 个谱系，第二次共祖，变为 $k-2$ 个谱系，直到仅有一个共同祖先（Kingman，2000）。依据溯祖理论，DNA序列遗传信息不仅可以反映不同单倍型之间的亲缘关系，同时还包含了不同

种群遗传结构和种群数量等的变化信息。种群中古老等位基因频率高，后代谱系数量多、分布广，突变基因频率低，后代谱系数量少、分布狭（Castelloe and Templeton，1994）。

除非种群是永恒地增长，进化过程中等位基因灭绝的概率是随机的。高频率等位基因未必古老，用 Castelloe 和 Templeton 模拟模型测试溯祖理论假设的有效性很大程度上依赖于取样设计、种群生命周期及进化史（Avise，2000）。由于古老多态性通过成种事件造成不完全谱系分选，种内特定等位基因可能没有留下后代但有可能出现在近缘物种中（Jakob and Blattner，2006），因此，谱系地理分析中，后代等位基因数目十分重要。

重建物种进化的历史是利用种群间遗传多样性差异。基本推测依据有以下几方面。

（1）距离起源中心或分布中心越远的种群中单倍型数目越少、遗传多样性越低的原因，可能是种群扩张过程中处于分布区边缘的种群经历了多次瓶颈和奠基者事件（Syring et al.，2007）。

（2）单倍型频率地理分布比较均匀一致，推论为多中心起源或种群扩张事件发生久远；而种群等位基因丰富度比起源中心种群低，并存在特有等位基因或单倍型，可能是扩张事件发生后长期隔离的结果（Hewitt，2000）。

（3）单倍型多样性在亚类群中将接近一致，而且存在共有等位基因，可能是种群扩张过程中形成长期隔离产生了种群分化或新物种形成（Song，2006）。

（4）种内终端单倍型没有共同祖先或存在特定地理区域单倍型而没有特定类群单倍型，是种间杂交事件显著证据（Bänfer et al.，2006）。

（5）碎片化了的孤立小种群拥有各自固定的等位基因，种群内遗传多样性低而种群间遗传多样性高，可能是遗传漂移的结果（Jakob et al.，2006）。

## 二、叶绿体非编码序列分子标记

基因谱系的重建及其解释是谱系地理学分析的两个基本步骤。因此，谱系地理学研究中最基本、关键性的问题是选择适宜的分子遗传标记以获得全面的系统发育信息（Shaw et al.，2005）。等位酶、RAPD 等分子数据是无序数据，可用于种群遗传分析，但不能提供系统发育信息，一般不用于谱系地理学研究。尽管具有系统发育信息的核 DNA 标记，如 DNA 序列或限制性位点已用于植物谱系地理学研究，但面临着区分直系同源和旁系同源的难题（Lowe et al.，2004）。

大多数被子植物叶绿体 DNA（cpDNA）为单倍型、母系遗传、缺乏杂合细胞质、不发生等位基因重组，比双亲遗传的核 DNA 标记在亚种间表现出更大的遗传分化（Petit et al.，2005），其有效种群大小比核 DNA 有效种群要小，能产生更清晰的种群历史踪迹；相对于线粒体基因组，cpDNA 不存在 DNA 分子内重组导致高频率基因重排、重复/缺失、外源 DNA（如核 DNA）转移等不利因素，特别是，对于重粒种子的植物，利用依赖种子扩散的母系遗传 cpDNA，能很好地推测种群碎片化历史（Nettel et al.，2009）。因此，cpDNA 标记被认为是植物谱系地理学研究的首选标记。大量研究表明，cpDNA 非编码序列（内含子和基因间隔区）不受选择影响，核酸位点比编码序列表现出更大的变异，多态性丰富，能提供更多的系统发育意义的信息位点（Small et al.，2005）。

早期开展植物谱系地理学研究采用的 cpDNA 标记多选用单个 DNA 片段，主要集中在蛋白质编码基因，如 *rbcL*、*matK*、*ndhF*、*atpB*、*rpS4* 等，其目的是阐述较高水平的系统发育关系（Small et al., 2005）。大多数 cpDNA 非编码区（内含子和基因间隔区）是被保守编码基因所包围的可变区域，不受选择影响，是中性的，其核苷酸位点比编码区表现出更大的变异，保持着丰富的多态性，能提供更多的系统发育意义的信息位点（Kelchner, 2009），近年来已开始广泛用于植物种间较低分类阶元和种内谱系地理学研究。

由于 cpDNA 非编码区不是在所有的被子植物中都存在变异，研究者经常不得不通过测序一定数量研究个体的不同 cpDNA 基因内含子或基因间隔区，以寻找适合于研究的 cpDNA 标记。为此，候选 cpDNA 非编码区通常采用已开发的通用 PCR 引物或扫描已公布测序结果的相近种 cpDNA 基因组序列（Weising and Gardner, 1999）。为了获得全面的系统发育信息，常采用两个或多个 cpDNA 标记。适合于种内植物谱系地理学研究的常用标记主要有（Borsch, 2009）：*rpl16*、*trnK* 内含子、*trnT-trnF*、*atpB-rbcL*、*psbA-trnH*。

*rpl16* 位于叶绿体大单拷贝上，毗邻反向重复边缘，常被 *rpl14* 和 *rps3* 包围，具有高度变异的 AT 重复茎环。与其他叶绿体基因内含子相比，*rpl16* 内含子表现出高度变异，特别是序列长度突变，在系统发育研究中被认为最具有应用价值的标记，与其他 cpDNA 标记结合，十分适合植物种内谱系地理学研究（Posada, 2001）。

*trnK* 内含子位于 LSC 上，5′端邻接 *chlB* 或 *rps16*，3′端邻接 *psbA*，几乎存在于所有陆生植物中，常被应用于种子植物各级分类阶元（从种到科）的谱系分析。由于 *trnK* 内含子提供的简约信息特征和系统发育结构优于快速进化的编码基因（如 *matK*），与其他 cpDNA 标记相比，揭示出更高的种内变异。一些被子植物 *trnK* 内含子已进化形成特殊的 AT 重复茎环结构，是种内系统发育树重建和种群遗传分析的理想标记（Posada, 2001）。

*trnT-trnF* 是应用于植物分子系统研究中最频繁的 cpDNA 标记（Shaw et al., 2005），是由 *trnT* (UGU) 中间的非转录区 *trnL* (UAA) I 型内含子和 *trnT* 与 *trnF* (GAA) 间转录区构成。尽管它是编码区，但是它被认为是相当保守的编码质体聚合酶的启动子，具有很大的变异性，其中，*trnL* (UAA) I 型内含子包含大量的系统发育信息特征。*trnT-trnF* 常被应用于推测种内和属内系统发育关系，也成功地解决了科间或被子植物大进化支的系统发育难题（Posada, 2001）。

*atpB-rbcL* 位于 LSC 上，包含编码能量代谢 ATP 合成酶亚基和光合作用二磷酸核酮糖羧化酶大亚基的基因启动子，是最早运用于植物系统发育推测的 cpDNA 基因间隔区标记。早期研究表明，推测较高植物类群系统发育，*atpB-rbcL* 标记十分理想，在谱系关系较近的物种之间也存在着相当丰富的变异。相对其他 cpDNA 非编码区标记，*atpB-rbcL* 提供的系统发育信号相当有限，但确认物种，十分实用（Posada, 2001）。

*trnH-psbA* 是 cpDNA 最可变的基因间隔区，在被子植物中位于 LSC 上 *trnK* 基因内含子上游，毗连反向重复，被推荐为陆生植物系统分析的通用标记，已在许多不同的被子植物和苔藓植物中广泛应用。但是，它在种内表现的高度变异性，用于界定某些被子植物种，如蝇子草属（*Silene* L.）、菝葜属（*Smilax* L.），仍存在着一些问题（Posada, 2001）。

### 三、谱系地理学分析方法

为了分析等位基因频率空间分布，基于理想种群遗传平衡法则的有关种群遗传学分析方法被应用于谱系地理学研究，特别是用分子方差分析方法统计种群遗传多样性及遗传分化参数，并以 Mantel test 模型分析遗传距离与地理距离之间的相关性。常用于种群遗传多样性及遗传分化评价参数有：Nei 氏基因多样性、单倍型丰富度、私有等位基因数目及分布（Lowe，2004）。

单倍型之间的亲缘关系是谱系地理学研究的关键问题之一，因此，系统发育树经常被用于揭示它们之间的关系。由于古老等位基因多数是由多个后代等位基因共祖，二叉树很难准确展示说明种内基因进化关系，必须用多叉网状树，即基因谱系（Posada and Crandall，2001）。如果是二叉树，经常发生零长度支，也就是进化树拓扑结构的末支系与内支系都代表现存等位基因，这种情况在理论上是不应该存在的。因此，与传统的系统发育树不同，系统地理学常常借助巢式支系分析（nested clade analysis，NCA）方法，重建单倍型巢式支系图。

NCA 基本思路是假设种群遗传多样性分布没有规律性，即遗传多样性独立于其地理分布（Templeton，1998，2004，2008）。采取严格的统计学检验，若拒绝假设，表明存在显著的系统地理格局。将 DNA 序列归为不同的单倍型系统树表示单倍型间的亲缘关系，每一个节点代表了一次溯祖事件。依据 Templeton 的组巢原则，将末支系（现存单倍型）与其相连的内支系组成一级支系，再将一级支系对应的末支系、内支系组巢，直到所有单倍型系统发育树组为一个大的支系为止，这样，单倍型系统发育树代表不同时间尺度亲缘关系的巢式支系图。借助分子钟，估算等位基因的相对年龄。在给定组巢水平的支系内，外支系通常要比与他相连的内支系在进化时间上出现得晚。NCA 分析中，将地理距离量化为支系地理分布范围的巢内距离和支系与进化上相近的支系间的巢间距离。末支系、内支系距离显著性大小的不同组合表示不同的地理格局。最后，按照 Templeton 给出的基于巢式支系图不同水平支系进行单倍型连续地理格局推测的检索表，推测单倍型地理格局及其在不同地质年代所经历的演化事件，如因地理隔离造成的种群分化程度、基因流、生境碎片化或近代种群扩张事件等。

### 四、谱系地理学在珍稀植物遗传多样性中的应用

冰期历史对现今植物种群遗传结构及其地理分布影响的研究是当前生物界研究热点之一。与欧洲和北美发达国家相比，在亚洲、非洲和南半球国家，开展植物种内谱系地理学研究报道要少得多。已发表的利用 cpDNA 非编码区研究植物种内谱系地理学研究目的，多用来推测冰期避难所、种群历史、种群分歧时间及栽培植物的起源，以此用于制定濒危植物种保育策略，也有用于鉴别外来入侵种的起源地及可能的入侵途径，但报道相对不多。

对濒危植物樱草（*Primual sieboldii*）研究表明（Honjo et al.，2004），樱草起源于不同地区，共有单倍型的种群可能在后冰期之前就已经被隔离，cpDNA 变异主要存在于地区间，窄域分布种的种群间经常存在着多基因谱系。因此，建议樱草应避免跨地区异地

保存，邻近种群间保护性质的移植要十分慎重，以免改变当地种群的基因库。在 *Cardamine constance* 植物中检测到 19 个单倍型，构成 4 个差异明显的支系，表明该植物种在冰期至少有 4 个避难所，由此认为，保护生态系统能保证该物种空间遗传结构稳定（Brunsfeld and Sullivan，2005）。对 *Sibiraea croatica* 植物谱系地理学研究表明，种群遗传多样性低，证实其为第三纪残遗植物的假说，验证了先前形态学初步研究结论正确性，建议该物种应列为世界保护名录，提出在其自然分布区内保留传统的小范围放牧或移去直接威胁其生存的其他植物的就地保存方法（Ballian et al.，2006）。Markwith 等研究认为，美国水生植物 *Hymenocallis coronaria* 保护策略应是优先保护遗传多样性丰富的种群，而不是保护单个物种或单个种群；东部与西部两组应可确定为显著进化单元，维持地方种群完整性以防止人为引入导致遗传同质化；为确保防止遗传多样性流失，将来保护的重点应是遗传分化最大种群（Markwith and Parker，2007）。韩国鱼鳞云杉（*Picea jezoensis*）种群在近代历史上没有经历"瓶颈"，鱼鳞云杉分布最北部的种群遗传多样性低、含有特有单倍型，应优先保护（Moriguchi et al.，2009）。

我国植物种内谱系地理学研究相对较晚，自 2002 年 Ge 等首次利用 *atpB-rbcL* 结合线粒体核糖体内含子标记研究单属种绣球茜（*Dunnia sinensis*）谱系地理学以来，先后发表了祁连圆柏（*Juniperus przwalskii*）（张茜等，2005）、桫椤（*Alsophila spinulosa*）（Su et al.，2005）、银杏（*Ginkgo biloba*）（Gong et al.，2008）、青海云杉（*Picea crassifolia*）（Zhang et al.，2005）、条纹狭蕊龙胆（*Metagentiana striata*）（陈生云等，2008）、油松（*Pinus tabulaeformis*）（Chen et al.，2008）、偏花报春（*Primula secundiflora*）（王凤英等，2008）、粤紫萁（*Osmunda mildei*）（勾彩云等，2008）、肋果沙棘（*Hippophae neurocarpa*）（孟丽华等，2008）、露蕊乌头（*Aconitum gymnandrum*）（Wang et al.，2009）、银露梅（*Potentilla glabra*）（Wang et al.，2009）、伞花木（*Eurycorymbus cavaleriei*）（Wang et al.，2009）海仙报春（*Primula wilsonii*）（宋敏舒等，2010）、绵参（*Eriophyton wallichii*）（王晓雄等，2011）、青海当归（*Angelica nitida*）（张雪梅和何兴金，2014）等植物谱系地理学研究报道，主要集中在青藏高原和我国西南地区。利用 *trnL-trnF* 对桫椤研究表明，桫椤可分为两个地理群——海南与广东、广西，由于琼洲海峡的阻隔，这两个种群间缺乏足够的基因流，表现出地理分化，桫椤种群在进化历史上经历了种群扩张的过程（Su et al.，2005）；基于 cpDNA*trnK* 内含子、*trnS-trnG* 和核基因组 AFLP 对银杏研究表明，银杏第四纪冰期在我国存在东部和西南部两个避难所，提出了对避难所种群实施就地保护，迁地保护应尽可能从多个种群中取样以最大限度保护其遗传多样性的保护策略（Gong et al.，2008）。伞花木谱系地理学研究表明，由于伞花木叶绿体有效种群大小过小、长期的分布碎片化及种子有限散布，种群间存在高度的遗传分化，在我国亚热带存在多个冰期避难所，已确认的冰期避难所是我国植物多样性中心，并认为也是其他许多植物种的冰期避难所。据此，建议将这些地区优先列为我国亚热带地区生物多样性保护地（Wang et al.，2009）。

## 参 考 文 献

陈生云，吴桂莉，张得钧. 2008. 高山植物条纹狭蕊龙胆的分子谱系地理学研究. 植物分类学报，46（4）：573-585.

陈涛，张宏达. 1994. 南岭植物区系地理学研究：Ⅰ. 植物区系的组成和特点. 热带亚热带植物学报，（1）：10-23.

范繁荣，马祥庆，潘标志. 2008. 中国濒危植物的保护生物学研究进展. 林业科技开发，(3)：1-5.

傅立国. 1991. 中国植物红皮书. 北京：科学出版社：1-20.

葛颂，洪德元. 1994. 遗传多样性及其检测方法//钱迎倩，马克平. 生物多样性研究的原理和方法. 北京：中国科学技术出版社：122-140.

勾彩云，张寿洲，耿世磊. 2008. 基于 *rbcL* 和 *trnL-trnF* 序列探讨粤紫萁的系统位置及遗传关系. 西北植物学报，28（11）：2178-2183.

桂宾. 2011. 表观遗传学在长期进化中的作用可能十分有限. 中国生物化学与分子生物学报，(10)：967.

韩雪婷，房敏峰，李忠虎，等. 2014. 基于叶绿体 DNA *trnL* 内含子序列变异的远志谱系地理学研究. 中草药，22：3311-3316.

梁前进. 2007a. 表观遗传学——理论·方法·研究进展（1）. 生物学通报，42（10）：4-7.

梁前进. 2007b. 表观遗传学——理论·方法·研究进展（2）. 生物学通报，42（11）：11-13.

孟丽华，杨慧玲，吴桂丽，等. 2008. 基于叶绿体 DNAtrnL-F 序列研究肋果沙棘谱系地理学. 植物分类学报，46（1）：503-512.

宋敏舒，乐霁培，孙航，等. 2011. 横断山地区海仙报春的谱系地理学研究. 植物分类与资源学报，33（1）：91-100.

王洪新，胡志昂. 1996. 植物的繁育系统、遗传结构和遗传多样性保护. 生物多样性，4（2）：92-96.

王霞，亓宝，胡兰娟. 2008. 植物表观遗传学相关研究进展. 生物技术通报，(6)：14-16.

王霞，秦秀丽. 2008. 表观遗传学的产生、机制及生物学意义. 吉林农业科技学院学报，(4)：37-39.

王晓雄，乐霁培，孙航，等. 2011. 青藏高原高山流石滩特有植物绵参的谱系地理学研究. 植物分类与资源学报，33（6）：605-614.

王峥峰，彭少麟. 2003. 植物保护遗传学. 生态学报，23（1）：158-172.

文亚峰，韩文军，吴顺. 2010. 植物遗传多样性及其影响因素. 中南林业科技大学学报，(12)：81-86.

吴成贡，蒋昌顺. 2006. 濒危植物保护生物学技术研究进展. 华南热带农业大学学报，12（3）：49-51.

吴小巧，黄宝龙，丁雨龙. 2004. 中国珍稀濒危植物保护研究现状与进展. 南京林业大学学报：自然科学版，32（2）：72-76.

夏铭. 1999. 遗传多样性研究进展. 生态学杂志，(3)：59-65.

邢福武. 2011. 广州野生植物. 武汉：华中科技大学出版社：65.

张茜，杨瑞，王钦，等. 2005. 基于叶绿体 DNA *trn*T-*trn*F 序列研究祁连圆柏的谱系地理学. 植物分类学报，43（6）：503-512.

张大勇，姜新华. 1999. 遗传多样性与濒危植物保护生物学研究进展. 生物多样性，7（1）：31-37.

张卫明，彭雪梅，陆长梅，等. 2007. 基于 DNA 非编码区序列探讨罗布麻的分类问题. 西北植物学报，27（5）：931-937.

张雪梅，何兴金. 2013. 青藏高原特有植物青海当归的谱系地理学初探. 植物分类与资源学报，35（40）：505-512.

中华人民共和国林业部林业区划办公室. 1978. 中国林业区划. 北京：中国林业出版社：220-225.

邹喻苹，葛颂，王晓东. 2001. 系统与进化植物学中的分子标记. 北京：科学出版社：50-83.

Aiten S N, Yeaman S, Holliday J A, et al. 2008. Adaptation, migration or extirpation: climate change outcomes for tree populations. Evolutionary Applications, 1(1): 95-111.

Angeloni F, Ouborg N J, Leimu R. 2011. Meta-analysis on the association of population size and life history with inbreeding depression in plants. Biology Conservation, 144: 35-43.

Avise J C. 2000. Phylogeography: the History and Formation of Species. Cambridge: Harvard University Press: 101-152.

Avise J C. 2010. Perspective: conservation genetics enters the genomics era. Conservation Genetics, 11(2): 665-669.

Ayala F J, Kiger J A. 1984. Moden Genetics. 2nd ed. California: Benjamin Cummings Publishing Co: 56-68.

Ayres D R, Ryan F J. 1999. Genetic diversity and structure of the narrow endemic *Wyethia reticulata* and its congener *W. bolanderi* (Asteraceae) using RAPD and allozyme techniques. American Journal of Botany, 86: 344-353.

Ballian D, Grebenc T, Bozic G, et al. 2006. History, genetic differentiation and conservation strategies for disjunct populations of *Sibiraea* species from Southeastern Europe and Asia. Conservaton Genetics, 7: 895-907.

Bänfer G, Moog U, Fiala B, et al. 2006. A chloroplast genealogy of myrmecophytic *Macaranga species* (Euphorbiaceae) in Southeast Asia reveals hybridization, vicariance and long-distance dispersals. Molecular Evolution, 15: 4409-4424.

Bawa K S, Ashton P S. 2000. Conservation of rare trees in tropical rain forests: a genetic perspective. *In*: Genetics and Conservation of Rare Plants (Falk D A, Holsinger K E, eds). Oxford: Oxford University Press: 3-30, 62-74.

Booy G, Hendriks R J J, Smulders M J M, et al. 2000. Genetic diversity and the survival of populations. Plant Biology, 2(4): 379-395.

Borsch T, Quandt D. 2009. Mutational dynamics and phylogenetic utility of chloroplast non-coding DNA. Systematic and Applied Microbiology, 282: 169-199.

Breed M F, Ottewell K M, Gardner M G, et al. 2013. Mating patterns and pollinator mobility are critical traits in forest fragmentation genetics. Heredity, 97: 1-7.

Brunsfeld S J. Sullivan J. 2005. A multi-compartmented glacial refugium in the northern Rocky Mountains: Evidence from the phylogeography of *Cardamine constancei* (Brassicaceae). Conservation Genetics, 6: 895-904.

Bullock S, Summerell B A, Gunn L V. 1991. Pathogens of the Wollemi pine, *Wollemia nobilis*. Australasian Plant Pathology, 29(3): 211-214.

Burdon R D, Aimers H J. 2003. Risk management for clonal forestry with Pinus radiate-analysis and review.1: Strategic issues and risk spread. New Zealand Journal of forestry Science, 33(2): 156-180.

Burdon R D. 2000. Managing risk in clonal forestry. CAB Reviews Perspectives in Agriculture Veterinary Science Nutrition and Natural Resources, 1(35): 1-9.

Castelloe J, Templeton A R. 1994. Root probabilities for intraspecific gene trees under neutral coalescent theory. Molecular Phylogenetics and Evolution, 3: 102-113.

Chen K M, Abbott R J, Milne R I, et al. 2008. Phylogeography of *Pinus tabulaeformis* Carr.(Pinaceae), a dominant species of coniferous forest in northern China. Molecular Ecology, 19: 4276-4288.

Chen S Y, Wu G L, Zhang D J, et al. 2008. Potential refugium on the Qinghai-Tibet Plateau revealed by the chloroplast DNA phylogeography of the alpine species *Metagentiana striata* (Gentianaceae). Botanical Journal of the Linnean Society, 157: 125-140.

Crema A, Cristofolini G, Rossi M, et al. 2009. High genetic diversity detected in the endemic *Primula apennina* Widmer (Primulaceae) using ISSR fingerprinting. Plant Systematics and Evolution, 280: 29-36.

Demauro M M. 1993. Relationship of breeding system to rarity in the Lakeside daisy (*Hymenoxys acaulis* var. *glabra*). Conservation Biology, 7(3): 542-550.

Ellstrand N C, Antonovics J. 1985. Experimental studies of the evolutionary significance of sexual reproduction II. A test of the density-dependent selection hypothesis. Evolution, (3): 657-666.

Felsenstein J. 1974. The evolutionary advantage of recombination. Genetics, 78(4): 845-904.

Fiedler P L, Kareiva P M. 1998. Conservation Biology: for the Coming Decade. New York: Kluwer Academic: 101-180.

Fontaine C, Lovett P N, Sanou H, et al. 2004. Genetic diversity of the shea tree (*Bitellaria paradoxa* C. F. Gaertn), detected by RAPD and chloroplast microsatellite marker. Heredity. 93: 639-648.

Frankel O H, Brown A H D, Burdon J J. 1995. The conservation of plant biodiversity. Systematic Botany, 99(4):1-8

Frankham R, Ballou J D, Briscoe D A, et al. 2004. A Primer of Conservation Genetics. Cambridge: Cambridge University Press: 2-9, 96-112.

Ge S, Hong D Y, Wang H Q, et al. 1998. Population genetic structure and conservation of an endangered conifer, *Cathaya argyrophylla* (Pinaceae). International Journal of Plant Sciences, 159: 351-357.

Ge X J, Chang Y C, Chou C H. et al. 2002. Nested clade analysis of *Dunnia sinensis* (Rubiaceae), a monotypic genus from China based on organelle DNA sequences. Conservation Genetics, (3): 351-362.

Gong W, Chen C, Dobeš C, et al. 2008. Phylogeography of a living fossil: pleistocene glaciations forced *Ginkgo biloba* L. (Ginkgoaceae) into two refuge areas in China with limited subsequent postglacial expansion. Molecular Phylogenetics and Evolution, 48: 1094-1105.

Hamrick J L, Godt M J W, Murawski D A, et al. 1991. Correlation between species traits and allozyme diversity: implication for conservation biology. *In*: Genetics and Conservation of Rare Plants (Falk D A, Holsinger K E, eds). Oxford: Oxford University Press: 245-253.

Hamrick J L, Godt M J W, Sherman-Broyles S L. 1992. Factors influencing levels of genetic diversity in woody plant species. New Forests 6: 95-124.

Hamrick J L, Godt M J W. 1990. Allozyme diversity in plant species. *In*: Plant Population Genetics, Breeding, and Genetic Resources (Brown A H D, Clegg M T, Kahler A L, et al. eds). Sunderland: Sinauer Associates Inc: 43-63.

Hamrick J L, Godt M J W. 1996. Effects of life history traits on genetic diversity in plant species. Philosophical Transactions of the Royal Society in London Series B, 351: 1291-1298.

Hamrick J L, Mjw G, Murawski D A, et al. 1991. Correlations between species traits and allozyme diversity: implications for conservation biology. *In*: Genetics and Conservation of Rare Plants (Falk D A, Holsinger K E, eds). Oxford: Oxford University Press: 75-86.

Helenurm K. 2001. High levels of genetic polymorphism in the insular endemic herb *Jepsonia malvifolia*. J Hered, 92: 427-432.

Hewitt G . 2000. The genetic legacy of the Quaternary ice ages. Nature, 405: 907-913.

Honjo M, Ueno D, Tsumura Y, et al. 2004. Phylogeographic study based on intraspecific sequence variation of chloroplast DNA for the conservation of genetic diversity in the Japanese endangered species *Primual sieboldii*. Biology Coversation, 120: 211-220.

Hopper S D. 2009. OCBIL theory: towards an integrated understanding of the evolution, ecology and conservation of biodiversity on old, climatically buffered, infertile landscapes. Plant Soil, 322: 49-86.

Hughes A R, Stachowicz J J. 2004. Genetic diversity enhances the resistance of a seagrass ecosystem to disturbance. Proceedings of the National Academy of Sciences, 101(24): 8998-9002.

Ismail S A, Ghazoul J, Ravikanth G, et al. 2012. Does long-distance pollen dispersal preclude inbreeding in tropical trees? Fragmentation genetics of *Dysoxylum malabaricum* in an agro-forest landscape. Molecular Ecology, 21: 5484-5496.

Jakob S S, Blattner F R. 2006. A chloroplast genealogy of *Hordeum*(Poaceae): long-term persisting haplotypes, incomplete lineage sorting, regional extinction, and the consequences for phylogenetic inference. Molecular Biology and Evolution, 23: 1602-1612.

Jakob S S, Ihlow A, Blattner F R. 2007. Combined ecological niche modelling and molecular phylogeography revealed the evolutionary history of *Hordeum marinum* (Poaceae)—niche differentiation, loss of genetic diversity, and speciation in Mediterranean Quaternary refugia. Molecular Evolution, 16: 1713-1727.

Jordan-pla A, Estrelles E, Boscaiu M, et al. 2009. Genetic variability in the endemic Leucojum valetiunm. Biologia Plantarum, 53(2): 317-319.

Kang U, Chang C S, Kim Y S. 2000. Genetic structure and conservation considerations of rare endemic *Abeliophyllum distichum* Nakai (Oleaceae) in Korea. Journal of Plant Research, 113: 127-138.

Kelchner S A. 2009. Improvement: phylogenetic models and model selection for noncoding DNA. Plant Systematics and Evolution, 282: 109-126.

Kingman J F C. 2000. Origins of the coalescent. Genetics, 156: 1974-1982.

Kitner M, Prausova R, Adamec L. 2013. Present status of genetic diversity of *Potamogeton praelongus* popultions in the Czech Republic. Phyton-Annales Rei Botanicae, 53(1): 73-86.

Loveless M D, Hamrick J L. 1984. Ecological determinants of genetic structure in plant populations. Annual Review of Ecology and Systematics, 15: 65-95.

Lowe A, Harris S, Ashton P. 2004. Ecology Genetics: Design, Analysis, and Application. Oxford: Blackwell Publishing Ltd: 150-159.

Markwith S H, Parker K C. 2007. Conservation of *Hymenocallis coronaria* genetic diversity in the presence of disturbance and a disjunct distribution. Conservation Genetics, 8: 949-963.

McClure M S. 1992. Effects of implanted and injected pesticides and fertilizers on the survival of *Adelges tsugae* (Homoptera: Adelgidae) and on the growth of *Tsuga canadensis*. Journal of Economic Entomology, 85: 468-472.

Melillo J M, Mcguire A D, Kicklighter D W, et al. 1993. Global climatechange and terrestrial net primary production. Nature, 363: 234-240.

Moran G F, Hopper S D. 1987. Conservation of the genetic resources of rare and widespread eucalypts in remnant vegetation. *In*: Nature Conservation: The Role of Native Vegetation (Saunders D A, Arnold, G W, Burbidge A A, et al. eds). Sydney: Surrey Beatty and Sons: 151-162.

Moriguchi Y, Kang K S, Lee K Y, et al. 2009. Genetic variation of Picea jezoensis populations in South Korea revealed by chloroplast, mitochondrial and nuclear DNA markers. Journal of Plant Research, 122: 153-160.

Nettel A, Dodd R S, Afzal-Rafii Z. 2009. Genetic diversity, structure, and demographic change in tanoak, *Lithocarpus densiflorus* (Fagaceae), the most susceptible species to sudden oak death in California. American Journal of Botany, 96: 2224-2233.

Nybom H, Bartish I V. 2000. Effects of life history traits and sampling strategies on genetic diversity estimates obtained with RAPD markers in plants. Perspectives in Plant Ecology, 3(3): 93-114.

Nybom H. 2004. Comparison of different nuclear DNA markers for estimating intraspecific genetic diversity in plants. Molecular Ecology, 13(5): 1143-1155.

Petit R J, Duminil J, Finescbi S, et al. 2005. Comparative organization of chloroplast, mitochondrial and nuclear diversity in plant population. Mol Ecol, 14: 689-701.

Posada D, Crandall K A. 2001. Intraspecific gene genealogies: trees grafting into networks. Trends in Ecology & Evolution, 16: 37-45.

Sampson J F, Byrne M, Yates C J, et al. 2014. Contemporary pollen-mediated gene immigration reflects the historical isolation of a rare, animal-pollinated shrub in a fragmented landscape. Heredity, 112: 172-181.

Shaw J, Lickey A B, Beck J T, et al. 2005. The tortoise and the hare II: relative utility of 21 noncoding chloroplast DNA sequences for phylogenetic analysis. American Journal of Botany, 92: 142-166.

Shearer B L, Dillon M. 1995. Susceptibility of plant species in *Eucalyptus* marginata forest to infection by *Phytophthora cinnamomi*. Australian Journal of Botany, 43(1): 113-134.

Small R L, Lickey E B, Shaw J, et al. 2005. Amplification of noncoding chloroplast DNA phylogenetic studies in lycophytes and monilophytes with a comparative example of relative phylogenetic utility from Ophioglossaceae. Molecular Phylogenetics and Evolution, 36: 509-522.

Song B H, Clauss M J, Pepper A, et al. 2006. Geographic patterns of microsatellite variation in Boechera stricta, a close relative of Arabidopsis. Molecular Ecology, 15: 357-369.

Sozen E, Oxaydin B. 2010. A study of genetic variation in endemic plant *Centaurea wiedemanniana* by using RAPD markers. Ekoloji, 77: 1-8.

Su Y J, Wang T, Zheng B, et al. 2005. Genetic differentiation of relictual populations of Alsophila spinulosa in southern China inferred from cpDNA trnL-F noncoding sequences. Molecular Phylogenetics and Evolution, 2: 323-333.

Syring J, Farrell K, Businsky R, et al. 2007. Widespread genealogical nonmonophyly in species of *Pinus subgenus* Strobus. Systematic Biology, 56: 163-181.

Templeton A R. 1998. Nested clade analyses of phylogeographic data: testing hypotheses about gene flow and population history. Molecular Ecology, 7: 381-397.

Templeton A R. 2004. Statistical phylogeography: methods of evaluating and minimizing inference errors. Molecular Ecology, 13: 789-809.

Templeton A R. 2008. Nested clade analysis: an extensively validated method for strong phylogeographic inference. Molecular Ecology, 17: 1877-1880.

Wang F Y. 2008. Phylogeography of an alpine species *Primula secundiflora* inferred from the chloroplast DNA sequence variation. Journal of Systematics & Evolution, 46 (1): 13-22.

Wang J, Gao P, Kang M, et al. 2009. Refugia within refugia: the case study of a canopy tree (*Eurycorymbus cavaleriei*) in subtropical China. Joural of Biogeography, 36: 2156-2164.

Wang L Y, Ikeda H, Liu T L, et al. 2009. Repeated range expansion and glacial endurance of *Potentilla glabra* (Rosaceae) in the Qinghai-Tibetan plateau. Journal of Integrative Plant Biology, 7: 1-9.

Wang L, Abbott R J, Zheng W, et al. 2009. History and evolution of alpine plants endemic to the Qinghai-Tibetan Plateau: *Aconitum gymnandrum* (Ranunculaceae). Molecular Ecology, 18: 709-721.

Wang T, Su Y J, Li X Y, et al. 2004. Genetic structure and variation in the relict populations of *Alsophila spinulosa* from southern China based on RAPD markers and cpDNA atpB-rbcL sequence data. Hereditas, 140: 8-17.

Weising K, Gardner R C. 1999. A set of conserved PCR primers for the analysis of simple sequence repeat polymorphisms in chloroplast genomes of dicotyledonous angiosperms. Genome, 42: 9-19.

Xiao L Q, Ge X J, Gong X, et al. 2004. ISSR variation in the endemic and endangered plant *Cycas guizhouensis* (Cycadaceae). Annals of Botany, 94: 133-138.

Xie G W, Wang D L, Yuan Y M, et al. 2005. Population genetic structure of *Monimopetalum chinense* (Celastraceae) an Endangered Endemic Species of Eastern China. Annals of Botany, 95: 773-777.

Xue D W, Ge X J, Hao G, et al. 2004. High genetic diversity in a rare, narrowly endemic primrose species: *Primula interjacens* by ISSR analysis. Journal of Integrative Plant Biology, 46(10): 1163-1169.

Zawko G, Krauss S L, Dixon K W, et al. 2001.Conservation genetics of the rare and endangered *Leucopogon obtectus* (Ericaceae). Molecular Ecology, 10: 2389-2396.

Zhang Q, Chiang T Y, George M, et al. 2005. Phylogeography of the Qinghai-Tibetan Plateau endemic *Juniperus przewalskii* (Cupressaceae) inferred from chloroplast DNA sequence variation. Molecular Ecology, 14: 3513-3524.

# 第二章　植物遗传多样性数据产生及参数估算

遗传多样性是保护生物学研究的核心之一，也是生物其他分支学科重要的遗传学背景资料。早期的生物遗传多样性研究，主要集中在生物学形态特征的比较观察。20 世纪 60 年代，酶电泳技术及特异性组织化学染色法的出现，从分子水平来客观地揭示遗传多样性成为可能。进入 80 年代，分子生物学和分子克隆技术的发展带来了一系列更为直接的检测遗传多样性方法。研究生物种群遗传多样性及遗传结构模式，测试进化理论假说是实验进化遗传学中两个重要组成部分（Lowe et al.，2004）。

遗传标记用于揭示种群遗传多样性和遗传结构特征。遗传多样性是由其高低（变异大小）、遗传分化（变异分布模式）及遗传距离（成对种群间遗传分化大小）三个部分组成。目前，大多数遗传标记是中性标记（同位点上等位基因对具有相同的遗传效应），仅能揭示种群遗传多样性一方面，遗传多样性的另一重要部分是适应性变异（携带有特殊等位基因的个体比携带有其他等位基因的个体具有更强的适应性）。尽管在环境生态和功能基因领域中，开展适应性位点方面研究已取得了重要进展，但是，目前植物适应性变异很难用遗传标记进行鉴别。

由于可利用的野外植物材料和标记数量限制，有效的实验设计和抽样方案是开展植物遗传多样性研究的关键。在开展植物自然种群遗传多样性研究之前，必须充分考虑植物种群间和种群内抽样（野外样本采集），以及基因组变异的抽样（标记选择）所带来的抽样误差。目前所采用的遗传标记局限于少量的形态学标记和生化标记，以及几十至数百个 DNA 分子标记，有限的遗传标记数量可能比实验材料的限制对研究结果精度影响更为严重。理想的植物遗传多样性研究方案，应该是采用适宜的样本采集策略和合适的遗传标记，提供充分必要的实验数据测试理论假说。

开展植物遗传多样性研究之前，要回答以下几个问题（Lowe et al.，2004）。

（1）抽取的生物个体或基因组的样本是否满足测试理论假说的条件？

（2）抽取的样本是否对研究方案有用？

（3）是否存在其他可替代的研究方案？

（4）随着研究的开展，最初设计的研究方案是否要放弃？

如果抽取的植物个体或基因组的样本不能够测试基本理论假说，在研究进行到一定程度时，最初的研究方案不得不放弃。但是，抽样需要花费大量时间，投入大量的研究经费。因此，制定科学合理的抽样方案，对开展濒危植物遗传多样性研究极为重要。

## 第一节　样本采集策略

自然生态系统中，生物种群表现出空间和时间变异对其种群进化产生深远的影响。

植物种内变异具有明显的层次性，表现为种内地理区域间、地理区域内的种群间及种群内个体间变异。植物种群遗传进化过程中，基因流和局部灭绝模式严重影响着种群遗传结构模式。同样，遗传标记仅是整个基因组中一个样本，也存在变异模式。植物遗传多样性研究的有效采样策略，取决于植物遗传变异模式的认识。然而，大多数植物种群遗传信息在未开展遗传多样性之前是不知道的，因此，最有效的采样策略制定，必须具备研究对象的形态学变异、种群遗传学背景或交配系统和基因流等基础性知识。实际上，除非开展了严谨的生物学研究或稀有植物的个体十分有限，通常情况下，植物是由很多植株组成，不可能也没有必要对整个植物种中所有个体进行研究。一般是抽取部分个体组成样本，通过样本研究，推断植物遗传多样性大小及结构特征。同样，遗传标记，也被视为从生物体中所携带 DNA 片段或基因表达产物抽取的样本（Hartl et al.，1994），以推测整个基因组多样性。

因此，为了开展植物遗传多样性研究，事先必须掌握植物样本采集的基本原则，明确样本采集标准。抽样策略的制定，是由遗传多样性研究的目标及植物资源的可用性决定。抽样的基本目标，是样本资源利用最大化利用，以最低的采样成本和最窄的置信区间，获得最可靠的遗传多样性参数评估值。

## 一、抽样基本理论

植物样本采集策略制定的过程中，事先应明确统计种群、生态种群与遗传种群的概念。统计种群，又称总体，是指由具有相同性质的个体组成的集合，具体来讲，统计种群是指研究对象（植物种）的所有个体；生态种群，是指特定时间、特定地理区域内，同种植物集合（或称生物种群或种源）；遗传种群，是指通过基因流相互联系一起的植物个体集合（有时称基因库）。统计种群、生态种群与遗传种群可能是一致的，但是，大多情况下三者所指各不相同。植物遗传多样性研究中，种群通常是指生态种群，由于研究结论是来自研究对象或关注的问题，而研究具体材料是在特定时间内采集，尤其是，有时仅来自于特定的地理区域，因此，生态种群经常不能完整地构成统计种群。有关种群遗传多样性数据的获得是基于遗传种群，从 1 个生态种群抽取 2 个或更多的遗传种群将会使研究结果产生额外偏差。例如，以林木种子作为材料，特定年份内，不可能所有的植物个体都开花、结实，这样，1 年内收集的种子材料进行遗传多样性分析，必然会丢失部分种群遗传信息。因此，正确地区分统计种群、生态种群和遗传种群的概念，对制定科学、合理采样策略至关重要。

实际研究中，种群的定义与种群大小相关联。野外生长的植物个体数目是统计种群大小。遗传种群大小，是相对于理想种群中繁育个体的数目，是指剔除由于上代自交和近交影响及遗传重复（基因型相同）后，种群中真正对遗传有贡献作用的不存在亲缘关系的植株数目，又称有效种群大小。有效种群大小受世代间种群大小波动、交配系统不同、性比不平衡、个体繁殖率差异、世代重叠、种群地理分布样式等因素影响，通常比统计种群小（Frankham et al.，2002）。

生物统计学抽样，事先确定抽样单元，然后根据恒定的概率，从种群（总体）中随机抽取样本单元。但在植物遗传多样性研究实践中，很难满足这些严格的统计抽样标准。

由于野生植物，尤其是濒危植物的完整地理分布区通常是未知的，因此，植物遗传多样性研究，一般是在特定的生态地理区域内抽取样本单元。同样，植物种群内抽样，也是基于有亲缘关系的植物个体间最小距离进行随机采样，特别是采集天然林中高大乔木样本，只能采集最容易采集到的个体。

植物种群遗传多样性研究中，通常采用简单随机抽样、分层随机抽样和系统抽样这3种基本抽样方法。特殊情况下，有可能采用其他抽样方法。

在开展植物遗传多样性研究之前，首先必须确定样本单元。尽管采样策略不依赖样本单元多少而改变，但随着采集样本有用信息的获取，有必要调整采样方法。如分析个体数据之后，发现感兴趣等位基因的频率很低，就可能不采用随机抽样，而采用其他抽样方法以利于更有效地收集到感兴趣的等位基因。

很多情况下，植物遗传多样性研究过程中的植物样本收集方法属分层抽样。从植物分布区范围内采集样本，种群就是抽样单元，而种群中的植株个体就是元素。如果考虑不同生态气候区差异，那么，就要分气候区、种群、种群内3个不同层次进行多阶分层抽样。抽样单元包含相同数量的元素，多阶分层抽样相对简单。然而，很多情况下，不同地理区域的植物种群中的植株个体数目不同，样本单元大小不相等，抽样过程变得很复杂。

大多数植物遗传多样性研究的样本采集为固定抽样，是根据可利用的植物资源确定样本大小，也可以采用样本大小事先不固定的连续抽样。连续抽样，是先对已采集的植物样本进行遗传多样性分析，以评价样本。随着研究的深入，根据积累的数据是否满足研究需要，以确定是否有必要继续抽样。连续抽样法最大优点是减小样本大小而降低费用。

## 二、简单随机抽样

理论上，简单随机抽样是所有抽样方法中最基本的，也是最简单的抽样方法。它是按随机原则，直接从总体 $N$ 个单元中抽取 $n$ 个单元作为样本，这种抽样方式能使总体中每一个单元有同等机会被抽中（Bart et al., 1998）。在植物遗传多样性实际研究过程中，采样的地理区域通常比植物分布区要小，根据样本数据推测统计种群（物种），上述"同等机会"的条件很难满足。

遗传多样性研究中采用简单随机抽样方式，了解植物种群内所有个体的分布很有必要。例如，标记种群中所有植株，并了解植物种的所有种群生态地理分布。然而，对于大部分情况下，植物分布模式不清楚，不是从真正的植物全分布区范围内抽样。如大多数热带植物，其具体分布地点不清楚。再如，许多珍稀濒危植物遗传多样性研究，样本可能仅采集于作者感兴趣的地理区域，而不能代表真实植物分布区。由于实际困难，已开展的植物遗传多样性研究，采用的简单随机抽样很少是真正意义上的简单随机抽样，而是可达采样、分层采样或经验采样。

对于可达采样，采集的样本仅是在能够接触到的采样单元。例如，在茂密的森林中采样，实际上仅能够采集生长在道路、河流旁的林木；珍稀濒危植物，仅能采集政府许可范围内的植株，对于分布在自然保护区核心区的植物样本不允许采集。同样的，分层取样是通过分层或者机会方式采集样本。经验采样是根据研究者的经验，确定采样单元，如采集的树木单株间距离应相距 50m 以上，以减少采集的样株间存在密切亲缘关系的可能性。另外，尽管这些抽样方法作为统计随机抽样不可取，不能采用概率原理评估其有效性，但对于遗传多样性研究实际情况，这可能是最适宜的样本采集方式（Thompson，1992）。

## 三、分层随机抽样

分层随机抽样，是将统计种群（总体）按照一定标准进行分层，然后在每一层中用简单随机抽样方式抽取样本进行调查（Bart et al.，1998）。

分层是一个非常有效的采样方法，是将 $N$ 个抽样单元组成的统计种群剖分成 $L$ 个不重叠的层次，$L$ 个层次总和等于整个统计种群（$N=N_1+N_2+\cdots+N_L$）。植物遗传多样性研究中，分层通常是建立于植物地理生态区之上而且每个层次的地理生态类型很容易区分。一旦决定了分层，在每个层次进行独立抽样，如果分层抽样是利用简单随机抽样，整个过程就是分层随机抽样。

采用分层抽样的一个最重要的原因是，如果分层可以很好确定，这种抽样方法可以获得精确的种群参数估算值和整个种群的置信区间。但是，如果需要各层的参数估算值和置信区间，必须采用分层随机抽样。例如，植物跨国界分布，多单位协作开展植物遗传多样性时，不同研究小组在植物分布区不同地区采样。

制定分层抽样策略时，事先需要确定分层数目及各层次中采样单元数量。分层数目取决于研究对象及遗传多样性参数估算的精确度。一般认为，分层数目不宜大于 6 个，分层越少，可能更令人满意。尽管分层抽样的一些统计方法很有价值，但分层数目通常依赖于研究者对环境生态变量的认识。

尽管为保证能估算方差，每个分层中至少抽取两个单元，但植物资源的比例分配、等量分配和最优配比是分层抽样的主要策略。最简单的分层抽样方法是，样本分配基于比例分配或等量分配。例如，每个层次中抽取 5%作为样本，或者各层抽取同样数量样本。比例分配是根据各层相对于统计种群（总体）大小，确定各层权重，因此适合于分层较多的统计种群（总体），而恒量分配则适合于分层较少的总体。样本数量的确定依赖于研究者可接受的置信区间，遗传多样性参数估算值精确度越高，分层抽样的样本数量越多。

如果先前开展过相关研究，积累了一些有价值的信息数据，这种情况下，采用最优配比分层抽样可能更有效。特别是，最优配比分层抽样的费用最低。当分层很大且不均匀时，利用价值函数确定分层中的样本，其费用便宜。在样本数量相同时，最优配比分层抽样误差较小；在抽样误差的要求相同时，它所需的样本数量较少。最优配比分层抽样已广泛应用于植物种质收集过程中，既可使收集的植物材料遗传多样性最大化，又可使植物种质材料收集成本最小化。

## 四、系统抽样

一般地，要从容量为 $N$ 总体中抽取容量为 $n$ 样本，可将总体分成均衡的若干部分，然后按照预先制定的规则，从每一部分抽取一个个体，获得所需样本，这种抽样方法就是系统抽样（Bart et al.，1998）。

植物遗传多样性研究中，系统抽样是最普遍和最方便的抽样方法之一。具体抽样，一般是按直线、网格或地理特征（如道路或者河流）上固定的位置，也有按主要生态因子（如温度、湿度、日照时数），或纬度和海拔等地理指标的变化梯度，再沿山脉或水系定点抽样（White et al.，2007）。

系统抽样方法简单，能够满足植物分布区内所有样本能有均等机会被抽取的要求，并且降低采样个体间的亲缘关系。如果研究对象存在生态变异梯度或生态群遭到质疑时，系统抽样特别实用。系统抽样最常用的方法是将感兴趣的植物分布区域分成若干个相等的地理区域单元，再从每个地理区域单元中抽样。然而，伴随着系统抽样进行，被抽取的系统周期变化将导致种群遗传多样性参数平均值及方差估算出现偏差。实际上，导致植物种群遗传多样性参数估算偏差不是系统周期变化引起的，而是植物分布不规则且集中引起的。尽管统计学家不赞成系统抽样，但植物遗传多样性研究的实践中，经常采用系统抽样，并且随机抽样方法处理数据一般不存在估算偏差。由于系统抽样的数据周期性可能影响遗传多样性参数估算精度，因此，必要时还是采用随机抽样（Kreb，1999）。

## 五、种群内采样

植物遗传多样性研究的最根本目的是估算种群中等位基因频率、等位基因数目、基因多样性、遗传距离、基因流等遗传多样性参数。在给定的置信度范围内，采用标准统计方法估算这些参数，必须要确定样本大小。样本大小的确定应该是基于最坏情况，也就是，等位基因频率差异最大情况。

假定二倍体植物的某个位点上两个等位基因（$a_1$，$a_2$），其频率分别为 $p$、$q$，在随机采集的配子样本大小为 $n$（个体为 $n/2$）的情况下，保证采集的样本中至少含有每个等位基因的一个拷贝的概率为

$$P[a_1, a_2] = 1 - (1-p)^n - (1-p)^n + (1-p-q)^n$$

如果 $p \geq 0.95$，则 $(1-p-q)^n$ 值很小，可忽略。即

$$P[a_1, a_2] = 1 - (1-p)^n - (1-q)^n$$

当 $p=0.95$、$q=0.05$，样本置信度为 95%，采集的样本中包含天然种群中每个等位基因一个拷贝，对于完全随机交配的植物，样本大小为 30 株；对于完全自交植物，样本大小为 59 株。如果最常见等位基因频率为 0.99，同样的置信度下，完全随机交配植物，满足上述采样要求的样本大小为 150 株。这表明，随机样本容量，主要取决于植物种群中稀有基因频率及事先设定的收集可能性（Marshall and Brown，1975）。但是，随着位点上等位基因数目增加，确切概率表达式变得更为复杂。对于位点上 20 个等位基因，每个等位基因频率均为 0.05，随机样本大小为 120 个配子，将有 95%可能性包括每个等位基因的一个拷贝。大多数情况下，50～100 个配子的随机样本能满足遗传多样性研究（Lawrence and Marshall，1997；Brown and Hardner，2000）。采集植物配子或完全自交植物是极罕见的，多数是采集植株，因此，除非是极度濒危植物（有效种群大小小于25），一般情况下，随机样本为 25～50 株（徐刚标，2006）。

如果等位基因是中性的，符合无限等位基因模型（infinite sites model，ISM），那么，从种群中抽取样本的期望等位基因数目完全由种群（种群大小为 $N$）含有的等位基因数目（$n$）决定。假设通过突变产生的等位基因和通过遗传漂移导致等位基因的损失处于一

个平衡状态，每次突变产生种群中没有的新等位基因，样本中预测的等位基因数目 $E(k)$（Ewens，1972）为

$$E(k)=1+\frac{\theta}{\theta+1}+\frac{\theta}{\theta+2}+\cdots+\frac{\theta}{\theta+n-1}$$

　　如果 $\theta$（$\theta=4Nu$，$u$ 为突变率）非常小，$E(k)\approx1$，样本中基因数目期望值不受样本大小影响；如果 $\theta$ 非常大，$E(k)\approx n$。这意味着，从突变率很高的种群中抽样，样本中等位基因将各不相同。对于突变率较高的植物，随着样本个体数目增大，抽取的等位基因数量增多，样本中将会检测到更多等位基因；当样本中个体数目继续增大，样本中等位基因数目增多的速度减小。因此，样本大小达到 20～50，为了样本包含更多等位基因而增加样本大小，已不经济（徐刚标，2009）。

　　由以上理论分析表明，除非是种群过小（少于 20 株）的极小种群植物，否则，每个植物种群中采集的植株数目应大于 20 株。同时，为了避免样本植株间的亲缘关系，采样植株之间的距离应大于植株高度的 5 倍以上。

## 六、种群间抽样

　　抽样理论仅满足在一定误差范围内，确定从总体（种群）中抽取样本的数量。目前还没有统计理论解决种群间抽样问题。采样策略的优化取决于理论假说、预期的遗传多样性变异模式及研究对象的生物学熟悉程度。在开展植物遗传多样性研究时，一些看似简单的问题，如植物分布，可能都是未知的。因此，在制定抽样计划时，很有必要明确植物地理生态分布。

　　种群间采样，除非稀有植物或分布于狭长地带植物，极少采集到所有种群的样本。因此，必须确定采样种群数目和采样地点。由于受经济条件、植物特殊分布地点（如高山密林、自然保护区核心区）无法抵达的限制，植物全分布区内随机布点采样几乎是不可能的。如果研究对象是分布区很广的植物种，尽管在不同种群采样的费用很高，但是对于遗传多样性研究，应该在不同的地理生态区域采样。确因经济条件限制，也应该是多个种群中采样少量样本（Pons and Chaouche，1995；Pons and Petit，1995），至少应在分布区的东缘、西缘、南缘、北缘、中心（东、西、南、北、中）5 个种群中采样（Lowe et al.，2004）。

　　影响遗传多样性参数的统计分析结果因子有：样本大小、Ⅰ类错误的概率、Ⅱ类错误的概率、显著性大小。如果知道其中 3 种，那么可以计算第 4 种。尽管越来越多的研究证明Ⅱ类错误在遗传多样性研究中的重要性，但传统实验生物学家一直担忧Ⅰ类错误。

# 第二节　遗 传 标 记

　　遗传标记（genetic marker）是指任何可见的或可以鉴定的生物学特征，其单个位点上的等位基因以孟德尔方式发生分离。如果没有遗传标记如豌豆的花色，遗传学就不可能建立和发展。遗传标记可分为形态标记、细胞标记、生化标记、蛋白质标记和 DNA 标记。形态标记，如苗木白化、矮化和其他畸变，是最早用于植物种群遗传学分析的遗

传标记，但适用范围有限。细胞标记为染色体数目、结构或者染色体配对行为提供一种辨别变异的方法，这在形态学水平上是无法确认的。生化标记（也就是第二产物）能揭示种内大量遗传变异，展现出巨大潜力，但一直以来备受争议。其他生化标记包括免疫学标记，由于其可靠性差及操作复杂而被丢弃。形态标记、细胞学标记、生化标记只限于小部分特征明显的基因，这些基因的实用性也仅限于部分容易杂交的模式植物，如豌豆、玉米属植物和拟南芥。但是，大多数植物的遗传学背景不清楚。蛋白质标记，特别是 DNA 标记，能够揭示各种植物种群遗传进化模式，彻底改变遗传标记的实用性，极大地推动了生物遗传多样性研究进程（葛颂和洪德元，1994；邹喻苹等，2001）。

用于植物遗传多样性研究的理想遗传标记应具有以下 6 个重要特征（Weising et al.，1995；Gillespie，1998）。

（1）能够检测数量或质量变异。这种遗传标记应该是出现或者不出现，或者遗传标记能够揭示离散性遗传变异水平，即遗传标记表达水平为高与低。

（2）不受环境或生物体发育阶段影响。如果个体在不同环境条件下生长，遗传标记应揭示出相同的基因型而不受环境影响，遗传标记在幼龄个体中出现与否与在成年中表现一致。

（3）简单的共显性遗传方式。对于二倍体植物，遗传标记能辨别杂合体中同一基因位点上两个不同等位基因。如果遗传标记是显性遗传，不能分辨显性纯合体和杂合体。

（4）能够检测到沉默核苷酸改变。遗传标记应该能检测导致同义氨基酸替代的基因组编码区域的改变，换句话说，密码子突变导致同义氨基酸替代物嵌入一种蛋白质编码序列。

（5）能够检测基因组编码区和非编码区部分变化。遗传标记应该随机分布于基因组中而不是仅限于某种序列。

（6）能够检测同源进化的变异。用于遗传多样性分析的遗传标记应该是同源的，也就是说，能够检测来自共同祖先的后代差异。然而，位点和等位基因可能是基于研究方法定义而不是根据世代间传承关系定义，如起源和形态。

目前，植物遗传多样性研究中，没有任何遗传标记系统具有上述这些理想特征，遗传标记选择是建立在假说验证、遗传标记系统属性和研究项目的资源可用性之上（Lowe et al.，2004）。

## 一、等位酶标记

由于碱基替换造成的蛋白质相对分子质量变化，约有 30%的碱基替换会导致蛋白质电荷的变化。由于不同蛋白质形状和荷质比不同，在电场中迁移速度不同，通过电泳可进行分离、检测出蛋白质变异。蛋白质标记主要是等位酶标记。

许多种群遗传多样性和种群遗传分化参数的统计分析方法是基于等位酶而设计开发的（Slatkin，1985a）。等位酶标记只能检测编码酶蛋白的基因，最常用的酶系统一般在 30 个左右。由于基因组中具有调节功能或其他功能的大量变异，如果研究的不是染色体组中所有结构基因的随机样本，无法通过酶电泳技术检测。即使研究的是结构基因，如果碱基替换不改变蛋白质分子的迁移率，也不能采用等位酶标记检测产生相似迁移速率的蛋白质的等位基因之间变异，因此，等位酶电泳结果一般被视为遗传多样性的最低估计值。虽然同工酶揭示的种群遗传多样性不高，但因其典型的共显性、已知基因组起源而被广泛应用，适合于评估种群遗传多样性及种群遗传分化（Butilin and Tregenza，1998）。但是，等位酶标记提供的是无序分子数据，只能依靠共有等位基因（电泳条带）估算遗传距离。另外，凝胶上所显示的条带是基因的初级产物，许多等位酶由多个基因编码，对于二倍体植物，2 个基因决定的酶由 4 个等位基因编码，3 个基因决定的酶是由 6 个等位基因编码，以此类推。一个基因决定一个亚基（subunit），许多酶是由不同亚基组成的多聚体（polymeride），因此，电泳凝胶上显示的条带与基因之间不是一对一的对应关系（王中仁，1994a，1994b）。

## 二、微卫星标记

微卫星 DNA，或称简单重复序列（simple sequence repeat，SSR），是一类由几个（1～6 个）碱基组成的基序串联重复而成的 DNA 序列，随机分布在核 DNA、叶绿体 DNA 和线粒体 DNA 中。不同遗传材料核心序列串联重复数目不同，因而能够用 PCR 的方法扩增出不同长度的 PCR 产物。

微卫星分子标记物具有多态性丰富、共显性遗传等特征，而且，大多数物种基因组中 SSR 数量丰富。然而，由于杂合度增加，会造成种群遗传多样性和遗传分化系数在位点数量上的偏差。其他的分析方法，使用逐步突变模型、运用重复数的变化来推测等位基因之间的进化关系，可以有效地用于计算遗传距离和分化。这种高突变率，意味着微卫星标记位点遭受着趋同性问题（Schotterer et al.，1998）。如果在这样的进化距离基础上，采用大量微卫星位点（多于 10 个），潜在的高突变率和单位点上多个等位基因，增加种群内变异成分，会违背估算遗传多样性参数的假说条件。

## 三、显性分子标记

显性表达分子标记，包括随机扩增片段长度多态性标记（random amplified polymorphism DNA，RAPD）、简单重复序列间重复（inter-simple sequence repeat，ISSR）和扩增片段长度多态性（amplified fragment length polymorphism，AFLP）等，是多位点的且分散在整个基因组中。在种群遗传多样性分析和种群遗传分化评估中，显性标记应用的突出问题是无法检测种群中杂合体的比例。有几种方法可以用来解决这个问题，例如，通过使用可靠的估计或使用类似引物片段降低杂合度在观察值和期望值间的错误（Lynch and Milligan，1994）。由于显性位点被分散在整个基因组中，显性分子标记对评估全基因组遗传变异非常有用。显性标记提供的分子数据是无序的，但是，检测到潜在的大量基因位点可以通过对无序评估强有力的推导得以被研究出来。分析方法不当，可能会大大高估了自然种群遗传多样性参数。

## 四、植物细胞器 DNA 标记

叶绿体基因组突变是有序的，但变异很低（Wolfe，1987）。因此，叶绿体标记可用于分析种群遗传多样性、种群遗传分化和遗传距离，同时，还可提供分子进化信息，探讨种群进化历史。尽管叶绿体基因组中微卫星位点似乎比插入、缺失和突变序列更频繁，但叶绿体标记揭示的种群多样性往往很低（Provant et al.，2001）。植物线粒体 DNA 是低水平的无序变异（Stephen，1995），线粒体标记可用于评估种群遗传多样性和分化，但其使用范围受到很大限制（Lowe et al.，2004）。

# 第三节　遗传多样性丰富度

研究植物遗传多态性，为使其具有可分析的形式，必须要有合理的度量参数。迄今，已有许多度量植物遗传多态性的参数被提出，这些参数大体上包括丰富度（richness）和均匀度（evenness）两个方面。丰富度是度量遗传变异的丰富性，而均匀度则是阐明遗传变异的分布状况（徐刚标，2009）。

## 一、多态位点百分比与等位基因数目

最直接度量植物种群遗传多态性的丰富度参数是估算种群中具有的多态位点数目及单个位点等位基因数目。

### （一）多态位点百分比

遗传多态性（genetic polymorphism），是指种群中存在一个以上等位基因，并且稀有等位基因频率比单靠突变所能维持的频率要高的现象。实际研究中，检测遗传多样性是样本而不是种群，完全有可能由于抽样造成稀有基因"漏掉"。因此，一般将样本中等位基因频率不超过 95% 或 99% 的位点视为多态位点。

多态位点数目取决于样本大小，样本中个体数目多，检测的多态位点数目多，反之，小样本中检测的多态位点少。因此，需要用相对量描述种群遗传多态性。

遗传多样性最基本参数是多态位点百分比（proportion of polymorphic loci，$P$），是指种群中多态位点数目（$n_p$）占检测的位点数目（$n$）比例：

$$P=\frac{n_p}{n}$$

多态位点百分比不能区分出单个位点的多态性强度。例如，某位点携带两个等位基因，频率分别为 0.95 和 0.05，另个位点上有 20 个等位基因，频率均为 0.05，显然后者的多态性远大于前者，但按 0.95 的临界值，两者都是多态位点。

### （二）等位基因数目

度量种群遗传多态性的丰富度另一常用参数是单个位点上的等位基因数目。等位基因数目（number of allele）是指检测所有位点上等位基因数量均值，又称等位基因丰富度（allelic richness）、等位基因多样性（allelic diversity）。

假定 $n$ 个位点，第 $i$ 个位点上等位基因数为 $a_i$，单位点等位基因数目（$n_a$）为

$$n_a=\sum_{i=1}^{n}\frac{a_i}{n}$$

如果只考虑种群中具有多态性位点，多态位点等位基因数目（$n_p$）为

$$n_p = \sum_{i=1}^{n} \frac{a_{p(i)}}{n}$$

式中，$a_{p(i)}$ 为第 $i$ 个多态位点等位基因数（$a_{p(i)} > 1$）；$n$ 为多态位点数。

等位基因数目反映种群中位点上等位基因数目的多少，当遗传多态性高时，其值越大。同样地，等位基因数目在很大程度上信赖于样本大小，随着样本容量增加，等位基因数目越多，因此，无法在不同样本容量间进行比较。另外，等位基因数目不能区别等位基因相同而基因频率不同的两个种群。为此，Kimura 和 Crow（1964）提出了有效等位基因数目（effective number of allele，$n_e$）的概念。

$$n_e = \frac{1}{n} \sum_{i=1}^{n} \left( \sum_{j=1}^{a_i} p_{ij}^2 \right)^{-1}$$

式中，$a_i$ 为种群中第 $i$ 个位点上等位基因数目；$p_{ij}$ 为第 $i$ 个位点上第 $j$ 个等位基因的频率；$n$ 为多态位点数目。

很显然，有效等位基因数与种群杂合度（$H$）的关系为

$$n_e = \frac{1}{1-H}$$

有效等位基因数目反映了等位基因间的相互作用，比用杂合度和纯合度能更好地度量种群遗传变异的增加，可以用来比较等位基因频率分歧分布。从生物学角度来看，有效等位基因数目是指与现实种群中观察到的纯合体频率相等的，具有相同等位基因频率的假定种群中基因数目。例如，频率各为 0.5 的 2 个等位基因变为频率各为 0.25 的 4 个等位基因，杂合性从 0.5 增加为 0.75，差值为 0.25，但遗传变异量增加了 1 倍。这种倍增反应在有效等位基因数目的比率上，也是 2 [1/（1−0.75）：1/（1−0.5）]。因为 $n_e$ 与等位基因频率大小联系起来，更能反映种群的真实情况。

一般把所检测到的等位基因都作为相同效应来分析，但实际上这是不可能的，因此，检测到的等位基因数通常大于有效等位基因数。

## 二、基因多样性（杂合度）

最简单度量种群遗传多态性的均匀度参数是实际观察杂合度。观察杂合度（$h_0$），是指实际观察到的杂合体数目占种群中全部个体数目的比值：

$$h_0 = 1 - \sum_{i=1}^{r} P_i$$

式中，$P_i$ 为第 $i$ 个等位基因纯合体频率；$r$ 为等位基因种类。

如果种群中检测 $n$ 个位点，$h_{0j}$ 为第 $j$ 个位点观测杂合度，种群中单个基因位点平均杂合度（$H_0$）为

$$H_0 = \frac{1}{n} \sum_{j}^{n} h_{0j}$$

杂合度仅适合于共显性遗传标记的数据。对于显性遗传数据，要计算出杂合度是困难的，因为种群中杂合体与显性纯合体是不能区别的，另外，用种群中实际观察平均杂

合度也不能有效地估计植物自交种群的遗传变异,因为自交植物种群中有较多的纯合体,也不能描述单倍型(如叶绿体、线粒体基因组)遗传多态性。因此,Nei(1973)提出采用期望杂合度(expected heterozygosity)或称基因多样性(gene diversity),来度量种群遗传多态性。

假定一个随机交配种群中某个位点上有 $r$ 个等位基因,第 $i$ 个等位基因频率为 $q_i$,那么,期望杂合度($h_e$)为

$$h_e = 1 - \sum_{i=1}^{r} q_i^2$$

如果检测种群中多个位点,这时采用平均期望杂合度或称基因多样性($H_e$):

$$H_e = \frac{1}{n} \sum_{i=1}^{n} (h_e)_i$$

基因多样性,不是用种群基因型频率而是用基因频率来定义,这是因为基因多样性通常用于描述变异水平的种群不一定是服从随机交配的平衡种群,可克服多态位点百分比的某些不足。如果是随机交配的植物种群,很显然,从种群中随机抽取的两个不同等位基因的概率乘积等于种群杂合度。基因多样性不仅适合二倍体生物种群,而且能用于单倍体、单倍型(叶绿体、线粒体)、二倍体和多倍体生物,也能用于随机交配、自交、无性繁殖的任何交配系统。对于非二倍体生物,用杂合度概念很不恰当,只能用基因多样性概念。

基因多样性是度量种群遗传多态性的一个最适参数,变动范围为 [0, 1]。基因多样性的高低反映了种群遗传同一性程度。基因多样性越小,表明种群的遗传同一性越高。一般认为,基因多样性高于 0.5,种群没有受到高强度选择,拥有丰富的遗传多态性;低于 0.5 的种群,遗传多态较低。

但是,当种群中某个基因座上的等位基因频率接近相等时,基因多样性不能很好地反映种群遗传变异量的变化,而且,基因多样性很大程度依赖于最常见的两个等位基因频率。增加基因座上的等位基因数目,基因多样性也会增大。例如,在一个无限大的种群中,等位基因频率相等的情况下,如果是一对等位基因,基因多样性为 0.5;如果是 3 个复等位基因,基因多样性为 0.667,如此类推。随着具有相同频率的等位基因数目增加,基因多样性增大。因此,如果采用检测复等位基因的标记,那么,种群基因多样性水平将是采用的标记系统的因变量,而不是种群中遗传变异的真实度量。当然,只要遗传标记表示的基因丰富度可比较,其度量的结果也是可以比较的,但是,由于基因座上的复等位基因数目增加,导致种群内的基因多样性增加,将使种群间的遗传变异分量降低,引起种群间遗传分化度量的偏差。

与期望杂合度相对应的参数是期望纯合体频率。期望纯合度(expected homozygosity),是指从种群中每个基因位点上不重复地抽取两个等位基因,其在功能上完全相同的概率。它表示基因座上基因纯合程度,用 $J$ 表示。如果用 $q_{ij}$ 表示种群中第 $i$ 个基因座上的第 $j$ 等位基因频率,那么,期望纯合度定义为

$$J = \sum_{j=1} \sum_{i=1} q_{ij}^2$$

很显然，$J = 1 - H$。

期望纯合度是种群遗传变异的一个重要度量值。当 $J = 1$，种群中没有遗传变异；当 $J = 0$，表明种群中所有等位基因的功能均不相同。

期望杂合度作为遗传多样性指标，在植物遗传多样性研究中备受质疑。因此它是假设种群随机自由交配，但实际上濒危植物小种群不满足这一条件。观察杂合度是样本种群中观测到的数值，随着交配设计的不同而发生变化。例如，有人通过少数个体交配或收获仅有自由授粉的豆科植物，在部分闭花受精的大豆属植物的小样本中得到了比实际水平更高的杂合度。

## 三、核苷酸多态性与核苷酸多样性

### （一）核苷酸多态性

对于含有 $n$ 个核苷酸的 DNA 片段，假定从种群中抽取 $m$ 条 DNA 片段，这样便获得 $m$ 条 $n$ 个核苷酸的序列矩阵。在这 $m$ 条核苷酸序列矩阵中，任何两个或两个以上不同核苷酸的位点的数目，称为分离位点数目（the number of segregating site，$S_n$）。

核苷酸多态性（nucleotide polymorphism，$\theta$）是最常用的遗传多样性参数，是指从基因组中所研究的 DNA 区域中抽取任何样本，核苷酸多态位点百分比的期望值：

$$\theta = \frac{S_n}{\sum\limits_{i}^{m-1} \frac{1}{i}}$$

式中，$m$ 为样本中核苷酸序列数目；$n$ 为核苷酸序列长度。

### （二）核苷酸多样性

基因多样性已被广泛应用于电泳数据和限制性酶数据，但不适合于单倍型 DNA 序列数据。因为自然界中 DNA 水平上的遗传变异程度是相当高的。当所考虑的序列很长时，样本中每个序列都有可能有一个或多个核苷酸差异，如果采用基因多样性度量种群多态性，其数值都将接近于 1，而无法区分出不同的等位基因，因此，基因多样性不再是多样性的遗传信息。这种情况下，Nei 和 Li（1979）提出核苷酸多样性概念。

核苷酸多样性（nucleotide diversity，$\pi$），是指样本中所有可能匹配成对的序列间核苷酸位点差异百分比的平均值：

$$\pi = \sum\limits_{i,j}^{m} x_i x_j d_{ij}$$

式中，$x_i$、$x_j$ 和 $d_{ij}$ 分别为 DNA 序列 $i$、$j$ 的频率及这两个序列间单个位点核苷酸差异数。

## 四、显性数据

来源于多位点的显性数据估计多样性的主要问题是，种群杂合度未知，因为杂合体与纯合体的标记产物表达没有区别。因此，它是不可能直接评估种群是否符合 Hardy-Weinberg 平衡。有两种方法解决这个问题。一是忽视这个问题，采用基因型多样性，但必须考虑到这类参数的局限性。二是 Lynch 和 Milligan（1994）提出的特殊统计学方法解决。

Lynch 和 Milligan（1994）意识到 RAPD 显性数据的不足，建议从 RAPD 分子数据中除去低频标记数据，因为这些数据会导致观察杂合度和期望杂合度间差异存在很大变动。只有保留小于 $1-3/N$（样本大小）频率的扩增片段，用于数据分析（如 $N=10$，标记扩增片段频率小于 0.7）。采用这种方式校正后的数据，意味着需要更多的标记引物。这种方法不允许校正自交种群，其中唯一的解决办法是，调查其后代变异来评估 Hardy-Weinberg 平衡定律或者使用替代的共显性标记引物。

校正后的等位基因频率，通过方差估计可以获得基因多样性：

$$H=\sum\left[2q_{j(i)}[1-q_{j(i)}]+\frac{2\sigma^2_{q_{j(i)}}}{L}\right]$$

式中，$q$ 为位点数目 $L$ 上所有无效等位基因频率。

Lewontin（1972）认为，任何一个种群遗传多样性的度量必须具有以下特征。

（1）当位点上只有一个单态等位基因，没有变异，多样性度量值应该为最小值。

（2）对等位基因数目固定的种群，如果每个等位基因频率相等，多样性度量值应该最大。

（3）随着不同等位基因数目的增加，种群多样性度量值应该增加。

（4）除非两个种群的遗传结构完全一致，否则，两个种群的复合种群多样性应大于两个种群多样性的平均值。

对于显性分子数据，种群遗传多样性参数主要采用生态学中群落多样性指标。

## （一）Simpson's 指数

Simpson 提出过这样的问题：在无限大小的群落中，随机取样得到同样的两个标本，它们的概率是什么呢？如在加拿大北部森林中，随机抽取两株树标本，属同种的概率很高。相反，在热带雨林随机取样，两株树为同种的概率很低，基于这一想法，提出了 Simpson's 指数（Pielou，1975）。

Simpson's 指数（$D_G$）常用于多样性估算：

$$D_G=1-\sum_{i=1}^{S}(1-p_i)$$

式中，$S$ 为物种数目；$p_i$ 为第 $i$ 个物种的个体数占群落中总个体数的比例。

Simpson's 指数最大值接近 1。当 2 个样本完全相同，Simpson's 指数最小，为 0。

对于显性分子数据，用于种群遗传多样性评价的 Simpson's 指数（$D_G$）：

$$D_G=\frac{\sum_{i=1}^{k}[n_i(n_i-1)]}{N(N-1)}$$

式中，$n_i$ 是样本大小为 $N$ 的种群中第 $i$ 个基因型的个体数；$k$ 为基因型数目。

## （二）Shannon's 信息指数

估算群落多样性的 Shannon's 信息指数（Pielou，1975）：

$$I=-\sum_{i=1}^{S}p_i\ln p_i$$

式中，$S$ 表示物种总数；$p_i$ 为第 $i$ 个种占总数的比例。

当群落中只有一个种群存在时，Shannon's 信息指数为最小值 0；当群落中有两个以上种群存在，且每个种群仅有 1 个个体，Shannon's 信息指数达到最大值 ln$k$。

对于显性遗传标记数据，用于种群遗传多样性评价的 Shannon's 信息指数（$I$）：

$$I=-\sum_{i=1}^{k}p_i\ln p_i$$

式中，$k$ 为多态位点等位基因总数目；$p_i$ 为种群中第 $i$ 个基因频率。

最初，Shannon's 信息指数作为信息论中熵的一种度量指标，已成为一种广泛使用的量化水平的多样性统计（Lewontin，1972），可以应用于任何线性排列的数据，因此适合于解决任何显性遗传数据问题（Dawson et al.，1995；Gillies et al.，1997），已广泛被应用于度量植物种群遗传变异（多态性）水平。Shannon's 信息指数取值范围为 0～∞，最高限取决于标记的位点数，可能被要估算的位点平均值约束。由于 Shannon's 信息指数利用了自然对数，通常是正态分布，可以作更进一步的统计分析。

Shannon's 信息指数是采用二进制（binary）数据，计分的位点数目影响其度量值的最大值，因此，如果进行有效地比较，相等的位点数目很重要。特别是，进行两个种群比较时，必须注意可能丢失或含糊不清的数据对结果的影响。

Shannon's 信息指数与基因多态性评价种群遗传变异，都会导致具有中等的等位基因频率的种群遗传变异被高估。如果种群中具有较高频率的等位基因的数目较多，种群遗传变异将被低估。因此，进行不同种群间基因多态性和 Shannon's 信息指数比较时，要注意研究的样本大小、标记数量及引物，这些因素都可能导致不同种群间变异的比较复杂化，从而使分析更加困难（Lowe et al.，2004）。

（三）多态信息含量

多态信息含量（polymorphism information content，PIC）表示后代所获得某个等位基因来自于其父本（或母本）同一个等位基因的可能性。

$$PIC=1-\sum_{i=1}^{m}p_i^2-\sum_{i=1}^{m-1}\sum_{j=i+1}^{m}2p_i^2p_j^2$$

式中，$p_i$、$p_j$ 分别为第 $i$ 和 $j$ 个等位基因频率；$m$ 为位点上等位基因数目。

当 PIC>0.5 时，为高度多态位点；0.25<PIC<0.5 时，为中度多态位点；PIC<0.25 时，为低度多态信息位点（徐刚标，2009）。

## 五、单倍体基因组

单倍体基因组遗传多样性估计与二倍体基因组大致相同。例如，单倍型丰富度的估算是基于样本中发现的单倍型数量进行统计，并通过稀疏标准化技术（rarefaction techniques）校正样本大小。另一个单倍体数据的多样性参数是单倍型多样性。

Pons 和 Petit（1996）利用单倍体细胞器基因组数据估算种群及物种单倍型多样性。

假定物种含有 $i$ 个单倍型，种群大小未知且比样本大小大得多，物种水平单倍型频率可通过各种群内单倍型频率计算。

设 $p_i$ 为物种水平上第 $i$ 个单倍型频率，$p_{ki}$ 为第 $k$ 个种群中第 $i$ 个单倍型频率。$p_{ki}$ 平均值及方差分别为 $p_i$、$v_i$，$c_{ij}$ 表示种群中 $p_{ki}$ 和 $p_{kj}$ 之间协方差。权重（$\pi_{ij}$）为单倍型 $i$ 和 $j$ 之间距离。因此，第 $k$ 个种群单倍型多样性（$v_k$）为

$$v_k = \sum \pi_{ij} p_{ki} p_{kj}$$

平均种群单倍型多样性记为 $v_k$ 平均值：

$$b_s = \sum_{ij} \pi_{ij} (p_i p_j + c_{ij})$$

物种水平单位型多样性为

$$b_T = \sum_{ij} \pi_{ij} p_i p_j$$

权重可以任何适当的方式确定，例如，单倍型之间的核苷酸或限制性位点差异的比例，这时，$\pi_{ii}=0$，$\pi_{ij}=\pi_{ji}$。最简单情形，单倍型不是同一个时，定义 $\pi_{ij}=1$，那么，$b_s$ 和 $b_T$ 分别可简化为

$$b_s = 1 - \sum_i (p_i^2 + v_i), \quad b_T = 1 - \sum_i p^2$$

## 第四节　种群遗传分化

大多数植物都呈现地域性分布，生活在复杂多样的分布区内，由于地域隔离，明显区分为不同的种群，为了量化种群分化（genetic differentiation）的程度，Wright（1951）和 Nei（1973）分别提出用 $F$-统计量和 Nei 氏遗传距离来进行度量。

### 一、$F$-统计量

现实植物自然种群通常不处于遗传平衡状态，自然种群中基因型频率可能偏离 Hardy-Weinberg 法则。Wright 提出，各种群中基因型频率与理想种群中基因型频率平衡理论值偏差可用 $F_{IS}$、$F_{IF}$ 和 $F_{ST}$ 参数度量，这些参数统称为 $F$-统计量，又称为固定指数（fix ation index）。

如果仅考虑二倍体植物某位点上一对等位基因，假定有 $s$ 个种群，第 $k$ 个种群相对大小为 $w_k$，第 $k$ 个种群中第 $i$ 个等位基因频率为 $q_{k(i)}$（$i=1,2$），实际观察的杂合度为 $h_k$，那么，复合种群中观察杂合度平均值（$H_I$）、种群为理想平衡种群的期望杂合度平均值（$H_S$），以及复合种群为理想平衡种群的期望杂合度（$H_T$）分别为

$$H_I = \sum_k^s w_k h_k, \quad H_S = 1 - \sum_i^2 \sum_k^s w_k q_{k(i)}^2, \quad H_T = 1 - \sum_i^2 \bar{q}_i^2$$

$F$-统计量建立在分解种群杂合度的基础上，在任何层次上分化的种群相对于更高一级层次的种群，在随机交配前提下的杂合度亏损。$F$-统计量是将复合种群平均期望杂合度分解为不同层次种群平均期望杂合度，求出不同层次种群平均期望杂合度占上一层次复合种群平均期望杂合度的比例，用以衡量种群遗传分化程度。

（1）$F_{IS}$ 是种群中观察到杂合度平均值（$H_I$）相对于种群为理想种群的期望杂合度平均值（$H_S$）减少量的比值，是指种群平均近交系数：

$$F_{IS}=\frac{H_S-H_I}{H_S}$$

（2）$F_{ST}$ 是种群为理想种群期望杂合度平均值（$H_S$）相对于复合种群为理想种群期望杂合度（$H_T$）减少量的比值，是有亲缘关系种群间的平均近交系数：

$$F_{ST}=\frac{H_T-H_S}{H_T}$$

（3）$F_{IT}$ 是种群中观察杂合度平均值（$H_I$）相对于整个复合种群为理想种群期望杂合度减少量的比值，是指复合种群平均近交系数：

$$F_{IT}=\frac{H_T-H_I}{H_T}$$

如果从配子间亲缘关系角度来分析，$F_{IS}$ 和 $F_{IT}$ 分别相当于种群和复合种群中两个同源配子结合的概率，而 $F_{ST}$ 是从两个种群中任意抽出的两个配子是同源的概率。从两个种群中任意抽出的两个配子是同源的概率大，表明两个种群遗传组成相似，反之，则表明两种群间遗传分化程度高，因此，可用 $F_{ST}$ 度量种群间遗传分化。

在实际研究过程中，有时 $H_S$ 因某种原因会异常高，$F_{ST}$ 会取负值。但 $F_{IS}$ 是非负值，因为 $F_{IT}$ 总是大于或等于 $F_{IS}$。理论上，$F_{ST}$ 取值范围为 [0，1]，最大值为 1，意味着等位基因在种群中固定；最小值为 0，意味着两个种群遗传结构完全一样，种群间没有分化。一般认为，实际研究中 $F_{ST}$ 统计值为 0～0.05，种群间遗传分化很小，可以不考虑种群间遗传分化；为 0.05～0.15，种群间有中等程度遗传分化；为 0.15～0.25，种群间有较大遗传分化；0.25 以上，种群间有很大遗传分化。

$F$-统计量是一个十分有用的遗传分化参数，不仅用来检测种群间遗传变异占总遗传变异的比例，提供种群间遗传分化程度大小的信息，而且可以衡量种群中基因型频率在不同层次水平上偏离理想种群理论期望值比率的程度（杂合体是否缺乏）及其可能的原因。因此，可以比较不同物种的种群结构，甚至还可以比较使用不同遗传标记的研究结果，这为概括一系列植物种群遗传结构的模型提供了便利。通过遗传标记估算的 $F$-统计量值，还可以了解植物的交配行为。例如，$F_{IS}$ 值在自交植物中比较高，而在异交植物中比较低。

$F$-统计量是用种群中等位基因和基因型频率来定义。实际研究中，都是以样本中等位基因和基因型频率估算 $F$-统计量。

## 二、基因差异分化系数

$F$-统计量是针对一对等位基因而提出的，对于复等位基因，Nei（1973）重新定义了不用同源配子结合的相关性概念的固定指数，即基因差异分化系数（$G_{ST}$）。基因差异分化系数不必考虑种群的形成历史、迁移方式、种群中等位基因的数目和基因型频率，也不必考虑种群内是否存在选择，只需将复合种群中杂合度分解为种群间变异和种群内变异。所有的固定指数均可以由被调查的种群中杂合度观察值和期望值来定义。

假定植物种群被剖分为 $s$ 个种群，复合种群中一共有 $r$ 种等位基因，$w_k$、$q_{k(i)}$ 和 $P_{kl(i)}$ 分别表示第 $k$ 个种群的权重、等位基因 $A_i$ 和基因型 $A_iA_i$ 的观察频率，那么

种群中期望杂合度平均值（$H_S$）为

$$H_S = 1 - \sum_{k=1}^{s} w_k \sum_{i=1}^{r} q_{k(i)}^2$$

复合种群期望杂合度（$H_T$）为

$$H_T = 1 - \sum_{i}^{r} \left( \sum_{k}^{s} w_k q_{k(i)} \right)^2 = H_S + D_{ST}$$

式中，$D_{ST} = \sum_{i}^{s} \sum_{j}^{s} \dfrac{D_{ij}}{s^2}$，$D_{ij} = \dfrac{1}{2} \sum_{l}^{r} [q_{k(i)} - q_{k(i)}]^2$。

种群间基因分化系数（$G_{ST}$）为 $G_{ST} = D_{ST}/H_T$。

如果针对一对等位基因，$G_{ST}$ 就是 $F_{ST}$。

$G_{ST}$ 能很好地度量种群相对基因分化程度，其变异范围为 [0，1]。当 $H_T$ 与 $H_S$ 相等时，所有种群中等位基因频率相等，$G_{ST}$ 为 0；当 $H_S$ 为 0 时，种群内没有变异，不同种类等位基因在不同种群中固定，各种群中均为纯合体，$G_{ST}$ 为 1，这时，复合种群遗传变异全部是由种群间遗传变异造成的，种群间遗传分化程度最大。

很显然，$G_{ST}$ 很大程度上依赖 $H_T$ 值，当 $H_T$ 很小时，即使绝对等位基因差异很小时，$G_{ST}$ 也很大。由于 $D_{ST}$ 包括了种群自身的比较，即 $D_{ii} = 0$，如果度量绝对等位基因频率差异时，应排除这些情况。为此，Nei 提出了绝对等位基因分化：

$$\overline{D}_m = \sum_{k,l(k \neq l)}^{s} \frac{D_{kj}}{s(s-1)} = \frac{s}{s-1} D_{ST}$$

如果用 $\overline{D}_m$ 代替 $D_{ST}$，可消除这种依赖性。

$$G_{ST}' = \frac{\overline{D}_m}{H_T'}$$

$G_{ST}'$ 与 $s$ 无关，但复合种群杂合度分解式的简单概念不成立。实际研究中，如果 $s$ 大于 5，$G_{ST}$ 和 $G_{ST}'$ 之间没有多大差别，因此，只有 $s \geq 5$，一般用 $G_{ST}$ 计算式，而不用 $G_{ST}'$。

## 三、等位基因频率方差

统计学中，方差分析（variance analysis）是检验组间差异是否具有统计上意义的常用方法。生物变异可分解为种群间变异和种群内变异。种群间变异可能是由各种群间的遗传结构不同造成的，也可能是抽样误差。抽样误差是不可避免的，肯定会产生种群间变异，但可以通过方差分析检测出是否存在种群间遗传结构差异。

假定由 $s$ 个种群组成的复合种群中等位基因频率平均值为 $\overline{p}$，第 $k$ 个种群中等位基因频率 $p_k$ 因种群不同而不同，这种差异一方面是由于抽样引起的误差（$e$），另一方面是由于存在种群遗传结构差异（$T_k$）：

$$p_k = \bar{p} + T_k + e$$

方差分析允许抽样造成的差异（$e$）和种群遗传结构差异（$T_k$）分开，而且能计算出这两部分影响整个遗传变异的相对大小。如果种群间遗传差异所占的比例大，那么，种群遗传分化明显，$F_{ST}$ 和 $G_{ST}$ 值相应的高；相反，如果种群间遗传差异所占比例较小，$F_{ST}$ 和 $G_{ST}$ 值相应的低。基于这一思想，Weir 和 Cockerham（1984）提出了利用等位基因频率的方差分析法度量种群间遗传分化程度。

对于一对等位基因，其度量值为

$$\frac{\sigma_p^2}{p(1-p)}$$

式中，$\sigma_p^2$ 为等位基因频率分布方差；$p(1-p)$ 为等位基因频率平均值乘积。

同 $F_{ST}$ 和 $G_{ST}$ 度量种群遗传分化程度一样，方差分析方法也是基于复合种群、种群间及种群内这种阶层结构（hierarchical structure），将复合种群遗传变异总方差（$\sigma^2$）剖分为种群间遗传方差（$\sigma_a^2$）、种群遗传方差（$\sigma_b^2$）和相同基因型不同个体间方差（$\sigma_w^2$）。假定种群为突变-漂移遗传平衡种群，进化史上，从共同祖先趋异（divergence）的时间相同，那么，如果用 $\theta_{ST}$、$f$ 和 $F$ 分别表示各层次水平的共祖系数，Weir 和 Cockerham（1984）证明：

$$\theta_{ST} = \frac{\sigma_a^2}{\sigma^2} \approx F_{ST}$$

$$f = \frac{\sigma_b^2}{\sigma_b^2 + \sigma_w^2} \approx F_{IS}$$

$$F = \frac{\sigma_a^2 + \sigma_b^2}{\sigma^2} \approx F_{IT}$$

等位基因频率方差分析法是目前遗传多样性研究文献中估算 $F_{ST}$、$F_{IS}$ 和 $F_{IT}$ 最普遍的方法，因为它能够通过复杂精确的统计分析，评价研究结果的有效性。这种方法本质上与 Wright 提出的 $F$-统计量描述的种群遗传结构有所不同。$F$-统计量是度量个体、种群和复合种群三个水平上相互之间的等位基因固定，是针对一对等位基因而提出的。如果基因座上存在复等位基因时，Wright 建议采用等位基因频率大的等位基因，并将其他等位基因频率组合在一起构成另一个复合等位基因（composite second allele），然后按一对等位基因来处理。基因差异分化系数（Nei，1977）是基于 ISM 模型，在复合种群与种群水平上，整合了观察杂合度和期望杂合度，提出的对应于 $F$-统计量的统计分析。

等位基因频率方差方法是基于后代亲缘关系，这与 Nei 方法有着根本不同。$G_{ST}$ 仅仅描述物种水平整体遗传方差剖分种群间方差与种群内方差，并不需要作后代亲缘关系的假定。相反，$\theta_{ST}$ 是在假定所有种群有一个共同的祖先种群。从任何一个种群中抽取的样本中等位基因是共同祖先种群的后代基因组合，也就是说，等同于从共同祖先种群中抽取的一组等位基因的集合。这种假定，限定了这种方法仅适合于在进化过程中，任何时代的所有种群是独立的，种群大小相同，而且没有突变、选择和迁移。在统计学上，这种方法可经过变换，处理较小且大小不相等的亚种群，而 Nei 方法主要是处理较大种群。Nei（1986）认为，很多对于 Weir 和 Cockerham 方法的必要条件，在现实的自然种群中并不满足，种群内个体数量和种群间关系，随着时代变化而改变。

## 四、特殊情况下多基因位点遗传分化

种群遗传分化估算是建立在没有突变情况下的理想种群。微卫星突变率为 $10^{-4} \sim 10^{-3}$，比正常位点突变率 $10^{-10} \sim 10^{-9}$ 高几个数量级（Hancock，1999），因此，上述遗传分化参数对微卫星标记的分子数据可能是不适当的。

ISM 是假定任何突变产生的突变基因是种群中原来所没有的新等位基因，突变产生的等位基因数目可能是无穷的（Kimura and Ohta，1971）。逐步突变模型（stepwise mutation model，SMM）是假定突变为逐步的方式增加或减少一个单位的等位基因大小或等位基因状态，种群中来自共同祖先的等位基因经历的世代越久，等位基因间差异越明显，因此，等位基因大小与突变时间呈正比，据此，推断基因长度差异与分化时间之间的关系（Ohta and Kimura，1973）。Slatkin（1995）和 Goldstein 等（1995），同期开发了可以替代 $F_{ST}$ 计算遗传年代的类似方法：

$$R_{ST} = \bar{S} - \frac{S_\omega}{S}$$

式中，$\bar{S}$ 是所有种群中等位基因片段大小方差的两倍；$S_\omega$ 是种群内等位基因片段大小方差平均值的两倍（Goodman，1997）。

上式的前提条件是，从种群中抽取的样本大小相等，所有位点变异的方差相等。这些假设条件，自然种群一般不能满足，因此直接应用上式会产生偏差。

基于多个位点估计 $R_{ST}$ 时，在计算所有位点平均值和 $R_{ST}$ 之前，应估算位点方差（Slatkin，1995）。如果分子标记位点方差不同，低方差的位点数据对 $R_{ST}$ 的最终估算值影响不大，即使这些位点在种群间呈现很高的分化。因此，应对位点分子数据进行标准化，以标准差表示，而不是重复单元数。标准化后的位点数据，总体平均值为 0，标准差为 1。

为了区别种群间样本大小差异，采用传统方差分析方法估算方差分量。Michalakis 和 Excoffier（1996）提出用参数 $R_{ho}$ 代替 $R_{ST}$。$R_{ho}$ 是基于分子方差分析方法，类似 Weir 和 Cockerham（1984 年）对 $F_{ST}$ 的估计：

$$R_{ho} = \frac{Sb}{Sb + Sw}$$

式中，$Sb$ 是种群间变异分量；$Sw$ 是种群内变异分量。

上述估算模型最初是用以评估其实用性（Shiver et al.，1995；Takezaki and Nei，1996）。结果表明，对于微卫星位点标记数据，$R_{ST}$ 是 $F_{ST}$ 统计量的近似值。这些模型的建立严格遵守 SMM，以及等位基因大小没有限制范围的规定。然而，这里出现了一个在微卫星区域内限制串联重复序列数量的上限，可能是因为突变过程和自然选择。这意味着任何遗传距离估计可以成为渐近线。因此，微卫星位点上等位基因数量有限。等位基因大小的约束，使其一旦达到上限，任何进一步突变会造成祖先状态重现。基于此，当种群样本量很大或微卫星位点大小很小时，Nauta 和 Weissing（1996）提出了达到分化上限的模拟模型。

$R_{ST}$ 和 $R_{ho}$ 缺点是，当种群规模很大或者微卫星位点的上限很小时，估算的遗传距离迅速接近最大值。因此，在种群样本大小很大时，$F_{ST}$ 和 $G_{ST}$ 可能过高地估算了种群遗传分化程度，但 $R_{ST}$ 和 $R_{ho}$ 估算值也不可靠。由于 $R_{ST}$ 和 $R_{ho}$ 忽略了迁移的影响，其统计值会存在很大的差异，如果样本很小（<10）和/或标记位点很少（<5），$R_{ST}$ 可能导致基因流（$Nm$）有偏估计。因此，最可靠的遗传分化参数估计是采用 $\theta_{ST}$（Balloux and Lougon-Moulin，2002）。当采用大量的标记位点（>10）时，可采用 $R_{ST}$ 参数估算遗传分化（Schlotterer et al.，1998）。

## 五、细胞器基因组

遗传分化统计量 $F_{ST}$ 和 $G_{ST}$ 适用于二倍体生物核基因组标记数据。对于细胞器基因组标记的单倍型数据，通常采用参数 $N_{ST}$，估算遗传分化程度（Pons and Petit，1996）：

$$N_{ST}=\sum_{ij}\frac{\pi_{ij}c_{ij}}{v_T}$$

式中，$\pi_{ij}$ 是单倍型 $i$ 和 $j$ 间遗传距离；$c_{ij}$ 是复合种群中 $p_{ki}$ 和 $p_{kj}$ 间协方差（$p_i$ 是在复合种群中第 $i$ 个单倍型频率；$p_{ki}$ 是 $k$ 种群中 $i$ 单倍型频率；$p_{ki}$ 均值为 $p_i$ 和方差 $v_T$）。

## 六、分子方差分析

分子方差分析（analysis of molecular variance，AMOVA）法作为分析分子标记数据的基本思路，适用于各种不同的数据类型分析而不需要位点独立性、变异由遗传漂变引起的、种群间没有迁移等假设条件（Excoffier et al.，1992）。AMOVA 是基于遗传距离矩阵，将遗传变异剖分为种群内变异和种群间变异。由于其不需要假设条件，不必估算等位基因频率便可用于分析显性分子标记数据，而被广泛应用。但是，基于距离算法（如 Jaccard 距离）的 AMOVA 可能会过高地估算种群间遗传分化，因此，采用等位基因频率删除法（pruning method）更适于分析显性数据。

AMOVA 显著性水平是通过设定为 1000 次置换数据的非参数置换计算。$\Phi$ 统计量的生成，类似于 $F$-统计量（Cockerham，1973），是通过方差分量获得。

种群中相关样本相对于整个数据集样本：$\Phi_{ST}=\frac{\sigma_a^2+\sigma_b^2}{\sigma^2}$

一组种群中相关样本相对于整个数据集样本：$\Phi_{CT}=\frac{\sigma_a^2}{\sigma^2}$

种群中的相关样本相对于一组种群中样本：$\Phi_{SC}=\frac{\sigma_b^2}{\sigma_b^2+\sigma_c^2}$

其中，$\sigma_a^2$ 是组间方差分量，$\sigma_b^2$ 是种群间方差分量，$\sigma_c^2$ 是种群内方差分量，$\sigma^2=\sigma_a^2+\sigma_b^2+\sigma_c^2$。

# 第五节 遗传距离与基因流

遗传多样性参数是度量物种及种群的遗传变异量大小，遗传分化系数是描述物种遗传变异在种群间剖分。遗传距离（genetic distance）是指两个种群或物种的遗传分歧（genetic divergence）；而基因流（gene flow）是基因（通过个体或配子）从一个种群到另一个种群的移动，抵消突变和遗传漂变效应，增加种群间遗传相似性，防止种群随时间分化，一直被种群遗传学者和进化生物学者关注。

## 一、遗传距离

最常见的距离是采用成对的 $F_{ST}$-统计量进行度量，但需要满足对 $F_{ST}$-统计量估算方法的理论假设。这种方法的优点是，所有数据类型（单倍型、共显性、显性）都可以使用适当的分化量度这种方式进行分析。理论上，作为遗传距离的度量值，必须满足正数、对称和三角不等式的条件，是度量在 $n$ 维空间的遗传标记中，两个种群或物种间距离，每个轴对应于一个遗传标记的变异。距离的取值范围在 0～1，0 表示在两个种群或物种中，所有遗传标记都存在；1 表示两个种群或物种中，没有共同的遗传标记位点。遗传距离是进化的度量值，与进化趋异相关。基于上述考虑，提出了多种遗传距离度量方法，其中，最常见的是 Cavalli-Sforza 余弦距离和 Nei 氏遗传距离。

### （一）Cavalli-Sforza 余弦距离

对于许多检测等位基因频率的分子标记，包括 SSR 标记，突变相对于遗传漂移可以忽略不计，且允许不同种群规模大小的情况下，Cavalli-Sforza 余弦距离被认为是最适用的。

Cavalli-Sforza 余弦距离（$D_C$）是基于相对于单元半径的超球体表面上的理论位置决定种群间遗传距离，而种群在球体表面上的位置是由种群中等位基因频率决定（Cavalli-Sforza and Edwards，1967）。

考虑 2 个种群有 3 个等位基因的位点，3 个等位基因频率（$p_1$，$p_2$，$p_3$）分别对应于 3 个矢量 $\sqrt{p_1}$、$\sqrt{p_1}$、$\sqrt{p_1}$，其大小决定了 2 个种群在球体表面上的位置。假设 2 个种群等位基因频率不相同，2 个种群将占据不同的位置。这 2 个位置间的距离可以被描述为弧形距离 $2\theta/\pi$（$\theta$ 是连接原点与球面上各点的 2 个半径间角度）。但是，弧是弯曲的，2 个种群间的最短距离为

$$D_C = 2\sqrt{\frac{2}{\pi}(1-\cos\theta)}$$

式中，$\cos\theta = \sum_i^k p_1^i p_2^i$，$p_1^i$ 和 $p_2^i$ 分别是 2 个种群中第 $i$ 个等位基因频率。

如果 $n_i$ 是位点 $i$ 上等位基因数目，$m$ 是观测到的等位基因数目，$p_{ij}$ 和 $q_{ij}$ 分别为种群 1 和种群 2 中第 $i$ 位点上第 $j$ 个等位基因频率，2 个种群间的遗传距离为

$$D_C = 4 \frac{\sum_{i=1}^{m}\left(1-\sum_{j=1}^{n_i} p_{ij}q_{ij}\right)}{\sum_{i=1}^{m}(n_i-1)}$$

## （二）Nei 氏遗传距离

对于共显性分子标记数据，广泛采用 Nei 氏遗传距离（Nei's genetic distance，$D_S$）。Nei 氏遗传距离是基于 ISM 进化模型的遗传距离测度，考虑了突变和遗传漂移的影响，Nei 氏遗传距离期望值和进化时间呈正比。

假定 $m$ 为检测的位点数，$x_{ij}$、$y_{ij}$ 分别表示 $x$ 种群和 $y$ 种群中第 $j$ 个位点上第 $i$ 个等位基因频率，$r_j$ 表示第 $j$ 个位点上等位基因数。

随机从 $x$ 种群中抽取 1 对等位基因是同一的概率（$J_x$）：$J_x = \frac{1}{m}\sum_{j=1}^{m}\sum_{i=1}^{r_j} x_{ij}^2$；

随机从 $x$ 种群中抽取 1 对等位基因是同一的概率（$J_y$）：$J_y = \frac{1}{m}\sum_{j=1}^{m}\sum_{i=1}^{r_j} y_{ij}^2$；

随机从 $x$、$y$ 中各抽取 1 个等位基因是同一的概率：$J_{xy} = \frac{1}{m}\sum_i x_i y_i$。

Nei 氏遗传距离（$D_S$）：

$$D_S = -\ln \frac{J_{xy}}{\sqrt{J_x J_y}}$$

$D_S$ 取值范围为 $[0，+\infty]$。种群或个体间遗传距离越小，表明种群或个体间亲缘关系越近；反之，种群或个体间遗传距离越大，它们之间亲缘关系越远。$D_S$ 值可以大于 1，是因为长期进化过程中每个位点可能经历不止一次基因替换。

## （三）基于显性分子数据的遗传距离

对于显性遗传标记数据，主要采用 Jaccard 距离（$D_J$）。Jaccard 距离是基于任何两个个体（或种群）之间共有条带数目与两个个体（或种群）所有条带总数的比例进行估算：

$$D_J = 1 - \frac{M_{xy}}{M_t - M_{xy0}}$$

式中，$M_{xy}$ 是 $x$、$y$ 共有条带总数；$M_t$ 是所有样本的条带总数；$M_{xy0}$ 为 $x$、$y$ 中不存在的条带总数。

其他估计距离的方法也适用于显性数据，如两个体间电泳条带间差异的简单计数（Huff et al.，1993）：

$$D = 100\left(1 - \frac{2n_{xy}}{n_x + n_y}\right)$$

式中，$2n_{xy}$ 是指个体 $x$ 和 $y$ 共有条带数；$n_x$ 和 $n_y$ 分别是个体 $x$ 和 $y$ 条带数。

显性标记无法区分纯合体和杂合体，除非纯合体缺失，因此，采用显性分子数据会导致遗传距离过高估计。

## 二、基因流

估算植物种群间的基因流主要是基于岛屿模型。岛屿模型中，除了基因流改变种群中基因频率外，遗传漂移也起作用，而且遗传漂移随着有效种群大小的减少而增大。虽然这两个进化因子无法进行区分，但可以利用中性遗传标记，获得种群迁移与遗传漂变达到平衡时的遗传分化系数，从而推测每代两种群间的基因流（$Nm$）：

$$Nm=\frac{1-F_{ST}}{4F_{ST}}$$

其他度量种群遗传分化程度的，如 $G_{ST}$、$R_{ST}$ 和 $\theta_{ST}$ 等参数与基因流（$Nm$）也具有同样和相似的关系，也可以用来推测基因流：

$$Nm=\frac{1-G_{ST}}{4G_{ST}}$$

$$Nm=\frac{1-R_{ST}}{4R_{ST}}$$

$$Nm=\frac{1-\theta_{ST}}{4\theta_{ST}}$$

如果已知种群数目为 $d_S$，那么，基因流的估计值为

$$Nm=\frac{d_S-1}{4d_S}\left(\frac{1}{F_{ST}}-1\right)$$

$$Nm=\frac{d_S-1}{4d_S}\left(\frac{1}{G_{ST}}-1\right)$$

同工酶突变率为 $10^{-6}$ 数量级，可不考虑突变影响。但是，SSR 突变率可达 $10^{-3}$ 数量级，突变影响 $F_{ST}$。如果考虑突变率（$\mu$），基于 SSR 标记估算的基因流（$Nm$）：

$$Nm=\frac{1-F_{ST}-4N\mu}{4F_{ST}}$$

对于表型数据（如 RAPD 标记）或单倍型 DNA 序列数据，基因流（$Nm$）为

$$Nm=\frac{1-F_{ST}}{2F_{ST}}$$

基因流与遗传漂移的理论关系表明，平均每代种群间有 1 株植物交换就足够抵消由遗传漂移引起的种群间分化。当 $Nm=1$ 时，$F_{ST}=0.2$。因此，$F_{ST}=0.2$ 作为种群间基因流高或低的分类基准。如果具有不同遗传特性的标记（母系遗传对双亲遗传）都可用来估算种群间的遗传分化，那么，就有可能推测出基因流是由于花粉传播还是由于种子扩散的相对比率。

如果没有大规模或频繁迁移扩散，稀有基因一般不易为扩散个体所携带，因此，根据稀有基因平均分布情况也可推断基因流大小。只在一个种群中出现的稀有基因平均频率（$\overline{P}_{(1)}$）的导数与种群间基因流导数大体上呈线性关系。因此，Slatkin（1985b）提出利用私有等位基因频率来估测基因流大小：

$$\ln \overline{P}_{(1)} \approx a \log_{10} Nm + b$$

式中，$a$ 和 $b$ 是依赖于种群样本大小的变量。

研究表明，当私有基因频率为 0.085 时，$Nm=1$，$p_{(1)}=0.085$，作为种群间基因流高或低分类基准。

# 参 考 文 献

葛颂，洪德元. 1994. 遗传多样性及其检测方法//钱迎倩，马克平. 生物多样性研究的原理和方法. 北京：中国科学技术出版社：122-140.

王中仁. 1994b. 等位酶分析的遗传学基础. 生物多样性，02（3）：149-156.

王中仁. 1994a. 植物遗传多样性和系统学研究中的等位酶分析. 生物多样性，02（1）：38-43.

徐刚标. 2006. 植物基因资源异境保存遗传抽样策略. 中南林学院学报：自然科学版，26（4）：9-15.

徐刚标. 2009. 植物群体遗传学. 北京：科学出版社.

Balloux F, Lugon-Moulin N. 2002. The Estimation of population differentiation with microsatellite markers. Molecular Ecology, 11(2): 155-165.

Bart J, Fligner M A, Notz W I. 1998. Sampling and Statistical Methods for Behavioral Ecologists. New York: Cambridge University Press: 1-76.

Brown A H D, Hardner C M. 2000. Sampling the gene pools of forest trees for ex situ conservation. In: Forest Conser Vation Genetics. Principles & Practice(Young A, Boshier D, Boyle T, eds). UK: CABI Publishing: 185-196.

Butlin R K,Tregenza T. 1998. Levels of genetic polymorphism: marker loci versus quantitative traits. Philosophical Transactions of the Royal Society B Biological Sciences, 353(1366): 187-198.

Cockerham C C. 1973. Analyses of gene frequencies of mates. Genetics, 74(4): 701-12.

Dawson I K, Simons A J, Waugh R, ct al. 1995. Diversity and genetic differentiation among subpopulations of Gliricidia sepium revealed by PCR-based assays. Heredity, 74(3): 10-18.

Ewens W J. 1972. Sampling theory of selectively neutral alleles. Theoretical Population Biology, 3: 87-112.

Excoffier L, Laval G, Schneider S. 2005. Arlequin (version 3.0): An integrated software package for population genetics data analysis. Evolutionary Bioinformatics Online, 1(1): 47-50.

Frankham R, Ballou J D, Briscoe D A, et al. 2004. A Primer of Conservation Genetics. Cambridge: Cambridge University Press: 2-9, 96-112.

Gillespie S H, Kennedy N. 1998. Weight as a surrogate marker of treatment response in tuberculosis. International Journal of Tuberculosis & Lung Disease, 2(6): 522-523.

Gillies A C M, Cornelius J P, Newton A C, et al. 1997. Genetic variation in Costa Rican populations of the tropical timber species Cedrela odorata L. assessed using RAPDs. Molecular Ecology, 6(12): 1133-1145.

Goldstein D B, Feldman M W, Cavalli-Sforza L L. 1994. An evaluation of genetic distance for use with microsatellite loci. American Journal of Human Genetics, 55(1): 463-471.

Goodman S J. 1997. $R_{ST}$ Calc: a collection of computer programs for calculating estimates of genetic differentiation from microsatellite data and determining their significance. Molecular Ecology, 6(9): 881-885.

Hancock J M. 1999. Microsatellites and other simple sequences. In: Microsatellites: Evolution and Applications (Goldstein DB, Schlotterer C, eds), Oxford: Oxford University: 1-9.

Hartl G B, Willing R, Nadlinger K. 1994. Allozymes in mammalian population genetics and systematics: indicative function of a marker system reconsidered. In: Molecular Ecology and Evolution: Approaches and Applications Experientia Supplementum (Schierwater B, Streit B, Wagner, GP, et al. eds). Basel: Birkhauser Verlag: 299-310.

Huff D R, Peakall R, Smouse P E. 1993. RAPD variation within and among natural populations of outcrossing buffalograss. Theoretical and Applied Genetics, 86: 927-934.

Kimura M, Ohta T. 1971. Protein Polymorphism as a Phase of Molecular Evolution. Nature, 229(5285): 467-469.

Ohta T, Kimura M. 1973. A model of mutation appropriate to estimate the number of electrophoretically detectable alleles in a finite population. Genetical Research, 22(5-6): 367-370.

Kimura M, Crow J F. 1964. The number of alleles that can be maintained in a finite population. Genetics, 49(4), 725-738.

Kreb C J. 1999. Ecology Methodology. Menlo Park: Benjamin Cummings: 25-56.

Lawrence M J, Marshall D F. 1997. Plant population genetics, *In*: Plant Genetic Conservation (Maxted N, Ford-Lloyd B V, Hawkes J G). London: Chapman and Hall: 99-113.

Lewontin R C. 1972. The Apportionment of Human Diversity. New York: Springer: 381-398.

Lynch M, Milligan B G. 1994. Analysis of population genetic structure with RAPD markers. Molecular Ecology, 3: 91-99.

Marshall D R, Brown A H D. 1975. Optimum sampling strategies in genetic conservation. *In*: Crop Genetic Resources for Today and Tomorrow (Frankel O H, Hawkes J G, eds), Cambridge: Cambridge University Press: 378-779.

Michalakis Y, Excoffier L. 1996. A generic estimation of population subdivision using distances between alleles with special reference for microsatellite loci. Genetics, 142(3): 1061-1064.

Nauta M J, Weissing F J. 1996. Constraints on allele size at microsatellite loci: implications for genetic differentiation. Genetics, 143(2): 1021-1032.

Nei M, Li W H. 1979. Mathematical model for studying genetic variation in terms of restriction endonucleases. Proceedings of the National Academy of Science, 76(10): 5269-5273.

Nei M. 1973. Analysis of gene diversity in subdivided populations. Proceedings of the National Academy of Sciences of the United States of America, 70(2): 3321-3323.

Nei M. 1986. Definition and estimation of fixation indices. Evolution, (3): 643-645.

Pielou E C. 1975. Ecological Diversity. New York: John Wiley & Sons Inc: 165.

Pons O, Chaouche K. 1995. Estimation, variance and optimal sampling of gene diversity II. Diploid locus. Theoretical & Applied Genetics, 91(1): 122-130.

Pons O, Petit R J. 1995. Estimation, variance and optimal sampling of gene diversity. Theoretical & Applied Genetics, 90(4): 462-470.

Pons O, Petit R J. 1996. Measuring and testing genetic differentiation with ordered vs. unordered alleles. Genetics, 144: 1237-1245.

Provan J, Powell W, Hollingsworth P M. 2001. Chloroplast microsatellites: new tools for studies in plant ecology and evolution. Trends in Ecology & Evolution, 16(3): 142-147.

Santos E J M D. 1999. Statistical approaches and methods in population genetics using microsatellite data. Methods & Tools in Biosciences & Medicine. *In*: DNA Profiling and DNA Fingerprinting (Jorg T E, Thomas L, eds). Switzerland: Springer: 215-228.

Schlotterer C, Ritter R, Harr B, et al. 1998. High mutation rate of a long microsatellite allele in *Drosophila melanogaster* provides evidence for allele-specific mutation rates. Molecular Biology and Evolution, 15(10): 1269-1274.

Shriver M D, Jin L, Boerwinkle E, et al. 1995. A novel measure of genetic distance for highly polymorphic tandem repeat loci. Molecular Biology & Evolution, 12(3): 860-860.

Slatkin M. 1995. A measure of population subdivision based on microsatellite allele frequencies. Genetics, 139(1): 457-462.

Slatkin M. 1985a. Gene flow in natural populations. Annual Review of Ecology & Systematics, 16(4): 393-430.

Slatkin M. 1985b. Rare alleles as indicators of gene flow. Evolution, 39(1): 53-65.

Stephen H H. 1998. Molecular Genetics of Plant Development. Cambridge: Cambridge University Press: 20-55.

Takezaki N, Nei M. 1996. Genetic distances and reconstruction of phylogenetic trees from microsatellite DNA. Genetics, 144(1): 389-399.

Thompson. 1992. An adaptive procedure for sampling animal populations. Biometrics, 48(4): 1195-1199.

Weir B S, Cockerham C C. 1984. Estimating *F*-Statistics for the analysis of population structure. Evolution, 38(6): 1358-1370.

White T L. Adams W T. Neale D B. 2007. Forest genetics. CABI Publishing: 258-309.

Wolfe K H, Li W H, Sharp P M. 1987. Rates of nucleotide substitution vary greatly among plant mitochondrial, chloroplast and nuclear DNAs. Proceedings of the National Academy of Sciences USA, 84: 9054-9058.

Wright S. 1951. Genetical structure of populations. Nature, 166(4215): 247-249.

# 第三章　濒危植物小种群遗传进化

由于植物种群的生活史特征、生境条件及特定物种形成的历史生态过程等因素的相互作用，无论是不同种还是相同种植物，种群大小在时间和空间上表现出极大差异。早在 20 世纪三四十年代，著名的美国种群遗传学家 Wright 在理论上阐述了种群大小对物种交配系统、种群遗传结构与进化机制的意义。其中，Wright 创造性提出的近交系数和 F-统计量，至今仍是种群遗传多样性研究的标准统计参数；系统推导的有关随机出生、死亡，以及孟德尔分离的繁殖过程中，各世代小种群中等位基因频率随机变化的遗传漂移理论，又称为 Sewall Wrigh 效应理论，是濒危物种遗传多样性研究及保育实践的理论基础；首次提出的有效种群大小概念，目前已成为保护生物学普遍关注的核心问题（Russel，1991；Joshi，1999）。

一般认为，遗传多样性丢失，种群对环境条件变化的适应能力降低，对病虫害更为敏感。生物多样性保护，除了保护生态系统的自然保护区外，许多物种保护项目的主要目标是维持濒危物种现有遗传多样性水平（Frankham，2002）。

遗传漂移、选择、基因突变和迁移 4 种生物进化因子与生物体本身的交配系统交互作用，决定着物种遗传多样性水平及种群遗传进化的结果。但是，不同植物的进化过程中历史事件及其分布地理区域不同，4 种进化因子对植物种群进化影响的相对大小不同。濒危植物通常是小种群或衰退中的种群，尽管突变、选择、迁移和遗传漂移对大种群和小种群都起着决定性作用，但是，与大种群相比，遗传漂移对彼此相互隔离的小种群遗传结构的影响更为明显，其显著的种群遗传学特征是等位基因丢失的可能性进一步加大，尤其是稀有等位基因更易丢失，种群杂合度降低（徐刚标，2009）。

对于理想种群，将产生无穷大的配子库，所有的配子都有均等的机会结合形成子代种群，各世代种群大小、等位基因频率和基因型频率保持不变。濒危植物种群中的个体数目通常很少，产生后代过程中，必然存在由亲本产生的花粉、胚珠库（配子库）出现遗传取样误差。而且，生物个体产生的后代数量是随机的，也会产生种群统计偏差，因此，濒危植物小种群中等位基因频率在世代间产生随机、不确定性变化，一些等位基因尤其是稀有等位基因有可能在传递给子代的过程中丢失，产生遗传漂移。由于彼此隔离的濒危植物小种群存在严重的近交、遗传漂移、基因流受阻等潜在的遗传风险，降低种群后代的生育能力和种群应对生态环境变化的生存能力，进一步加剧物种遗传多样性的丧失，小种群和/或稀有物种灭绝的可能性更大（Frankham，2004；徐刚标，2009）。因此，严格意义上讲，保护生物学关注的物种是极小种群物种或种群大小正在锐减的濒危物种。

# 第一节　小种群遗传基本理论

## 一、遗传漂移

遗传漂移的实质是有限种群遗传信息世代间传递过程中遗传抽样。现实植物种群可看成是来自某个随机交配理想种群的一个随机样本。在没有迁移和突变情况下，等位基因世代间传递，类似于亲本形成潜在无限大配子库中一次随机抽样。遗传漂移的结果是小种群中等位基因频率在世代间随机变化，等位基因固定或丢失，杂合度减少，近交系数增加。

### （一）世代间等位基因频率的随机波动

对于种群大小为 $N$ 的源种群中等位基因 $A$ 和 $a$ 频率分别为 $p$ 和 $q$，下代种群可看成是从由上代种群产生的无限大配子库（$A$，$p$；$a$，$q$）中，随机取出 $2N$ 个配子随机结合的样本。下代有限种群中等位基因频率将按二项式展开式 $[p(A)+q(a)]^{2N}$ 的机会变化。基于二项分布概率性质，遗传漂移引起各种可能的有限种群中等位基因频率分布方差与上下两代有限种群中等位基因频率变化的分布方差为 $pq/2N$。由此可见，遗传漂移强度取决于有限种群大小，种群越大，遗传漂移强度越弱；种群越小，遗传漂移强度越大。

图 3-1 是假定有限种群大小为 $N=20$，源种群中等位基因 $A$ 和 $a$ 频率均为 0.50 的计算机对遗传漂变世代种群中等位基因频率随机波动的模拟结果。

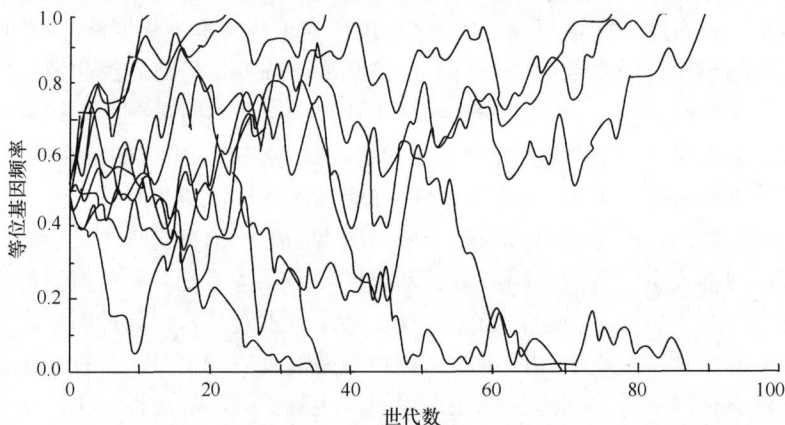

图 3-1　计算机模拟基因频率随机漂移（Heddrick，2000）

计算机模拟表明，遗传漂变的方向是随机的，只要有限种群中等位基因不固定或丢失，这种改变是可以逆转的，从而使逐代种群中等位基因频率随机波动。

### （二）等位基因固定

遗传漂移特征之一是小种群中一些等位基因固定，另一些等位基因丢失。对于某个特定等位基因，在世代中交替过程中，要么固定，要么丢失。

假定濒危植物种群大小在各世代恒为 $N$，种群中包含有 $2N$ 个等位基因。源种群中任何一个等位基因，经过无数世代的随机交配后最终成为种群中所有等位基因的共同祖先的概率将是 $1/(2N)$。如果源种群中等位基因 $a$ 数目为 $i$，那么，等位基因 $a$ 最终成为种群所有等位基因共同祖先的概率是 $i/(2N)$。同理，如果源种群中等位基因 $a$ 频率为 $q$，那么，源种群中等位基因 $a$ 数目为 $2Nq$，最终种群中所有等位基因都是 $a$ 的概率是 $(2Nq)/(2N)=q$，等位基因 $a$ 丢失的概率为 $(1-2N)/(2N)$。因此，中性等位基因在小种群中最终固定的概率是其源种群中频率，不受种群大小 $N$ 影响。

同样，随机交配形成的下一代小种群中，任何个体得到等位基因 $a$ 的概率为 $1/(2N)$，$N$ 个后代个体都得不到 $a$ 的概率为 $[1-1/(2N)]^{N}$。如果等位基因频率为 $q$，$N$ 个后代个体都得不到 $a$ 的概率为 $[1-1/(Nq)]^{N}$。

很显然，等位基因固定或丢失的可能性取决于等位基因频率和种群大小。在各世代种群大小不变情况下，稀有等位基因丢失的概率大；在等位基因频率一定的情况下，种群越小，等位基因丢失的概率越大。这说明，对于大种群，遗传漂移的主要效应是改变种群中稀有等位基因频率。在没有选择、突变和迁移情况下，随机交配的小种群中等位基因固定期望的时间与其频率及种群大小有关。

图 3-2 是源种群大小不同，种群中等位基因频率均为 0.5 情况下，计算机模拟遗传漂移作用的预测结果。由图 3-2 可看出，遗传漂移使小种群（50 个体）中等位基因在 30～60 代被固定；当种群个体数目增大至 500，经过 100 代随机交配，种群中等位基因频率才逐渐偏离 0.5，但种群中等位基因仍未固定；当种群中个体数达 5000，随机交配 100 代，种群中等位基因频率仍接近源种群中等位基因频率 0.5。由此可见，种群越大，遗传漂移越不容易出现，种群越小，遗传漂移造成的等位基因频率世代间波动越明显。

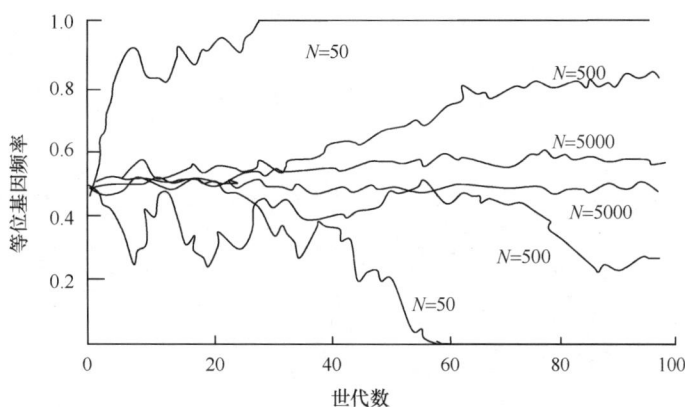

图 3-2　种群大小与遗传漂移（Heddrick，2000）

## （三）杂合体减少

濒危植物小种群中，有亲缘关系的植株间交配是不可避免的。随着世代数增加，小种群中所有植株都存在亲缘关系，以至于不存在非亲缘关系植株。

假定随机交配的植物小种群大小为 $N$，$t-1$ 代平均近交系数为 $F_{t-1}$，$t$ 代中任何一对等位基因是同源的，将由两条途径产生。一条途径是 $t-1$ 代种群中某个等位基因在 $t$ 代种群中的两份拷贝，其概率为两个等位基因来源于 $t-1$ 代同一等位基因的概率，为 $1/(2N)$；另一条途径是两个等位基因不是来源于 $t-1$ 代某个特定等位基因而是分别来源于两个不同等位基因，这种情况发生的概率为 $(2N-1)/(2N)$，而这两个等位基因是同源的概率是 $F_{t-1}$。由于这两个事件是独立的，第二条途径产生子代种群中同源纯合体的概率为 $(2N-1)F_{t-1}/(2N)$。上述两个产生子代同源纯合体的途径又是相互排斥的，因此，$t$ 代种群平均近交系数为 $1/(2N)+(2N-1)F_{t-1}/(2N)$。

由此可见，种群平均近交系数由两部分组成。一部分是由上代到下代新近交量 $1/(2N)$，另一部分是上代及以前世代的近交保持量 $(2N-1)F_{t-1}/(2N)$。其中，近交增量为 $1/(2N)$。这表明，近交增量大小取决于小种群大小。种群越小，近交增量越大。如果小种群大小 $N$ 恒定，那么，每代近交增量不变。

图 3-3 示云杉（*Picea chihuahuana*）和桉树（*Eucalyptus pendens*）种群等位酶位点平均杂合度（$\overline{H}_e$）和种群大小关系。遗传漂变对云杉小种群影响较大，这些小种群平均杂合度低。桉树可能是种群间迁移抵消了遗传漂移引起的遗传变异丢失，或是种群近期变小以至于没有足够的时间发生遗传漂变（White et al.，2007）。

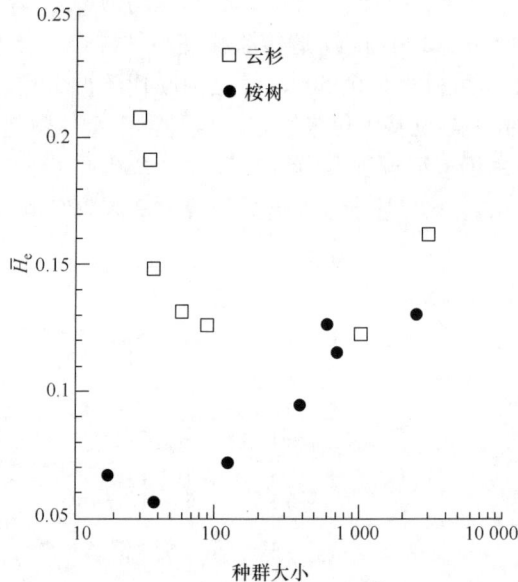

图 3-3　近交系数与种群大小的关系（White et al.，2007）

## 二、小种群遗传多样性的维持机制

种群遗传学理论表明，突变和迁移增加种群遗传多样性，而遗传漂移和定向性选择会降低种群遗传多样性，平衡选择则阻止种群遗传多样性丢失。这些作用因素之间的平衡主要取决于种群大小及不同性状。小种群由于遗传漂变，近交程度增加，种群间基因流受限，导致种群遗传多样性降低，遗传分化加剧（Young et al.，1996）。但是，对于生命周期长、混合交配、远距离基因流的林木，情况极为复杂，有些珍稀濒危林木的天然残留小种群检测到丰富的遗传多样性。小种群或岛屿种群及珍稀濒危物种遗传多样性维持机制是进化生物学中最为重要，但在很大程度上尚未解决的难题之一（Prout，2000）。目前，种群遗传学理论分析认为，维持小种群机制主要有以下几种可能。

## （一）超显性假说

超显性假说（overdominance hypothesis）认为，杂合体的适应度比任何一个纯合体适应度要高，表现为杂种优势或超显性。二倍体植物杂种优势，足以导致明显的杂合体有利选择，从而维持等位基因在中等频率条件下平衡。例如，鸭茅草（*Dactylis glomerata* L.）的 Judaica 亚种中白化等位基因属于致死等位基因，如果按突变与选择平衡估计值很低，但在以色列的一些地区，白花等位基因频率高达 0.15，杂种优势能很好解释。但是，目前实际观察到的杂种优势的例证并不多（Frankham，2002）。

在小种群中，通过超显性选择来维持遗传多态性取决于等位基因频率平衡值。Robertson（1962）证明，超显性选择阻止小种群中等位基因频率平衡值为 0.2～0.8 的等位基因固定。与中性等位基因相比，杂种优势加速等位基因频率在此范围之外的等位基因固定或丢失。对于一对等位基因位点的两个纯合体的选择系数之和为 0.04 来说，即使种群大小超过 1000，遗传多样性高低也与种群大小有关。也就是说，选择的后果是削弱这些较稀有等位基因漂移到更高的频率。许多等位酶位点和分子标记位点多态性揭示小种群等位基因频率为 0.2～0.8。

当种群规模越来越小而处于濒危时，种群进化过程也会受到影响。由于过度砍伐造成植物种群中植株数目巨减时，结果导致植物生存在小的、隔离的、碎片化生境中，自然选择的影响会大大降低，小种群对环境变化的应答能力大大降低，这说明超显性选择可能是小种群维持遗传多样性的机制之一，但也有些分子数据却表明只有一小部分基因表现出超显性。另外，单倍体植物与二倍体植物具有相似或更高的等位酶多态性，但单倍体却没有杂合体。显然，超显性不是维持遗传多态性的唯一机制。

## （二）中性突变与遗传漂移

中性学说认为（Kimura，1983；Jukes，2000；Nei et al.，2010），遗传多样性是由中性突变基因引起的，中性突变基因的最终命运是由小种群的随机遗传漂移所决定的。虽然新的突变基因在种群中持续发生，但新突变基因初始频率极低，因此，大多数中性突变基因在初始几代中将被丢失，仅有极少比例的中性突变偶然在频率上有所上升，最后发生固定。任何时候，种群中等位基因的变化十分剧烈，从而导致种群遗传多态性。

根据中性学说，选择和遗传漂移之间的平衡依赖于种群的规模大小和选择强度。当两种因素同时作用时，在大种群中，以选择为主；而在小种群中，遗传漂移比选择更能决定等位基因数目及杂合度。突变增加等位基因与遗传漂移消除等位基因间的平衡决定了遗传多态性的水平。由于遗传漂移导致中性等位基因在小种群中更加迅速固定，因此，大种群中期望杂合度及有效等位基因数目比小种群更高。

大量研究证据支持遗传多态性与种群大小有关，但遗传多态性与种群大小的关系与预测的并不相符，这种关系同样也与选择的关系不一致。为此，Ohta（1992，1996）提出近中性学说。

近中性学说认为（Ohta，1992），小种群中遗传漂移作用程度主要取决于选择引起的有效种群大小（$N_e$）减量（$N_e s$），当 $N_e s < 1$ 时，在微弱的选择压力作用下，种群等位基因频率分布与中性等位基因分布非常相似，由此可见，中性概念的定义取决于种群大小。微弱选择压力作用下的小种群中近中性等位基因和严格意义的中性等位统称为有效中性等位基因。有效中性等位基因（effectively neutral allele）的选择系数（$s$）为

$$s < \frac{1}{2N_e}$$

由上式可知，种群大小是决定等位基因是否有效的关键因素。当种群大小下降时，选择的有效性随之下降。种群规模减小对选择系数小的等位基因影响要大于选择系数大的等位基因。例如，选择系数为 0.1 的等位基因，只有当 $N_e > 50$ 时，对其选择的有效性如同在无限大的种群中；当 $N_e < 50$ 时，等位基因变成有效中性等位基因，选择的有效性明显下降。对于选择系数为 0.01 的等位基因，即使种群大小为 300，对其选择的有效性依然很低，而且随着种群规模的减小，其选择的有效性急剧下降。

基于中性学说，大部分新突变是有害的，而大部分影响小的突变可能是轻微有害的。这样的突变在大种群中被选择清除，而在小种群中则作为中性而存在。因此，种群中的突变不断产生，同时，突变基因又不断地丢失或固定，如同中性学说解释一样，但仅一小部分突变是中性的，大部分都是轻度有害的。

然而，无论是中性学说还是近中性学说不能解释蛋白质多态性、自交不亲和及所有的染色体倒位及表型多态性（Hughes，2008）。很显然，中性突变不是适应性性状的遗传多态性平衡维持机制。

## （三）联合超显性

小种群中，平衡选择与遗传漂移会进一步相互作用。小种群中的连锁不平衡可以经过几代形成，而单倍型却随机丢失，因此，所有染色体都含有至少一个有害等位基因，这样，二倍体纯合体的同源染色体上至少有一个基因座上的有害等位基因是纯合的。如果同源染色体的不同染色体在不同的位点含有有害的隐性等位基因，那么，有害等位基因呈杂合状态的染色体就表现出杂合体优势，具有更高的适应度。当出现这种情况时，中性等位基因的命运就与其相邻的等位基因关系密切。由于同一染色体对上的等位基因和其他位点有害等位基因间存在非随机连锁，当这些位点处于相对较稳定的杂合状态时，连锁不平衡会引起联合超显性（associative overdominance）（Ohta，1970）。

联合超显性效应使控制生物性状的基因位点和中性位点产生连锁不平衡，因此中性标记揭示的杂合状态可以代表生物性状基因位点杂合状态，从而使由中性标记位点估算基因杂合度与进化适应性之间产生关联。

联合超显性认为（David，1998），种群中基因杂合度与性状的关联由标记位点与相同染色体上基因位点间的连锁不平衡造成，杂种优势来源于中性标记位点与基因位点间的连锁不平衡。这种连锁不平衡可能由近交造成，近交使个体在整个基因组纯合性增加，

在基因组范围内各标记位点与控制性状的基因位点间产生连锁不平衡，个体间近交系数不等也会造成杂合度不同，而近交产生近交衰退，从而使杂合度与性状也可能会产生某种关联。连锁不平衡也可能由标记位点与局部控制性状的基因位点在形成配子时产生，在经历了瓶颈效应后再扩群的种群中，特别容易形成这种连锁不平衡。因此联合超显性理论认为，杂种优势由基因位点间的非随机组合造成，种群不能随机交配，小种群内存在不同程度近交或种群经历过瓶颈效应。大种群中，基因位点处于 Hardy-Weinberg 平衡状态，位点间随机组合，一般不易形成连锁不平衡，也不存在联合超显性效应。

连锁不平衡一般发生在连续多代规模减小的种群中，它延缓了小种群遗传多样性丢失（Rumball et al.，1994）。计算机模拟结果显示，有害等位基因间的连锁不平衡或联合超显性能延缓中性等位基因的固定，但不能最终阻止等位基因的丢失或固定（Latter，1998）。

# 第二节　生境碎片化濒危植物种群

包括适宜生境丧失、种群分布面积减少的植物生境碎片化，直接导致植物残留碎片化种群空间隔离加剧，影响传粉动物行为，降低种群中花粉密度和异交率，改变植物交配系统（Ågren，1996；Aguilaretal，2008；Eckert et al.，2009）。由于种群随机统计及环境随机作用，碎片化生境中的植物小种群灭绝风险更大，而且，濒危植物小种群通常由于遗传多样性丢失而更易灭绝。碎片化生境中残存的植物种群发展可能有两种情况：①生境恢复，残存种群经历瓶颈后得以恢复。瓶颈效应影响种群遗传结构的程度取决于经历瓶颈时种群大小、种群恢复速度等因素。②生境长期维持碎片化，残存种群（奠基者）长期处于相对隔离状态。长期生境碎片化影响种群遗传结构的程度取决于取样效应、小种群遗传漂变和近交、距离隔离效应等（陈小勇，1999，2000；李静等，2005）。

## 一、瓶颈效应

生境碎片化时最直接、明显的效应是瓶颈效应（陈小勇，2000；李静等，2005）。当单一、均质和连续的大面积连续分布的植物生境整体被其他非适宜生境分割成许多复杂、异质和不连续的面积较小碎片化生境时，植物大种群发生崩溃，导致残存种群内个体数目减少和等位基因丢失。植物种群经历瓶颈后，偶然事件可能使某些等位基因从基因库中丢失，即使可能快速重新扩展到原来种群的个体数量，但残存的植物小种群中等位基因数目和频率也将发生波动，种群遗传多样性水平不可能恢复到原来水平，直到通过突变或基因流才有可能恢复到原来种群的遗传变异水平。瓶颈效应发生的程度取决于生境丧失的程度，及其自身的随机化水平（陈小勇，2000）。

理论分析认为（Nei et al.，1975；Watterson，1984），种群经历瓶颈后，残存小种群中等位基因数目主要取决于残存种群大小和等位基因频率分布，稀有等位基因丢失的可能性较大，常见的等位基因大多数会顺利通过瓶颈，遗传瓶颈对种群期望杂合度损失是非常小的；如果等位基因在源种群中非随机分布、残留种群不是源种群的随机取样时，残存小种群保留的等位基因数目将会更少。

基于等位酶标记，在美国南部阿巴拉契的马利筋（*Asclepias exaltata*）种群中检测到 19 个稀有等位基因，但在北部种群中却没有检测到，这可能是马利筋起源于南部，在种群向北迁移的扩散进化过程中，经历了多次瓶颈而丧失了这些稀有等位基因（Leberg，1992）。脂松（*Pius resinosa*）分布于加拿大与美国边界的绵延 2400km 范围，但遗传多样性很低。曾有假设认为，在大约 10 000 年前，该树种分布区大部分被冰川所覆盖，种群经历了一次或多次严重的瓶颈。北美乔柏（*Thuja plicata*）广泛分布于北美洲西北太平洋地区，遗传多样性很低，也可能是由历史瓶颈引起的，尽管产生瓶颈的原因并不清楚（White et al.，2003）。

几种遗传距离估算方法（如 Nei's 遗传距离）是基于种群进化分歧保持恒定速率的假设（Nei，1972），因此，种群间遗传距离是其进化时间的产物。如果其中一个或两个种群都经历了遗传瓶颈，那么，与种群大小保持不变相比，经历遗传瓶颈的种群遗传距离增加更快。

由于遗传瓶颈，小种群中杂合度减少与种群大小及世代数有关，种群越小，代数越长，杂合度减少越多。种群（杂合度为 $H$，有效种群大小为 $N$）经历遗传瓶颈后，$t$ 代后杂合度（$H_t$）可表示为（Hedrick，1985）

$$H_t = \left(1 - \frac{1}{2N}\right)^t H \approx H_e^{-\frac{1}{2N}}$$

Nei（1972）认为，种群经历遗传瓶颈后，种群越小，代数越长，杂合度下降越多。

检测遗传瓶颈，除非存在有效种群大小的历史数据，否则难以确认。因此，通常不考虑种群大小，通过检测种群遗传多样性方法，结合历史数据，推测种群是否经历了遗传瓶颈。

比较经历与没有经历遗传瓶颈种群的计算机模拟表明，随着种群大小减少，等位基因数目和多态位点百分比及杂合度下降，而且等位基因数目和多态位点百分比下降比杂合度快，因此，通过比较 Hardy-Weinberg 平衡条件下种群杂合度（$H_{eq}$）与突变-漂移平衡条件下种群杂合度（$H_e$），可检测种群是否经历遗传瓶颈（Cornuet and Luikart，1996）。处于突变-漂移平衡的种群没有经历遗传瓶颈，由于遗传漂移的偶然波动结果，大约 50% 位点 $H_e > H_{eq}$ 和大约 50% 位点 $H_e < H_{eq}$。经历遗传瓶颈种群，突变-漂移平衡被暂时打破，种群中将有过量杂合体（$H_e > H_{eq}$）。遗传瓶颈仅能在短时间内（0.2～0.4 代）被检测，但不能检测轻度瓶颈效应或最新发生的遗传瓶颈（Luikart and Cornuet，1998）。

遗传瓶颈检测的基本假设是，检测的位点处于 Hardy-Weinberg 平衡状态。由于超显性（杂合优势）导致种群中某些位点杂合度过量，应当从分析中删除。基因组中所有位点都受到相同的瓶颈效应，因此，超显性基因位点很容易辨别。为了检测遗传瓶颈，一般采用 10～20 个多态性位点进行测试（Luikart and Cornuet，1998）。

生境碎片化导致瓶颈效应的程度取决于，碎片化前源种群与理想种群的相符程度、小种群是否是源种群的随机取样及种群大小等。Buchert 等（1997）研究人工砍伐对东方白松（*Pinus strobus*）种群遗传多样性影响的结果表明，白松种群密度降低 75%，多态位点百分比下降 33%，等位基因数目下降 25%，40% 的低频率（0.25 > $p$ ≥ 0.01）等位基因和 80% 的稀有等位基因（$p$ < 0.01＝丢失。

　　由于不同植物种的生命周期长短差异、碎片化前的种群结构和丰富度不同（Lorens et al.，2004）、繁殖系统多样性（Cunningham and Saul，2000；Hoebee et al.，2008）、种子和花粉传播的动力及载体各异（Bacles et al.，2005；Kikuchi et al.，2009），可能会使碎片化的瓶颈效应对种群遗传多样性影响复杂化。因此，实际情况并非理论模型所预测，碎片化植物种群遗传多样性研究结果不完全相同。尽管遗传变异会随着残遗种群大小的下降而减少，但事实显示并不是所有的碎片化都导致了遗传丢失，不同类型的遗传标记揭示的结果也不相同。一些研究表明，天然散生于非干扰生境的异质环境中高大乔木种群发生生境碎片，但其遗传模式有可能不会改变。尤其是种子库长期处于休眠状态的高大林木，能够几十年甚至上百年进行自我调节以防止碎片化带来的影响，碎片化对其种群遗传后果的影响，很可能在一段相当长的时间内不能被检测出（李静等，2005）。

## 二、奠基者效应

　　尽管大多数植物是连续分布且分布区很广，但是，当某个地点被正在扩张的植物占据时，由于这些少数个体组成了奠基者种群，未包含源种群的全部遗传变异而导致新建立种群遗传多样性丢失，称为奠基者效应（Templeton et al.，1990）。奠基者效应是影响小种群遗传多样性及其遗传结构的关键因素，关系其未来与发展的命运。生境碎片化导致残留的小种群可能来源于源种群的小部分个体的少数种子，这些少数种子（奠基者）携带的等位基因仅是源种群基因库中的一次小样本抽样。与源种群相比，新种群等位基因频率发生变化，遗传多样性降低。尤其是，原来连续分布的植物种群中稀有等位基因通常不会被包含在残留的小种群中，从而引起丢失。假定新建立的种群中多数植株基因型为 $AA$，那么，新种群中等位基因 $A$ 频率就会大大增加。新种群中等位基因频率取决于源种群中分出的几个或几十个植株个体基因型，而不管它们在选择上是否有利。例如，英国一种自花授粉植物，在草地生长历史很久的种群中等位酶的遗传变异较高（杂合度为 0.166），而在许多路旁或沙丘上分布的种群可能是由单个植株或少数植株发展起来的，多不呈现多态性（路旁种群中杂合度为 0.083，沙丘种群中杂合度为 0.109）。显然，这两种生境种群与草地生境种群的等位酶杂合度不同的原因是由奠基者效应引起的（Palenzona et al.，1974）。

　　假定源种群中等位基因 $A$、$a$ 频率分别为 $p$、$q$，随机抽取 $n$ 个奠基者组成的样本包括至少每个等位基因的一个拷贝概率为

$$P(A,a)=1-(1-p)^{2n}-(1-q)^{2n}$$

　　上式表明，至少有 30 个奠基者，才有 95% 的可能性获得源种群中频率为 0.05 的等位基因；50 个奠基者，只有 60% 的可能性获得源种群中频率为 0.01 的稀有等位基因。

　　奠基者大小和种群复苏速度对种群期遗传多样性的影响，已在许多物种的新引种植物试验中得以研究。在夏威夷群岛莫纳克亚山，箭草（*Argyroxiphium sandwicense* ssp. *sandwicense*）种群近期至少经历了 1 次遗传瓶颈和 1 次奠基者。遗传瓶颈发生在 100～150 年前，是由于蹄类动物的引种导致箭草下降到不足 50 株。基于微卫星标记数据估算的等位基因数目（$A$）或杂合度（$H$）表明，遗传瓶颈效应没有明显降低种群遗传多样性，

部分原因是箭草在 30～50 年开花、繁殖，而遗传瓶颈只持续 1～2 代，因此恢复很快。奠基者发生在 1973 年，当时仅移植 2～3 株植株。目前，这个奠基者种群的统计大小已超过 1500 株。但是，由于奠基者如此极端，尽管种群增长速度很快且种群恢复时间较长，但种群中等位基因数目及杂合度很低（Friar et al.，2002）。

　　奠基者大小及奠基种群增长速度对种群遗传多样性的影响，在以迁栖到岛屿上的鸟类为对象的种群遗传多样性研究中得到了评述（Baker，1992）。这些数据表明，岛屿种群（奠基者）遗传多样性并不一定比源种群遗传多样性低。岛屿种群遗传多样性与奠基者规模、岛屿种群增长速率有关（图 3-4）。这表明，只有在奠基者规模很小且持久的情况下，奠基者才可能降低种群遗传多样性（Freeland，2005）。

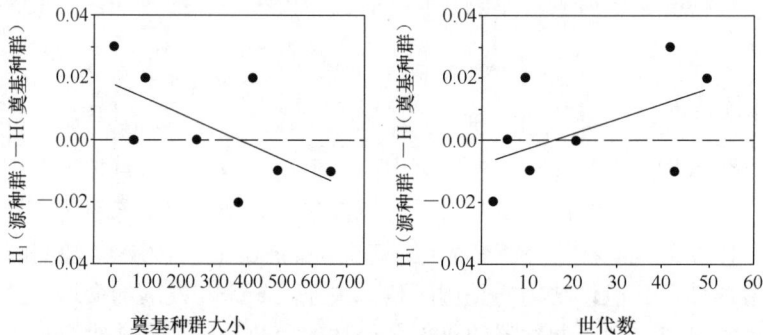

图 3-4　种群遗传多样性与奠基者规模、种群增长速率关系图（Freeland，2005）

## 三、近交

　　碎片化生境上维持的植物种群较小，近交比较严重。近交虽然没有改变种群中等位基因频率，却能快速地（1～2 代）改变后代种群中基因型频率，纯合度增加，杂合度降低。种群越小，后代种群杂合度丧失越快，使得许多隐性有害基因在后代中表达，结果导致后代种群死亡率增加、育性下降、生长发育不良等近交衰退现象（Sagi et al.，2007）。近交衰退降低种群后代的适合度能在短期内显现，增加物种灭绝风险（Newman and Pilson，1997）。

　　研究表明，自然条件下，异交种群大小少于 50～100，近交衰退将导致种群的适应力逐步丧失（Franklin，1980）。Jaime 等（2013）研究指出，要在数量上保持某个物种一定数量的等位基因，就需要有几百个个体的种群大小；如果要在质量上也保持稳定，还需要更大的种群数量。

　　自然界长期存在一些稀有植物小种群，似乎没有受近交影响，这可能是因为小种群遗传漂变产生的遗传清除能有效地除掉种群中的有害等位基因。但小种群中遗传清除的效果是非常有限的，即使遗传清除能在一定程度上清除种群中的有害等位基因，但也不能抵消由近交导致的近交衰退（Byers and Waller，1999）。

## 四、杂交与种群合并

　　杂交是指"分属于具有不同适应规范的种群的个体间的交配"，通常指不同物种的个体之间的成功交配，但也用于描述不同亚种之间、同一物种的不同生态型之间，甚至同一物种的不同种群间的个体交配。杂交几乎存在于所有植物群组及许多林木分类群中。杂交究竟是有利还是某种程度上的遗传污染，长期以来，一直存在着争议（Frankham 1992；Grant，1994）。一般认为，①小种群或濒临灭绝种群，如果与繁殖力强的大种群接触，对小种群极为不利；②当种群数量锐减、遗传多样性枯竭时，同种不同基因型个体的引入有可能使小种群恢复；③特定生境，如果原生种群灭绝，迁入同种其他种群，新种群只要具备一定的生存和繁殖力，在自然选择的作用下，预期会形成能很好适应当地环境的种群遗传结构；④某地区人为杂种群生存良好而原有亲代表型不再出现，表明携带新基因的杂种群比其亲代种群更能适应特定环境（Tilkman，1994；Laurance，2014）。

生物界中，杂交既存在杂种优势也存在杂种劣势。杂交劣势主要表现为由远交衰退导致的种群后代适应性降低，或由遗传同化造成的小种群遗传特异性丧失，以及由于杂种优势或渐渗杂交导致有害物种（种群）获得某些优良性状，造成生态危害（王峥峰和彭少麟，2003）。远交衰退的遗传代价被认为既可以由不同环境条件下赋予等位基因优势的加性效应引起的，也可以是由共适应基因型交互效应的解体引起的。在后一种情况下，即使来自相似环境的不同种群，如果其个体可以相互交配，也会引起后代的远交衰退。例如，发草 [*Deschampsia caespitosa* (L.) Beauv] 和羊茅（*Festuca ovina* L.），耐性是受多个位点上等位基因互作作用。耐性重金属和非耐性植物个体杂交产生的后代，相对于亲本，在含有或不含有高浓度的重金属土壤中都降低了适应性（Storfer, 1999）。Montalvo 和 Ellstrand（2001）对 6 个 *Lotus scoparius* 种群的研究表明，远交衰退存在于不同种群的交配后代中，而且种群间遗传距离越大，远交衰退越明显，与正常交配比较，远交导致后代的适合度下降 40%～50%。

远交所导致的衰退有可能在 $F_1$ 代没有表现，反而表现出杂种优势，但适应性下降将在 $F_2$ 或未来几代中表现出来。这是由于 $F_1$ 代仅继承了双亲的共适应等位基因，还未出现交换组合，之后的 $F_1$ 个体之间的交配或回交会打破共适应等位基因间的组合，降低未来几代个体适应性（Montal and Ellstrand，2001）。

植物大种群在自然选择压力的作用下，虽然远交破坏了独特的基因互作效应，但很快将由新的基因互作效应替代，而植物小种群中等位基因数目少，远交引起的不利遗传后果可能严重，在种群统计学影响下，加速了小种群灭绝风险（Moody and Les，2003）。Keller 等（2000）认为，自交、花粉或种子传播距离有限的植物种群易受远交衰退的影响。

遗传同化（genetic assimilation）是指两个可相互杂交种群中的一方个体数量远大于另一方时，两者的相遇将使小种群个体更多地与大种群的个体交配（杂交），减少了小种群个体之间交配产生属于自己"纯"后代的比例，从而被大种群"稀释"掉（张大勇和姜新华，1999）。

大多数驯化植物能够自发地与同生长区域的原生种群进行杂交（Ellstrand，2003）。美国花旗松（*Pseudotsuga memiesii*）的原生种群被保护在美国加利福尼亚地区的几个保护区内，而来自不同地区的美国花旗松被广泛种植在保护区的周围，由于人工种群花粉对原生种群产生授粉，改变了原生子代种群遗传多样性，减少了原生种群的保护价值（Frankel et al.，1995）。如果种群变小，基因型数目降低，会增大种群内个体与其他种群杂交概率，因此，自交不亲和植物受遗传同化危害的可能性更大（Lenin et al.，1996）。

植物近缘物种间或同物种不同种群杂交及反复回交，使种群或物种的基因被整合到另一种群或物种中，形成杂交渐渗（Felber，2007），产生新的基因型组合和生态型，增加种群遗传多样性或物种多样性。杂交渐渗是促进遗传变异的重要因素，使其更好地适应不断改变的生态环境或增加新的生境适应性，有利于促进物种散布和种群扩张，在物种进化历程中扮演着重要角色。物种间杂交渐渗，产生的杂种后代可能在微生境、生态因素等方面的差异性选择、资源竞争和不同的取舍方式等因素的驱动下，而产生新的物种。但是，在人类活动干扰或自然环境变化过程中，种间渐渗杂交也可能导致与种内交配形成竞争，减少种内繁育后代的概率，杂种代所具有的杂种优势会使种内后代在争夺生态位或生境方面处于劣势。当本地物种竞争能力弱、数量少、生殖力弱时，外来物种与本地种的杂交会威胁到本地物种基因组完整性和原始性，在很短世代内，可能直接或间接导致物种濒危甚至灭绝（Levin et al.，1996）。

# 第三节　濒危植物种群大小与种群遗传多样性

植物种群大小与结构，在不同的物种间表现出很大差异。植物种群大小，从成千上万株的森林树木到仅有几株的极度濒危植物。有些植物呈连续大面积的稳态分布，个体之间具有同等机会交配的"随机交配"模型；有些植物种群很小，呈稀疏、间断性分布，种群内个体相互交配，而与隔离的其他种群不能相互交配，以所谓的"复合种群"存在。在整个植物分布的地理尺度范围，由于分布区内海洋、河流、高山等屏障存在，植物种群分化是不可避免的。植物种群也是动态的，其种群大小、结构也随时间而变化，植物种群大小波动通常与植物生命周期有很大关联。生命周期短，特别是一年生植物，在频繁干扰的生境中生长，灭绝与恢复年复一年周而复始地循环，种群大小波动更为明显。突发性自然灾害，如火灾、干旱、洪水、酷暑、严冬、流行性病虫害暴发等，可使植物种群内个体数目急剧减少，而长期温和、湿润、风调雨顺的自然环境会使植物种群保持相对稳定。同种植物，分布在不同地理区域，种群大小也存在很大变化。植物种群大小、结构是由种群生活史特征、环境生态条件，以及植物种形成过程中特定的历史生态条件共同作用的结果。

由于植物地下种子库及其某些植物多样化繁殖、生长属性，使植物种群大小的精确估算复杂化，也使植物种群大小、结构的量化十分困难。一些兼有有性与无性繁殖的植物，由于同一无性系分株的基因型相同，只有母株才对植物种群具有进化意义，然而，大多数情况下，很难判断哪些无性系分株属于同一无性系（基因型），从而不清楚哪个母株从种群中消失；有时存在无法辨别有性繁殖的幼苗与无性系分株幼苗的难题，也就无法估计母株的出生率。植物种群遗传多样性差异是由于母株差异造成的，因此，必须清楚母株的出生率和死亡率，而种群中母株数量的确认需要许多遗传标记，这也增加了大多数植物种群大小确定的困难。

## 一、生境异质与植物种群大小

植物生境，无论在时间上还是在空间尺度范围内都是异质的，植物个体生长在不同的生境缀块中。环境异质性使得植物种群中某个等位基因在某个特定生境缀块中适应性强，而其他等位基因却在另一个生境缀块中适应性强，从而达到了一种稳定的平衡，使得种群内的大多数等位基因都以相对较高的频率共存，从而达到种群稳定的平衡多态性。在整个植物地理分布区范围内，种群间的生境时空异质选择使得不同生境中处于选择有利地位的植物基因型个体不同，从而导致植物种群中包含多种不同类型，结果使基因型频率在植物整个分布区的一端到另一端，产生梯度变化，形成所谓渐变群（cline）。某种等位基因在渐变群一端地方种群中频率高，而在另一端地方种群中频率低。生态型是指植物因适应不同生境而表现出在形态特征或生理特性上有明显差异的不同种群。生态型是一个进化单元而不是生态单元，是植物种群在长期进化过程中对某特定生境适应选择的结果，与特定生境相协调的基因型集群，因此，每个植物种群的遗传组成都不相同。对于大多数渐变群的植物，种群遗传组成取决于地理生态分布区域。

单个植物种群中的植株所处的物理环境和生物环境也是异质的，时空生境随时发生变化。植物自然种群内遗传差异不足以说明斑块生境差异性选择的结果，但是，很多研究证据表明，天然植物种群中遗传多样性与微环境异质的自然选择结果有关。大多数情况下，天然植物种群中的特定基因型个体局限在特定的微环境中生存。例如，米草属植物（*Spartina* sp.）某些散生植株仅能在沼泽地、湿地或沙丘上生长，而丛生的个体局限在路边、盐滩或谷底分布。因此，这种草本植物，即使分布在同一山坡，也可根据生境的干湿度预测种群间的遗传分化。婆婆纳属植物（*Veronica* sp.）小种群中，生长在池塘中央和边缘的个体在形态和繁殖方式上存在着明显差异。

导致种群大小下降的因素有许多，从植物生境破坏和碎片化程度分析，引起植物种群大小变小或种群衰退的主要原因有以下几种。

（1）环境破坏，种群碎片化严重，适宜植物生长的生境匮乏。碎片面积可能小于植物所需的最小面积，或者碎片面积较大但碎片化种群较小。

（2）栖息地异质性损失，一些需要几种栖息地类型才能生存的物种因栖息地异质性减少而导致种群下降或灭绝。

（3）生境恶化，植物生境的承载能力有限。当植物生存环境空间有限时，种群大小存在最大容纳量，超过最大容纳量，种群内个体数量下降。

（4）生境条件持续恶化，植物生存与灭绝频繁发生。

（5）边际效应。碎片受到周围环境的影响，在碎片边缘形成一种受影响的区域，使碎片面积逐渐减少，对碎片内的物种极为不利。

（6）隔离效应。种群间的远距离地理隔离，植物很难靠种子传播能力达到适宜的生长环境中，导致种群下降或灭绝。

（7）植物处于定植的早期阶段，还没有经历种群数量扩张。

## 二、植物种群大小、遗传多样性与适应性

植物种群大小、适应性和遗传多样性之间关系是植物生态学、进化和保育遗传学中极为关注的问题（Leimu et al., 2006）。很多植物自然种群彼此隔离且种群规模很小，特别是近年来人为干扰引起的生境破碎化，植物种群变得更加孤立，规模进一步缩小。小

种群将面临着近亲繁殖程度加剧而引起的负面遗传后果，以及小种群遗传漂变导致遗传变异减少、奠基者效应和有害突变累积（Lynch et al.，1995；Young et al.，1996）。长期来看，种群遗传多样性降低、有害基因突变累积和近亲繁殖程度加剧，会降低物种适应环境变化的进化潜能；短期来看，它们会降低植物的适应性，对于小种群而言更是如此（Ellstrand and Elam，1993）。除了遗传机制和生态机制，其他因素，如授粉限制，也会进一步降低小种群的适应性（Ågren，1996）。

20 世纪 80 年代以来，已有大量研究表明，植物种群大小、遗传多样性和适应性之间呈正相关。当植物种群大小下降会减少遗传多样性时，预示着可能存在灭绝漩涡。如果植物种群大小下降导致近交衰退或雌雄个体间交配率下降，其结果将降低植物种群适应性，种群大小进一步缩小（Ellstrand and Elam，1993）。如果植物种群大小、遗传多样性和适应性之间的正相关，是由于种群的生长环境差异造成的，这会引起植物种群大小变异，由此影响到植物种群遗传多样性高低及其分布模式。植物种群田间试验研究表明，种群大小、遗传变异与植物适应性的关系都与生长环境质量的潜在差异有关（Leimu et al.，2006）。

基于植物种群大小、适应性和遗传多样性之间关系的大量研究文献，对其关系的分析结果不很清晰（Leimu et al.，2006）。一些研究表明，三者之间呈现正相关；而另一些研究则表明，三者之间关系不显著甚至是负相关。由于大多数的研究文献是在野外进行的，只有极少数是在人为控制环境下进行的，种群适应性是受到种群大小还是受到生长环境差异的影响，还不能确定。此外，也不确定采用不同的标记系统是否影响种群大小、适应性和遗传多样性之间的关系。到目前为止，大多数研究文献是采用近中性同工酶或 DNA 标记来揭示种群遗传变异水平。尽管中性标记变异与选择性状关系不大，并且未必能反映种群的进化潜能，但是，种群大小和遗传多样性之间关系对于中性基因标记是最显著的，对于选择标记是最不显著的。不足的是，自然种群适应性性状的遗传变异的定量研究仍然非常稀少。

对 34 种植物的研究文献进行 Meta 分析结果表明（Leimu et al.，2006），植物种群大小与适应性之间呈现显著正相关，而且，这种相关性在野外和人工栽培试验研究之间不存在显著差异。这表明，植物种群大小与适应性之间的正相关性是由于小种群对其遗传多样性和适应性的负面影响引起的，而不是植物种群生境条件对其适应性影响的结果。虽然种群大小和适应性之间的平均相关性强度在野外和人工栽培试验研究之间的差异性在统计上不显著，但是差异很大，这表明，植物小种群的适应性下降，不仅是种群遗传多样性降低或近亲交配增加而引起的，也有可能是潜在的环境因素、统计随机性和生物因素之间相互作用的结果。如果植物小种群仅由不参与繁育的老年植株构成，植物种群大小、遗传变异和适应性之间的关系，可能会受到植物种群统计结构特征的差异修饰（Oostermeijer et al.，1994）。

对 41 种植物的研究文献进行 Meta 分析结果显示（Leimu et al.，2006），种群大小与种群期望杂合度、多态性位点百分比和等位基因平均数量呈显著正相关，但是与近交系数（$F_{IS}$）关系不明显。综合考虑遗传多样性参数，种群大小和遗传多样性的相关性，独立于植物寿命、稀有性和遗传多样性评估方法。当以等位基因数量或多态性位点百分比作为种群遗传多样性参数时，种群大小与遗传多样性的相关性在自交不亲和物种中比自交亲和物种中更显著，但是，用期望杂合性参数时，相关性不明显，尽管自交不亲和植物种群规模和杂合性相关。随种群大小显著增大，自交不亲和植物种群的近亲系数增大，而自交亲和植物种群则下降。

对 12 种植物的研究文献进行 Meta 分析结果认为（Leimu et al.，2006），植物种群遗传多样性与适应性之间正相关性的强度和方向不会受物种稀有性和寿命长短的影响。然而，这种关系受植物交配系统的显著影响。自交不亲和植物，种群适应性随其遗传多样性增大而提高，但自交亲和植物则不存在这种关系。这可能是由于自交不亲和位点遗传变异受限，自交不亲和植物的小种群适合配偶的可利用性更低（Fischer et al.，2003；Willi et al.，2005）。

植物种群遗传多样性与适应性间关系在不同遗传标记系统中存在差异，DNA 分子标记揭示的种群遗传多样性与其适应性呈正相关，但是同工酶标记研究中却没有发现这种显著关系（Leimu et al.，2006）。

大量的研究文献表明，植物种群大小、适应性及其遗传多样性之间关系的强弱和方向可能取决于植物种的生物学特征，尤其是寿命长短、繁育周期和稀有程度。短寿命植物可能更倾向于种群大小减小的负面遗传后果。在给定的时间尺度范围内，短寿命植物繁育的后代数越多，遗传漂移效应越强（Hartl and Clark，1989）。因此，与寿命长的高大林木相比，短寿命草本植物更容易受到小种群的生态遗传后果的不良影响（Hamrick et al.，1979），例如，授粉条件限制增多，一年生草本植物的种群重建的统计随机性增大。

自交亲和植物更容易发生近交衰退，种群大小、遗传多样性和适应性之间的关系更加密切。但是，遗传负荷在自交亲和的植物种群中可能已经消失。因此，在近亲繁殖历史悠久的植物种群中，不太容易受到近交衰退的影响，也不太容易受到小种群的负面影响，种群间普遍存在遗传分化（Bush，2005）。自交不亲和植物，遗传变异主要存在于种群间（Hartl and Clark，1989），种群大小对自交不亲和的植物种群遗传多样性影响更大。对于自交不亲和植物，由于源种群破坏而形成规模小、孤立的自交不可亲性种群，特别是经历遗传瓶颈（Porcher and Lande，2005），种群大小、遗传多样性和适应性之间的正相关性将不复存在。

物种稀有性也可能影响其种群大小、遗传变异和适应性之间正相关性。通常认为，稀有种的物种水平遗传多样性较常见种、广域种的物种水平遗传多样性高（Hartl and Clark，1989；Spielman et al.，2004）。这暗示着，对于稀有植物种而言，种群大小与其遗传多样性高低之间关系不密切。这是因为，无论种群大小，稀有植物种的所有种群遗传多样性都较低，而常见植物种的种群遗传多样性较高。但是，杂交、近期形成的物种、多元发生及遗传瓶颈都有可能导致稀有植物种遗传多样性水平提高（Lewis and Crawford，1995；Purdy and Bayer，1995；Friar et al.，1996；Smith and Pham，1996）。如果考虑到常见种和稀有种之间的差异，那么就得明确一下稀有种的准确定义。例如，对于种子或花粉远距离传播的假设，稀有种的种群规模未必过小（Gitzendanner and Soltis，2000），这些种群不一定倾向于受小种群的负面影响。因此，植物种群大小、遗传变异和适应性之间的正相关是否明显，可能取决于所研究的种群大小。对于小种群，这些关系会相当显著，而对于较大种群，这些关系可能不太显著甚至不存在。

引起植物种群变小或种群衰退的生态因子不同，植物种群遗传多样性及遗传结构也会相应的不同。一般认为，植物长期维持较小的种群，遗传多样性较低；而近期才成为小种群的植物，遗传多样性相对较高。为了强调濒危植物的生境异质性，Rabinowitz（1986）基于地方种群大小、生境特异性及分布区大小，提出了珍稀植物的分类体系。每个体系又分两类，如大种群与小种群，窄域种与广域种。广域分布、适应性强的大种群植物，成为珍稀、濒危植物的可能性一般比较小。理论上，地理分布区及种群大小不同的植物，其种群遗传结构也不相同。

但是，并不是所有的研究都表明遗传多样性高低与种群大小呈正相关。导致这方面的原因可能是（Barrett and Kohn，1991）：①在植物遗传多样性研究中，采集的种群数量过少，统计分析产生严重偏差，难以说明问题。例如，植物种群数目不足 4 个，遗传多样性与种群大小相关系数为 0.75 但不显著，这样的结果显然没有统计学意义。②现存的植物天然种群大小并不能真实地反映历史上的有效种群大小。③选取的标记位点不能真实地反映基因组变异水平，需要更多标记位点或更多的重复种群才能得到有代表性的平均值（Frankham et al.，2002）。尽管如此，绝大多数植物遗传多样性的研究结果表明，无论是不同植物种比较，还是同种植物的不同种群，遗传多样性丰富度与种群大小呈正相关（Frankham，1996）。

珍稀濒危植物遗传多样性高低很可能与其是长期稀有还是近期由于人为因素干扰而导致种群减小有关。如果不是人为破坏，散生于天然林中的植物小种群，可能维持较高的遗传多样性以调节小群内个体间近交，克服种群和个体稀少这种进化弱势。相反，如果是近期自然因素（地震、火灾）或人类掠夺式资源开发（如毁林开荒）等原因造成植物生境遭受严重破坏，植物种群数量急剧减少，可能对小种群遗传漂移后果更为敏感。

但是，目前进行的植物遗传多样性研究是基于同工酶或 DNA 标记，这些遗传标记系数是近中性标记，揭示的遗传多样性水平与选择性状关系不大，未必能反映一个种群的进化潜能。因此，不能确定检测遗传多样性的遗传标记是否影响种群大小、适应性和遗传多样性之间关系。植物种群大小和遗传多样性高低之间的关系，对于中性遗传标记最显著，但对选择遗传标记是不显著的。不足的是，自然种群中适应性相关性状的基因变异的定量研究仍然非常缺少。林业上的种源试验中不同地理种源表现在形态特征、生理特性等方面的差异，采用分子标记却检测不到这种适应性变化。例如，芬兰欧洲赤松（*Pinus sylvestris*）种源试验表明，欧洲赤松芽萌发时期与种源的纬度密切相关，种源间遗传分化明显（$F_{ST}=0.364$），北方种源萌芽比南方种源要早 3 周左右，在萌芽形状上表现为渐近群。但 10 个等位酶、3 个核基因组 RFLP 引物、120 个 RAPD 引物及 2 个 SSR 引物标记检测出的种源间遗传分化极其微弱（$F_{ST}=0.014\sim0.020$）（Karhu et al.，1996）。Reed 和 Frankham（2001）对已发表的 71 组遗传多样性的独立数据统计分析表明，中性标记揭示的遗传多样性与形态特征之间呈较弱的相关性，而与生活史性状之间几乎没有关联。如果植物种群遗传多样性为非中性理论的情况，基于中性学说假设的分析结果便无效，因此，植物种群遗传多样性的分子标记检测的结果，最多仅能提供对物种进化潜力判断的一个参考依据（Frankham et al.，2002）。

# 第四节　最小存活种群

　　生物多样性保护的目标就是阻止物种灭绝，使生态系统中的物种多样性最大化。但是，由于人力、物力和财力有限，以及保护区与人类对土地日益增长的需求和利用开发的冲突，很难在同时期内保护所有物种。一般地，群落或生态系统都有脆弱的物种，脆弱物种先灭绝。因此，生物多样性保护一直将脆弱小种群保护放在核心位置。

　　植物种群大小和等位基因的随机丢失在保护生物学中极为重要。种群遗传理论表明，遗传漂移总会发生，除非植物种群是无限大。现实世界中，无限大种群不存在，这导致了最小可存活种群（minimum viable population，MVP）概念的发展。MVP 是指在随机性灭绝影响下，保证种群在特定时间内能健康地生存所必需最小种群大小。低于这个阈值，种群逐渐趋向绝灭。其目的是确定一个有效的种群，足以使种群在受到数量和环境的随机性变迁时保持足够大而不会灭绝。Franklin（1980）曾提出 50/500 规则。认为，短期内（少数代）维持遗传多样性，保存 50 个个体是必不可少的；长期防止遗传多样性丢失，500 个个体是必不可少的。这一神秘数字，低估了要保持种群长期生存所需要的个体数量，而受到了广泛的批评（Frankham et al.，2002）。

　　由于种群年龄结构、性比和种群大小波动严重影响着种群生存力，因此，MVP 理解为最小有效种群（minimum effective population）。最小有效种群的遗传学概念是指特定时间内维持一定遗传多样性的最小隔离种群大小，它是基于种群遗传多样性损失率估算维持种群长期生存的最小规模，包括通过避免近交衰退保护种群生殖能力，保持应对环境变化的进化能力，避免新的有害突变的积累（Frankham，2002）。最小有效种群的统计学概念是指特定时间内具有一定存活概率的最小隔离种群大小，它是基于种群统计学特征的不确定变化造成种群大小不断减小而趋于灭绝的概率，估算维持种群长期生存的最小规模。有效种群大小在世代间可能会有波动，因此，维持种群遗传多样性水平所需要的个体数量高度依赖于所研究生物体的生活史。

　　小种群保护关心的是种群遗传多样性变化，以及随机因素对种群灭绝的影响。种群越小，随机因素对种群的影响越大。引起种群绝灭的随机性因素包括，个体存活和繁殖过程中随机事件产生的种群统计随机性（demographic stochasticity），生境和生物竞争随时间变化而引起的环境随机性，小种群自身的遗传漂移引起的遗传随机性，以及洪水、大火、干旱等以随机时间间隔的方式发生引起的自然灾害。许多植物种群的灭绝首先是由于确定性因素造成种群内个体数量激剧下降到一定程度而成为濒危物种，然后随机性因素加速其灭绝。生境脆弱性也会加大濒危植物种群灭绝的可能性。

　　MVP 大小取决于种群随机性因素、保护计划时限和种群存活的安全阈值，而保护计划时限和种群存活的安全阈值与社会经济等关系密切。因此，不同物种因其种群特性和遗传学特征、所处的生境和受威胁程度不同，MVP 不同。不同国家和民族，不同社会和经济条件对同一物种制定的 MVP 标准也不同。只有综合考虑种群统计随机性、遗传随机性、环境随机性、自然灾害随机性，以及生境脆弱性对濒危植物统计种群大小的影响，进行种群脆弱性分析（population vulnerability analysis，PVA），才能确定 MVP 大小。许多研究认为，种群数量级在 $10^3$ 以上才有较高的中期或长期存活的概率。

由于濒危植物种群多为隔绝"岛屿"模型，生境恶化时植物不可能迁移到其他生境中。生境丧失意味着植物种群遭受的负面影响进一步加剧，逐渐靠近灭绝漩涡（extinction vortices），最终不可避免地导致种群甚至整个物种灭绝。因此，进行 PVA 分析时，充分考虑植物种群生境破坏方式、规模及持续时间，估计各种群最坏情况。

常用 PVA 模型包括出生死亡过程模型、矩阵模型、小种群对种群遗传退化影响模型、有效种群数量与种群短期存活和长期存活模型、有效种群数量计算模型、集合种群模型、漩涡模型等。由于 PVA 遇到了大量的非线性的生态关系，因此许多模型方程无法求得分析解。随着计算机技术的发展和应用，已发展出许多计算机程序，最为常用的是 VORTEX 模拟模型程序。然而，不少保护生物学家开始质疑其准确性。

批评者认为，由于种群生态学资料、环境背景知识、地理分布信息、种群遗传特征及人为活动情况等数据不全，PVA 模型的预测结果不实用。例如，由于经验数据不可获得，用来评估物种灭绝概率的模型很难验证。不同模型对不同生态学过程的敏感性不同，可导致结果具有较大差异。野外调查获得的种群数量数据往往存在误差，也增加了模型的不确定性。

# 参 考 文 献

陈小勇. 1996. 植物的基因流及其在濒危植物保护中的作用. 生物多样性, 4（2）：97-102.

陈小勇. 2000. 生境片断化对植物种群遗传结构的影响及植物遗传多样性保护. 生态学报, 20（5）：884-892.

李静, 叶万辉, 葛学军. 2005. 生境片断化对植物的遗传影响. 中山大学学报：自然科学版, 44（增刊2）：193-199.

李义明. 2003. 种群生存力分析：准确性和保护应用. 生物多样性, （4）：340-350.

刘占林, 赵桂仿. 1997. 居群遗传学原理及其在珍稀濒危植物保护中的应用. 生物多样性, 7：340-346.

彭少麟, 汪殿蓓, 李勤奋. 2002. 植物种群生存力分析研究进展. 生态学报, （12）：757-766.

王峥峰, 彭少麟. 2003. 杂交产生的遗传危害——以植物为例. 生物多样性, 11（4）：333-339.

徐刚标. 2009. 植物群体遗传学. 北京：科学出版社.

徐宏发, 陆厚基. 1996a. 最小存活种群（MVP）——保护生物学的一个基本理论：Ⅰ.最小存活种群及其在野生动物中的应用. 生态学杂志, 15（2）：25-30.

徐宏发, 陆厚基. 1996b. 最小存活种群——保护生物学的一个基本理论——Ⅱ.物种灭绝的过程和最小存活种群（种群脆弱性分析 PVA）. 生态学杂志, 15（3）：50-55.

张大勇, 姜新华. 1999. 遗传多样性与濒危植物保护生物学研究进展. 生物多样性, 7（1）：31-37.

Adams D C, Gurevitch J, Rosenberg M S. 1997. Resampling tests for meta-analysis of ecological data. Ecology, 78: 1277-1283.

Ågren J. 1996. Population size, pollination limitation, and seed set in the self-incompatible herb *Lythrum salicaria*. Ecology, 77: 1779-1790.

Aguilar R, Quesada M, Ashworth L, et al. 2008. Genetic consequences of habitat fragmentation in plant populations: susceptible signals in plant traits and methodological approaches. Molecular Ecology, 17: 5177-5188.

Bacles C F E, Burczyk J, Lowe A J, et al. 2005. Historical and contemporary mating patterns in remnant populations of the forest tree *Fraxinus excelsior* L. Evolution, 59(5): 979-990.

Baker A J. 1992. Genetic and morphometric divergence in ancestral European and descendant New Zealand populations of chaffinches (*Fringilla coelebs*). Evolution, 46: 1784-1800.

Barrett S C, Kohn J R. 1991. Genetic and evolutionary consequences of small population size in plants: implications for conservation. *In*: Genetics and Conservation of Rare Plants (Falk D A, Holsinger K E, eds). New York: Oxford University Press: 3-30.

Buchert G P, Rajora O P, Hood J V, et al. 1997. Effects of Harvesting on Genetic Diversity in Old‐Growth Eastern White Pine in Ontario, Canada. Conservation Biology, 11(3): 747-758.

Busch J W. 2005. Inbreeding depression in self-incompatible and self-compatible populations of *Leavenworthia alabamica*. Heredity, 94: 159-165.

Byers D L, Waller D M. 1999. Do plant populations purge their genetic load? Effects of population size and mating history on inbreeding depression. Annual Review of Ecology and Systematics, 30(4): 479-513.

Cornuet J M, Luikart G. 1997. Description and power analysis of two tests for detecting recent population bottlenecks from allele frequency data. Genetics, 144(4): 2001-2014.

Cunningham S A. 2000. Effects of habitat fragmentation on the reproductive ecology of four plant species in Mallee Woodland. Conservation Biology, 14(3): 758-768.

David P. 1998. Heterozygosity-fitness correlations: new perspectives on old problems. Heredity, 80 (5): 531-537.

Eckert C G, Kalisz S, Geber M A, et al. 2009. Plant mating system in a changing world. Trends Ecology Evolution, 25: 35-43.

Ellstrand N C. 2003. Dangerous Liaison. Baltimore: Johns Hopkins University Press.

Ellstrand N C. Elam D R. 1993. Population genetic consequences of small population size: implications for plant conservation. Annual Review of Ecology and Systematics, 24: 217-243.

Felber F, Kozlowski G, Arrigo N, et al. 2007. Genetic and ecological consequences of transgene flow to the wild flora. Advances in Biochemical Engineering/Biotechnology, 107: 173-205.

Fischer M, Hock M, Paschke M. 2003. Low genetic variation reduces cross-compatibility and offspring fitness in populations of a narrow endemic plant with a self-incompatibility system. Conservation Genetics, 4: 325-336.

Frankel O H, Brown A H D, Burdon J J. 1995. The Conservation of Plant Biodiversity. Cambridge: Cambridge University Press: 66-95.

Frankham R. 1996. Relationship of genetic variation to population size in wildlife. Conservation Biology, 10: 1500-1508.

Frankham R, Ballou J D, Briscoe D A. 2002. Introduction to Conservation Genetics, Cambridge: Cambridge University Press: 15-20, 169-205.

Frankham R, Loebel D A. 1992. Modeling problems in conservation genetics using captive Drosophila populations: Rapid genetic adaptation to captivity. Zoo Biology, 11: 333-342.

Franklin I R. 1980. Evolutionary change in small populations. *In*: Conservation Biology: an Evolutionary-Ecological Perspective (Soule′ M E, Wilcox B A, eds), Sunderland, MA: Sinauer, 135-150.

Freeland. 2005. Molecular Ecology. Chichester: Wiley & Sons: 77-168.

Friar E A, Robichaux R H, Mount D W. 1996. Molecular genetic variation following a population crash in the endangered Mauna Kea silversword, *Argyroxiphium sandwicense* ssp. *sandwicense* (Asteraceae). Molecular Ecology, 5: 687-691.

Gitzendanner M A, Soltis P S. 2000. Patterns of genetic variation in rare and widespread plant congeners. American Journal of Botany, 87: 783-792.

Grant P R, Grant B R. 1994. Phenotypic and genetic effects of hybridization in Darwin's finches. Evolution, 48: 297-316.

Hamrick J L, Linhart Y B. Mitton J B. 1979. Relationships between life history characteristics and electrophoretically detectable genetic variation in plants. Annual Review of Ecology and Systematics, 10: 173-200.

Hartl D L, Clark A G. 1989. Principles of Population Genetics. Sunderland: Sinauer.

Heddrick P W. 2000. Genetics of Population. 2nd ed. Sudbury: Joones and Bartlett Publishers.

Hoebee S E, Thrall P H, Young AG. 2008. Integrating population demography, genetics and self-incompatibility in a viability assessment of the Wee Jasper Grevillea (*Grevillea iaspicula* McGill., Proteaceae). Conservation Genetics, 9(3): 515-529.

Huenneke L. 1991. Ecological implications of genetic variation in plant populations. *In*: Genetics and Conservation of Rare Plants (Falk D, Holsinger K, eds), New York: Oxford University Press: 31-44.

Hughes A L. 2008. Near neutrality: Leading edge of the neutral theory of molecular evolution. Annals of the New York Academy of Sciences, 1133(4): 162-179(18).

Jaime G P, Ivonne C, Alonso R A, et al. 2013. Effective population size, genetic variation, and their relevance for conservation: the bighorn sheep in tiburon island and comparisons with managed artiodactyls. Plos One, 8(10): 65-65.

Joshi A. 1999. Sewall Wright: A life in evolution. Resonance, 4(12): 54-65.

Jukes T H. 2000. The neutral theory of molecular evolution. Genetics, 154(3): 956-958.

Karron J D. 1987. A comparison of levels of genetic polymorphism and self-compatibility in geographically restricted and widespread plant congeners. Evolutionary Ecology, 1: 47-58.

Keller M, Kollmann J, Edwards P J. 2000. Genetic introgression from distant provenances reduces fitness in local weed populations. Journal of Applied Ecology, 37(4): 647-659.

Kikuchi S, Shibata M, Tanaka H, et al. 2009. Analysis of the disassortative mating pattern in a heterodichogamous plant, Acer mono Maxim. using microsatellite markers. Plant Ecology, 204(1): 43-54.

Kimura M. 1983. The Neutral Theory of Molecular Evolution. Cambridge: Cambridge University Press.

Latter B D. 1998. Mutant alleles of small effect are primarily responsible for the loss of fitness with slow inbreeding in Drosophila melanogaster. Genetics, 148(3): 1143-1158.

Leberg P L. 1992. Effects of population bottlenecks on genetic diversity as measured by allozyme electrophoresis. Evolution, 46(2): 477-494.

Leimu R, Mutikainen P, Koricheva J, et al. 2006. How general are positive relationships between plant population size, fitness and genetic variation? Journal of Ecology, 94(5): 942-952.

Levin D, Francisco-Ortega J, Jansen R. 1996. Hybridization and the extinction of rare plant species. Conservation Biology, 10: 10-16.

Lewis P O, Crawford D J. 1995. Pleistocene refugium endemics exhibit greater allozyme diversity than widespread congeners in the genus Polygonella (Polygonaceae). American Journal of Botany, 82: 141-149.

Lynch M, Conery J, Bürger R. 1995. Mutation accumulation and the extinction of small populations. American Naturalist, 146: 489-518.

Mitton J B, Pierce B A. 1980. The distribution of individual heterozygosity in natural populations. Genetics, 95: 1043-1054.

Montalvo A M, Ellstrand N C. 2001. Nonlocal transplantation and outbreeding depression in the subshrub Lotus scoparius (Fabaceae). American Journal of Botany, 88: 258-269.

Moody M L, Les D H. 2002. Evidence of hybridity in invasive watermilfoil (Myriophyllum) populations. Proceedings of the National Academy of Sciences of the United States of America, 99(23): 14867-14871.

Nei M. 1972. Genetic distance between populations. American Naturalist, 62(3): 219-223.

Nei M, Maruyama T. 1975. Bottleneck effect and genetic variability in populations. Evolution, 29(1): 1-10.

Nei M, Suzuki Y, Nozawa M. 2010. The neutral theory of molecular evolution in the genomic era. Annual Review of Genomics & Human Genetics, 11: 265-289.

Newman D, Pilson D. 1997. Increased probability of extinction due to decreased genetic effective population size: Experimental populations of Clarkia pulchella. Evolution, 52(2): 354-362.

Ohta T. 1992. The near neutral theory of molecular evolution. Annual Review of Ecology Evolution & Systematics, 23(1): 263-286.

Ohta T. 1996. The current significance and stading of neutral and near neutral theories. Bioessays, 18: 673-677.

Ohta T K M. 1970. Development of associative overdominance through linkage disequilibrium in finite populations. Genetical Research, 16(2): 165-177.

Oostermeijer J G B, Luijten S H, Den Nijs J C M. 2003. Integrating demographic and genetic approaches in plant conservation. Biological Conservation, 113: 389-398.

Palenzona D L, Mochi M, Boschieri E. 1974. Investigation on the founder effect. Genetica, 45(1): 1-10.

Porcher E, Lande R. 2005. Loss of gametophytic self-incompatibility with evolution of inbreeding depression. Evolution, 59: 46-60.

Prout T. 2000. How well does opposing selection maintain variation? In: Evolutionary Genetics: From Molecules to Man (Singh R S, Krimbas C B, eds). Cambridge: Cambridge University Press: 157-184.

Purdy B G, Bayer R J. 1995. Genetic diversity in the tetraploid sand dune endemic Deschampsia mackenzieana and its widespread diploid progenitor D. cespitosa (Poaceae). American Journal of Botany, 82: 121-130.

Rabinowitz D. 1981. Seven forms of rarity. The Biology Aspects of Rare Plant Conservation (Synge H, eds). Chichester: John Wiley: 205-217.

Rabinowitz D, Cairns S, Dillon T. 1986. Seven forms of rarity and their frequency in the flora of the British Isles. Conservation Biology: the Science of Scarcity and Diversity (Soule M, eds). Sunderland: Sinauer: 182-204.

Reed D H, Frankham R. 2001. How closely correlated are molecular and quantitative measures of genetic variation? A meta-analysis. Evolution, 55: 1095-1103.

Robertson A. 1962. Selection for heterozygotes in small populations. Genetics, 47(9): 1291-1300.

Rosenberg M S, Adams D C, Gurevitch J. 2000. Metawin: Statistical Software for Meta-Analysis, Version 2.0. Sunderland: Sinauer.

Rumball W, Franklin I R, Frankham R, et al. 1994. Decline in heterozygosity under full-sib and double first-cousin inbreeding in Drosophila melanogaster. Genetics, 136(3): 1039-1049.

Russell W L. 1991. Sewall Wright: A View from a Student. Perspectives in Biology & Medicine, 34: 505-515.

Smith J F, Pham T V. 1996. Genetic diversity of the narrow endemic Allium aaseae (Alliaceae). American Journal of Botany, 83:

717-726.

Spielman D, Brook B W, Frankham R. 2004. Most species are not driven to extinction before genetic factors impact them. Proceedings of the National Academy of Science, 101: 15261-15264.

Storfer A. 1999. Gene flow and endangered species translocations: a topic revisited. Biological Conservation, 87(2): 173-180.

Templeton A R, Shaw K, Routman E, et al. 1990. The genetic consequences of habitat fragmentation. Annals of the Missouri Botanical Garden, 77(1): 13-27.

Watterson G A. 1984. Allele frequencies after a bottleneck. Theoretical Population Biology, 26(3): 387-407.

White T L, Adams W T, Neale D B. 2007. Forest Genetics. CABI Publishing: 197-300.

Willi Y, Van Burskirk J, Fischer M. 2005. A threefold genetic Allee effect: population size affects cross-compatibility, inbreeding depression, and drift in the self-incompatible Ranunculus reptans. Genetics, 169: 2255-2265.

Young A, Boyle T, Brown T. 1996. The population genetic consequences of habitat fragmentation. Trends in Ecology and Evolution, 11: 413-418.

# 第四章　水松遗传多样性研究

水松（*Glyptostrobus pensilis*），俗称水莲、水帝松、水杉松、水枞等，为柏科（Cupressaceae）水松属（*Glyptostrobus*）植物，1873 年被定义为本属的模式种（中国植物志，1978）。水松是著名的"活化石"植物，对研究柏科植物的系统发育、古植物学及第四纪冰期气候等都具有重要的科学价值（于永福，1995；李发根和夏念和，2004）。由于历史气候变化和人为破坏活动，水松种群碎片化极为严重，现仅零星分布于我国长江流域和珠江三角洲，以及越南中部和老挝东部。天然种群和个体数量极少，林下没有幼苗，自然更新十分困难，已处于极度濒危状态（李发根等，2004；Tam et al.，2013），被世界自然保护联盟（IUCN）列为极危物种，被世界保护监测中心（WCMC）列为稀有种，被国际自然资源保护联盟列为极危种，被我国列为一级保护植物（国家林业局，1999）和极小种群物种（国家林业局野生动植物保护与自然保护区管理司，2013）。

水松为耐水湿的阳性落叶或半落叶乔木树种，一般生长于水塘边或沼泽地。树高 8～20m，胸径 60～120cm。树皮褐色或灰褐色，裂成不规则的条片。古老大树的基部膨大成柱槽状，附有膝状呼吸根。叶浅绿色，条形、线形或鳞形。枝条稀疏，长而平展，上部枝向上斜伸。鳞形叶着生于多年生枝条，冬季不脱落；条形或线形叶着生于 1 年生枝条，冬季脱落。雌雄同株，单性花，雌、雄球花分别单生于具鳞形叶的枝条顶端。雄球花椭圆形，15～20 枚雄蕊螺旋状排列，花药 2～9 个；雌球花近卵形或球形，珠鳞 15～20 枚，珠鳞基部着生 2 个胚珠，苞鳞较大。种鳞木质，与苞鳞合生，中部种鳞上部有 6～9 个反曲状三角形尖齿。花期 2～3 月，球果直立，倒卵形，9～10 月成熟。每个球果包含 3～4 粒种子，种子椭圆形，褐色，微扁，长 5～7cm，附着长翅（郑万钧和傅立国，1978）。

## 第一节　水松研究进展

水松属建立以来，其系统发育地位一直存在争议。Dogra（1966）基于胚胎发育特征，认为水松属与落羽杉属（*Taxodium*）、杉木属（*Cunninghamia*）、柳杉属（*Cryptomeria*）和巨杉属（*Sequoiadendron*）具有极大的相似性，都属于"杉型"。基于水松与落羽杉（*Taxodium distichum*）球果形态特征极为相似，胚珠都起源于 2 个胚珠原基的特征，Takaso 和 Tomlinson（1990）认为，水松属与落羽杉属的类群关系密切。基于水松的树干解剖结构特征，证明水松属与落羽杉属、水杉属的亲缘关系较近（Ohsawa，1994）。水松茎次生韧皮部的显微结构分析表明，水松属与水杉属（*Metasequoia*）和落羽杉属有较近的亲缘关系（韩丽娟等，1997）。免疫学标记及雌球果、花粉特征研究表明，水松属、柏木属（*Cupressus*）、金松属（*Sciadopitys*）、落羽杉属、杉木属、柳杉属的亲缘关系相近（Hart，1987；Price and Lowenstein，1989；Charles and Miller，1999）。染色体核型分析结果显示，水杉属（*Metasequoia*）、红杉属、巨杉属、落羽杉属（*Taxodium*）、水松属亲缘关系很近（Schlarbaum and Tsuchiya，1984；李林初，1987，1989，1995）。近年来，分子标记揭示的系统发育信息显示，水松属和柳杉属是柏科（Cupressaceae）的一个外类群（Gadek and Quinn，1993）。Tsumura 等（1995）利用 RFLP 标记分析针叶树叶绿体 DNA 变异，证实水松属与金松属亲缘关系密切，与水杉属遗传距离相近，与柏科亲缘关系较远，认为水松属应当划归为杉科。于永福和傅立国（1996）研究发现水松属与落羽杉属、柳杉属近缘。基于叶绿体基因间隔序列 *matK*、*chlL*、*trnL-trnF* IGS 和 *trnL* 内含子标记提供的系统发育信息，Kumumi 等（2000）研究认为，水松属和落羽杉属近缘，并与柳杉属构成一个进化关系紧密的分支。Gadek 等（2000）认为，水松属应该置于柏科中，杉科应与柏科合并。李春香和杨群（2002）采用核基因组序列 28S rRNA 标记，认为这两科具有极大的相似性，应合并为广义柏科，水松属置于广义柏科之中。

化石资料研究表明，距今 1 亿多年的晚白垩纪期，水松属可能起源于东亚地区。新生代第三纪，水松属种类繁多，广泛分布于北美洲、东亚、欧洲大陆，成为北半球植物区系的重要组成部分（Farjon and Page，1999；Yu，1995）。第三纪末至第四纪初，全球性气温变冷，中高纬（包括极地）及高山区形成大面积冰盖和山岳冰川，迫使水松属分布区域迅速缩减南移，物种数量急剧减少，欧洲、北美洲、东亚及我国东北等地区的种群相继灭绝，仅在我国长江流域等几个受冰期影响较小的“避难所”残存，成为罕见的第三纪特有的单种属孑遗树种（李发根和夏念和，2004）。

在我国，水松分布在北纬 13°21′～37°36′，东经 102°40′～121°29′，海拔 25～2000m。水松分布区的气候温暖、湿润，光照充足。江西、广西、湖南、云南、四川、浙江、江苏、安徽、香港和台湾等地，有成片人工纯林或零星栽培，以及残留的古老小片林分或孤立林（李发根和夏念和，2004）。

水松花粉近球形，表面光滑，远极面有 1 个形状像玫瑰刺，明显向一边弯曲的乳头状突起。花粉外壁厚度均匀，内层为片状结构，由 6～7 个较厚的小片层构成，外层由彼此相接的颗粒状分子和叠在此层上的小瘤状分子构成（席以珍，1986）。水松雄球花椭圆形，外部着生不育的楔形或椭圆形小孢子叶，在雄球花展开前脱落，小孢子叶基底膜的远轴面连接着 5～9 个小孢子囊。12 月中旬，水松小孢子母细胞形成，小孢子母细胞形成四分体，四分体解体释放出游离小孢子。2 月中旬，游离小孢子发育为成熟花粉粒，成熟花粉粒以 2 种形态细胞传粉（Wittlake，1975；肖德兴，1997）。4 月中旬，水松雌配子体游离核达到 500 个以上，5 月中旬游离核数目增加至 1600～2000 个；游离核细胞化并开始形成颈卵器原始细胞，在珠心顶端形成 6～17 个颈卵器（王伏雄，1951，1953；Takaso and Tomlinson，1990）。近年，刘雄盛（2014）、徐刚标等（2015）先后对水松雄配子体发育、雌配子体发生及胚胎发育过程进行了系统的研究，详细阐述了水松胚胎发育过程中原胚发育、幼胚分化、后期胚胎发育时期的发育特征及出现的特殊现象。

水松细胞染色体核型为“1A”类型，染色体数目为 22（肖德兴和董金生，1983）。幼苗的苗端由顶端原始细胞区、原表皮、周边分生组织区、亚母细胞区及髓母细胞区组成（喻成鸿和陈泽濂，1965）。水松叶横切面近菱形，单脉。气孔两面生，双环形，不内陷，无下皮层。叶肉海绵组织和栅栏组织分化不明显。维管束位于叶片中央，单束，由薄壁组织细胞、筛胞及管状分子组成。韧皮部由平周排列的近方形筛胞分子组成。维管束鞘细胞不规则排列，外被多层薄壁细胞。叶片边缘有一个树脂道（姚璧君和胡玉熹，1982；王佳卓，2007）。水松树皮的周皮由木栓层、木栓形成层及栓内层构成，次生韧皮部由径向和轴向系统组成（韩丽娟等，1997）。

　　早在 1964 年，鸡公山国家级自然保护区开始水松引种栽培试验（宋朝枢，1994），20 世纪 90 年代，水松繁殖栽培技术文献较多。生产实践中，总结出水松育苗、栽培技术措施（欧阳均浩等，1991）。水松适合在鄂西南、豫南地区推广（戴慧堂等，1992；鲁胜平等，2004）。容器育苗是培育水松苗木的最佳方法（刘有美和欧阳均浩，1994）。崔艳秋和崔心红（2002）研究了基质对水松萌发的影响，分析了自然条件下水松种子萌发率低的原因。肖祖钦（2007）探讨了水松播种密度与苗木产量、质量间关系。李昌晓等（2007）研究了水松当年实生幼苗在水位变化条件下的光合生理生态响应机理和适应性。李博等（2006）研究了不同培养条件下水松的生长和分化情况。李博和李火根（2008）分析了母树年龄、采条位置、激素种类、基质种类和浓度、处理时间、基因型等因素对水松扦插成活率的影响。蔡海华等（2011）试验表明，在长期渍水条件下，水松生长更佳；在含铜离子的土壤中，裸根苗迅速死亡。吴则焰等（2012a）分析比较了生长调节剂种类和浓度、处理时间、基质、采条等因素对水松扦插生根的影响。

　　自 Mitsuo 等（1960a，1960b）采用纸层析法检测到水松叶片中含有槲皮素、异鼠李素和山奈酚等物质以来，水松药用价值引起了人们普通关注。王明雷（2000）从水松枝叶中提取分离得到 16 种化合物，波谱分析鉴定表明，主要有效化学成分为有机酸和黄酮类。向瑛等（2001）研究水松叶黄酮化合物的化学成分及化学结构。斯缨等（2003）采用索氏提取法提取了水松总黄酮，证实水松叶片中黄酮类化合物的含量丰富，秋季总黄酮含量比春季含量高。

　　基于 ISSR 标记研究表明，水松在物种水平和种群水平上的遗传多样性较低，种群间存在遗传分化；与水松古老种群相比，人工栽培种群遗传多样性低；水松不同年龄级间的遗传多样性差别较大，种群遗传多样性呈世代衰退趋势（Li and Xia，2005；吴则焰等，2010，2011，2012b）。

# 第二节　基于 ISSR 标记的水松种群遗传多样性

## 一、材料与方法

### （一）材料

　　2011～2014 年，依托国家林业局野生动植物保护自然保护区管理司开展的《全国极小种群野生植物拯救保护工程规划（2011-2015 年）》工作提供的数据及有关文献资料，采集福建省、江西省、湖南省及广东省 14 种群（表 4-1、图 4-1）。考虑到水松残留的古老种群仅剩几株孤立木，且为风媒花，为此，将 1 个县（县级市、区）范围的散生木作为 1 个种群，采集所有个体。对于集中小片林分，小于 20 株种群，全部采集（如广东韶关）；大于 20 株种群，为了防止采集到的样株间亲缘关系密切，单株之间距离保持 100m 以上，共采集到 186 株水松植株叶片样本。

表 4-1　水松种群采集点基本信息

| 种群 | 地点 | 经度（E） | 纬度（N） | 海拔/m | 株数 |
|------|------|----------|----------|--------|------|
| SM | 福建三明市尤溪县东山村 | 118°08′ | 26°10′ | 1100 | 16 |
| PN | 福建屏南县上楼村 | 118°52′ | 26°59′ | 1280 | 24 |
| XY | 福建省仙游市永福镇区 | 117°19′ | 25°04′ | 850 | 20 |
| YC | 福建省永春县都镇、玉斗镇 | 118°05′ | 25°30′ | 800 | 10 |
| YT | 福建省永泰县霞拔乡 | 118°44′ | 25°59′ | 1000 | 6 |
| DH | 福建省德化县水口镇、美湖镇 | 118°10′ | 25°40′ | 900 | 10 |
| PC | 福建省浦城县石陂镇梨 | 118°30′ | 27°42′ | 450 | 9 |
| ZN | 福建省周宁县七步镇 | 119°21′ | 27°05′ | 680 | 9 |
| ZL | 福建省长乐市松下镇 | 119°38′ | 25°45′ | 500 | 16 |
| YJ | 江西省余江中童乡 | 116°50′ | 28°17′ | 50 | 12 |
| GX | 江西省贵溪市河潭镇 | 117°31′ | 28°37′ | 80 | 25 |
| YY | 江西省弋阳县清湖乡 | 117°24′ | 28°22′ | 50 | 13 |
| SG | 广东省韶关市南华寺 | 113°39′ | 24°42′ | 50 | 9 |
| YX | 湖南省永兴县大布江乡 | 113°28′ | 26°13′ | 320 | 7 |

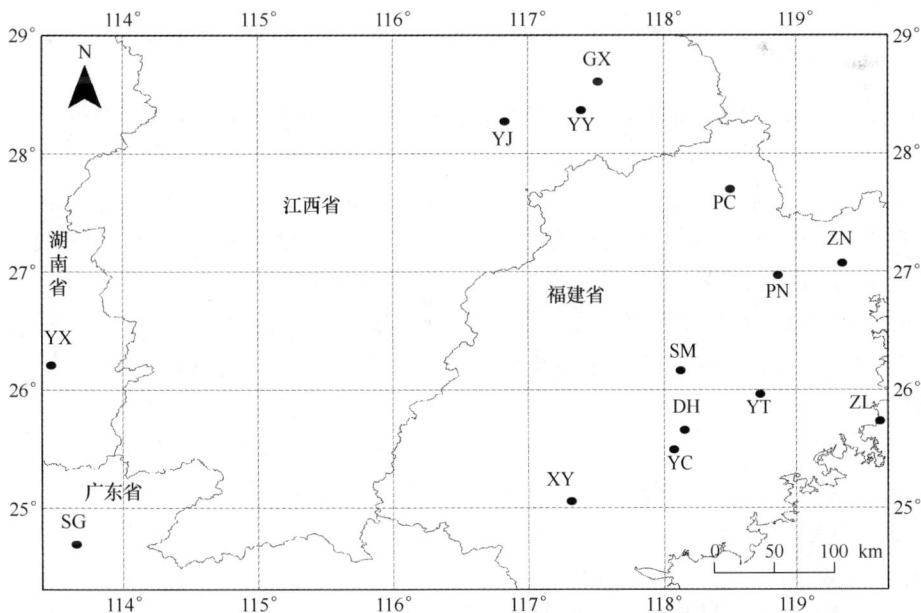

图 4-1　水松采样点分布图

野外采集的水松新鲜嫩叶立即放入装有硅胶的密封袋中，用 GPS 定位仪记录种群及散生木的地理位置、海拔（散生木，取中间值），记录采集的个体数目。叶片样本带回实验室后，倒出硅胶，放入−70℃的冰箱中保存备用，并制作种群凭证标本。标本保存于中南林业科技大学林木遗传育种实验室。

实验中所用的分子试剂，均购置于天根生物有限公司。

（二）方法

1. 基因组 DNA 提取

参照 Doyle 和 Doyle（1987）的 CTAB 法，并作适当改进。提取水松叶片基因组 DNA 的具体操作步骤如下。

（1）取适量水松叶片，在加入少量 PVP 的液氮中研磨成粉状，放置于−70℃的超低温冰箱中保存备用。

第 2 天，将处理后的粉状水松叶片样品从超低温冰箱中取出，放入冰盒中以防止样品发生氧化。

（2）取 1.5ml 或 2ml 已灭菌的离心管，加入 800μl 3×CTAB 抽提缓冲液和 30μl β-巯基乙醇，摇匀后于 65℃恒温混匀仪中预热备用。

（3）在通风橱中，加入预热的提取缓冲液于粉状样品中，混匀后，置于 65℃恒温混匀仪中保温混匀 40～60min。加 1/3 体积预冷的 5mol/L KAc，冰浴 20～30min。4℃条件下，10 000r/min 离心 10～15min。

（4）取上清液，加入 0.1 倍体积 5mol/L NaCl，静置 5min，加入等体积的酚/氯仿/异戊醇（25/24/1；$V/V/V$）抽提，混匀。4℃，10 000r/min 离心 10～15min。

（5）取上清，加等体积的氯仿/异戊醇（24/1；$V/V$），混匀，10 000r/min 离心 12min，重复 2～3 次。

（6）取上清，加 2/3 体积预冷的异丙醇，轻轻晃动，8000r/min 离心 10min。

（7）弃上清，用 70%乙醇溶液清洗沉淀，室温干燥。

（8）加入已灭菌的 1mol/L NaCl 200μl、RNaseA 2μl，37℃水浴 30～60min。

（9）加入 2 倍体积预冷的无水乙醇，转动离心管，用枪头吸出黏稠透明并含有许多气泡的絮状沉淀（如无明显沉淀，4℃条件下，5000r/min 离心 5min）。

（10）倒出液体，用 75%乙醇清洗，6000r/min 离心 2～3min。

（11）加无水乙醇清洗沉淀，室温干燥，用适量 TE 缓冲液溶解 DNA 后，置于−20℃冰箱保存。

药品配置如下。

（1）3×CTAB 提取缓冲液：在 800ml 双蒸水中加入 30g CTAB、70.13g NaCl，完全溶解后加 1mol/L Tris-HCl（pH8.0）75ml，0.5mol/L EDTA 30ml，15g PVP，双蒸水定容至 1L，分装备用。

（2）β-巯基乙醇：随用随配，有毒，在通风橱中操作。

（3）TE 缓冲液：取 1mol/L Tris-HCl 5ml，0.5mol/L EDTA（pH8.0）1ml 于 400ml 双蒸水中，混匀后，加双蒸水，定容 500ml。分装后，高压灭菌。

（4）0.5mol/L EDTA（pH8.0）：称取 186.1g EDTA·2H$_2$O，溶于 800ml 双蒸水中，用磁力搅拌器搅拌助融，用 5mol/L NaOH 调节 pH 至 8.0，定容至 1L。分装后，高压灭菌。

（5）1mol/L Tris-HCl（pH8.0）：称取 60.55g Tris 碱，溶于 400ml 双蒸水中，用盐酸溶液调节 pH 至 8.0。双重蒸水，定容 500ml。高压灭菌，以备使用。

（6）RNase：将 10mg/ml RNase 溶解于 10mol/L Tris-HCl（pH7.5）与 15mol/L NaCl 溶液中，80℃条件下加热 10min，冷却至室温后分装，储藏在 −20℃冰箱中备用。

2. 基因组 DNA 检测

（1）电泳检测：取 5μl DNA 样品，加入 1μl 缓冲液，混匀。在 1.0%琼脂糖（含 EB，终浓度为 0.5μg/ml）凝胶中，电泳 25～30min，缓冲液 1×TAE，电压 5 V/cm。当溴酚蓝指示剂距离前沿 2～3cm 时停止电泳。在 SYNGENE G-BOX 凝胶成像系统中观察、拍照、记录。根据电泳条带，判断基因组 DNA 的完整程度、DNA 纯度及 DNA 分子质量。

（2）核酸蛋白分析仪检测：用 Eppendorf Biophotometer 核酸蛋白分析仪测定水松提取的总 DNA 在 260nm 和 280nm 处的吸光值，根据 OD$_{260}$/OD$_{280}$ 值，判断 DNA 纯度。为了增加数据可靠性，每个待测样本重复测定 3 次，取平均值作为样品 DNA 浓度和纯度。

$$DNA 浓度（μg/ml）＝OD_{260}×50μg/ml×稀释倍数$$

$$DNA 得率（μg/g）＝\frac{DNA（μg）}{取材量（g）}$$

加大 CTAB 倍数，增加 PVP 或 β-巯基乙醇的比例等，可提高样本 DNA 的纯度。作者认为，较为有效的方法是适当增加抽提次数。虽然 ISSR 标记对模板 DNA 的要求不高，但为了确保实验结果的可靠性和可重复性，有必要对模板 DNA 进行纯化。

3. ISSR 反应体系优化及引物筛选

ISSR 引物为加拿大哥伦比亚大学（UBC）2006 年公布序列（http://www. biotech. ubc.ca/services/naps/primers/Primers.pdf），华大基因公司合成，合成量为 2OD。

以吴则焰等（2012）水松 ISSR-PCR 反应体系为基础，用 14 株 DNA（每种群取 1 个样本）进行初步 PCR 扩增，根据电泳结果，筛选出电泳条带清晰、多态性高引物。

用 Veriti 96 well Thermal Cycler PCR 扩增仪进行 PCR 扩增。PCR 扩增基本程序（吴则焰等，2012）为：94℃预变性 5min，进行 35 个循环（94℃变性 30s，退火 30s，72℃延伸 45s），72℃复性 1.5min。循环结束后，72℃延伸 10min，4℃保存。

以吴则焰等（2013）筛选出的引物及其反应体系为基础，重新筛选引物并进行 PCR 反应扩增体系优化。反应体系总体积为 20μl，包括 1×PCR buffer，将 dNTPs（0.15～0.25mmol/L）、Mg$^{2+}$（1.00～2.00mmol/L）、引物（0.100～0.20μmol/L）、Taq DNA 聚合酶（1.00～2.00U）及模板 DNA（20～40ng），设置 5 因子 3 水平 L$_{18}$（3$^5$）正交设计试验（表 4-2），不足部分用超纯水补足。每个处理重复 3 次，进行验证。根据电泳带多少、清晰度及稳定性，确定水松 ISSR-PCR 最优反应体系。

表 4-2　正交试验

| 试验号 | 引物/（μmol/L） | $Taq$ 酶/U | $Mg^{2+}$/（mmol/L） | dNTPs/（mmol/L） | DNA/ng |
|---|---|---|---|---|---|
| 1 | 1（0.10） | 1（1.00） | 1（1.00） | 1（0.10） | 1（20） |
| 2 | 1 | 2（1.50） | 2（1.50） | 2（0.15） | 2（30） |
| 3 | 1 | 3（2.00） | 3（2.00） | 3（0.20） | 3（40） |
| 4 | 2（0.15） | 1 | 1 | 2 | 2 |
| 5 | 2 | 2 | 2 | 3 | 3 |
| 6 | 2 | 3 | 3 | 1 | 1 |
| 7 | 3（0.20） | 1 | 2 | 2 | 3 |
| 8 | 3 | 2 | 3 | 3 | 1 |
| 9 | 3 | 3 | 1 | 1 | 2 |
| 10 | 1 | 1 | 3 | 3 | 2 |
| 11 | 1 | 2 | 1 | 1 | 3 |
| 12 | 1 | 3 | 2 | 2 | 1 |
| 13 | 2 | 1 | 2 | 3 | 1 |
| 14 | 2 | 2 | 3 | 1 | 2 |
| 15 | 2 | 3 | 1 | 2 | 3 |
| 16 | 3 | 1 | 3 | 2 | 3 |
| 17 | 3 | 2 | 1 | 3 | 1 |
| 18 | 3 | 3 | 2 | 1 | 2 |

随机选择 3 个样本对 100 对引物进行 PCR 扩增，从中筛选出有产物、主带明显的引物。在此基础上，随机选用 14 个 DNA 样品对初筛得到的引物进行复选，筛选出多态性较好的引物。

退火温度 $T_m$ 值，根据引物序列计算其理论值。

$$T_m=4（G+C）+2（A+T）$$

式中，A、T、C、G 为各碱基的碱基数。

利用 ISSR 最佳反应体系和扩增程序，在（$T_m\pm6$）℃内，每隔 2℃为 1 个梯度，对每个引物的退火温度进行梯度 PCR 扩增。PCR 扩增产物，经 1.2%琼脂糖凝胶电泳后，凝胶成像系统拍照，从中选取扩增条带清晰、重复性好、多态性高的引物，用于水松种群遗传多样性分析。

4. 数据统计与分析

以 DNA ladder 作为分子质量标记，人工确定 PCR 扩增产物在琼脂糖凝胶上的对应位置。每个引物扩增片段，按分子质量大小顺序进行统计。由于 ISSR 标记是显性标记，扩增条带代表 1 个基因位点的基因型。相同迁移位置上条带有无分别计为"1"和"0"，构成二元 ISSR 分子标记数据矩阵。

采用 POPGENE version 1.31 软件（Yeh et al., 1999）估算。

（1）物种与种群多态性条带百分率（$P$）：

$$P=\frac{n_p}{n}$$

式中，$n_p$ 为物种或种群中 ISSR 扩增的多态条带数目；$n$ 为参试的样本量。多态条带是指扩增的条带（有或无）频率介于 0.01～0.99。

（2）种内（$I_{SP}$）和种群内（$I_{POP}$）Shannon's 信息指数：

$$I=-\sum p_i \ln p_i$$

式中，$p_i$ 为第 $i$ 个 ISSR 扩增片段的频率。

（3）种群间遗传多样性组分为所占比例为

$$\frac{I_{SP}-I_{POP}}{I_{SP}}$$

利用 ARLEQUIN3.1（http://cmpg.unibe.ch/software/arlequin3）软件包中的分子方差分析（AMOVA）软件计算种群内、种群间方差分量 $\sigma_b^2$、$\sigma_a^2$。

种群间遗传距离（$\Phi_{ST}$）：

$$\Phi_{ST}=\frac{\sigma_a^2}{\sigma_T^2}$$

式中，$\sigma_T^2$ 为物种内总的遗传变异量。

采用 Arlequin 3.11 软件包（Excoffier et al., 2005）中 AMOVA 软件计算种群内、种群间遗传方差分量 $\sigma_a^2$、$\sigma_b^2$，种群遗传分化系数 $\Phi_{ST}$，以及所有成对种群遗传分化系数 $\Phi_{ST}$。遗传方差分量和成对种群遗传分化系数的统计显著性均采用 1000 次置换评价。

为了检测参试的水松种群遗传结构，采用 STRUCTURE2.3.1 对所有 ISSR 标记数据进行 Bayesian 分析，推测合理组群数目及个体所在的组群。组群数目（$K$）设定为 2-14（参试种群的数目），假定位点都是独立的，按照程序中显性标记类型，采用非混合（no admixture）模型，将 Length of Burn Period 设为 10 000，MCMC（Markov Chain Monte Carlo）设为 10 000；评价 $K$ 值运行 20 次。依据每次测试过程中软件计算的后验概率 LnP（D）值计算 $\Delta K$ 值，绘制 $\Delta K$ 曲线图。按照 Evanno 等（2005）提出的依据 $\Delta LnP$（D）最大原则，推断最合理的组群数目 $K$。

采用 TFPGA 软件，基于 $\Phi_{ST}$ 对水松种群进行非加权平均配组（unweighted pair-group method with arithmetic-means，UPGMA）聚类分析，绘制种群间遗传关系树状聚类图，用靴带检验法（bootstrap）进行 5000 次重复运算，以评价 UPGMA 聚类图分支的支持率。

## 二、结果与分析

### （一）基因组 DNA 检测

提取的水松总基因组，经 1.0%琼脂糖凝胶电泳检测后的结果如图 4-2 所示，点样孔内无明显的亮斑，电泳条带清晰、无杂质、无拖尾，条带明亮。

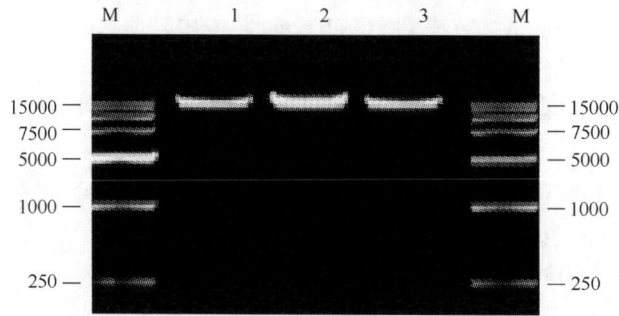

图 4-2　总 DNA 的凝胶电泳

提取的总 DNA 稀释 50 倍后，用 Eppendorf Biophotometer 核酸蛋白分析仪检测 260nm 和 280nm 处的吸光值（表 4-3）说明，基因组 DNA 的 $OD_{260}/OD_{280}$ 值为 1.72～1.94。

表 4-3　总 DNA 纯度和浓度

| 样品编号 | 1 | 2 | 3 | 4 | 5 | 6 |
|---|---|---|---|---|---|---|
| 纯度 $R$ 值 | 1.78 | 1.94 | 1.80 | 1.82 | 1.72 | 1.84 |
| 浓度/（μg/ml） | 531.4 | 1103.6 | 575.6 | 629.0 | 262.4 | 917.2 |

一般认为，$OD_{260}/OD_{280}$ 值介于 1.60～2.00，表明提取的 DNA 样本较纯，可以贮存备用；$OD_{260}/OD_{280}>2.00$，说明有酚或者蛋白质存在；若 $OD_{260}/OD_{280}<1.60$，说明有 RNA 存在（张维铭，2003）。由图 4-2 和表 4-3 可知，改良的 CTAB 法能较好地去除水松叶片 DNA 提取物中的蛋白质、酚类及多糖等杂质，提取的 DNA 纯度和浓度能满足后续的 ISSR-PCR 扩增反应的要求。

## （二）ISSR 反应体系优化及引物筛选

### 1. 正交设计

dNTPs、$Mg^{2+}$、引物、*Taq* DNA 聚合酶、模板 DNA 5 因素 3 水平 L18（$3^5$）正交设计试验结果见图 4-3。由图 4-3 可看出，16 个处理组均能扩增出特异性条带，其中 04、05、06、12 组合，扩增的条带清晰明亮，特异性丰富。由此，以组合 05 为作为水松 ISSR-PCR 的最优反应体系。即总体积 20μl 中，$Mg^{2+}$ 为 1.50mmol/L，基因组 DNA 模板为 40ng/20μl，dNTPs 为 0.20mmol/L，引物为 0.15μmol/L，*Taq* DNA 聚合酶为 1.50U。

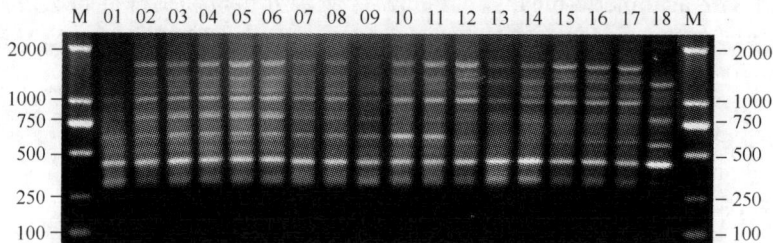

图 4-3　ISSR-PCR 正交实验电泳图谱

以引物 UBC811 $T_m$ 值（52℃）为中心，设置 6 个退火温度梯度：48℃、50℃、52℃、54℃、56℃、58℃进行 PCR 扩增。结果显示（图 4-4），引物 UBC811 在 52℃时，扩增出的条带多而亮，而低于或者高于 52℃，扩增效果都不佳。这表明，退火温度的高低也直接影响着本研究中 PCR 扩增反应的效果。观光木 ISSR 反应体系中引物 UBC854 最适宜的退火温度为 52℃。

为了验证优化后的体系是否适用于所采集的其他样本，以及退火温度的筛选方法是否适用于其他 UBC 引物，选用引物 U811，对部分水松样品进行 PCR 扩增，扩增结果如图 4-5 所示。由图 4-5 可知，扩增条带数多，清晰度高，适合用来分析多态性指数的高低，符合基于 ISSR 标记水松遗传多样性研究的要求。

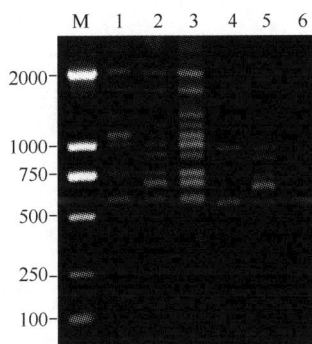

图 4-4　退火温度对 ISSR-PCR 影响

图中 1～6，分别表示退火温度为 48～58℃，每隔 2℃

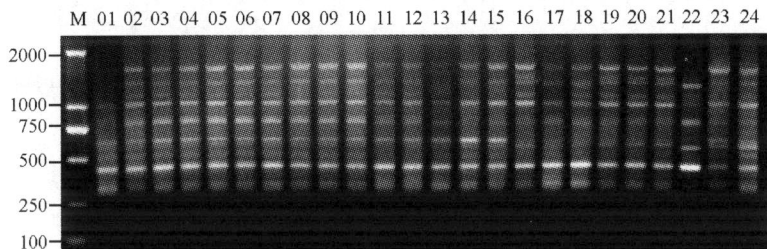

图 4-5　引物 811 对部分样本的 ISSR 扩增图谱

#### 2. ISSR 引物筛选

随机抽取 3 株水松叶片样本，根据各引物的理论退火温度，利用优化的反应体系，从 100 对 ISSR 随机引物中，初选和复选出 U811、U817、U835、U846、U857、U873 和 U880 等 7 对多态性强、重复性好的引物。

根据 7 对引物的理论退火温度（$T_m$），在每条引物理论退火温度的 ±6℃范围内，每隔 2℃设 1 个梯度，对每条引物的退火温度进行梯度 PCR 扩增的单因子试验，以确定最佳退火温度。筛选的结果见表 4-4。扩增产物的结果表明，水松 ISSR-PCR 扩增产物的分子质量大多为 250～2000bp。

表 4-4　引物序列及退火温度

| 引物 | 序列 | $T_m$/℃ | 退火温度/℃ | 总条带数 | 多态性条带 | 多态性条带百分比/% |
|------|------|------|------|------|------|------|
| UBC811 | (GA)$_8$C | 52 | 52 | 11 | 4 | 45.45 |
| UBC817 | (GA)$_8$A | 50 | 51 | 10 | 4 | 40.00 |
| UBC835 | (AG)$_8$R | 50～52 | 53 | 8 | 3 | 37.50 |
| UBC846 | (CA)$_8$RT | 52～54 | 52 | 12 | 5 | 31.66 |
| UBC857 | (AC)$_8$YG | 54～56 | 54 | 7 | 3 | 42.85 |

续表

| 引物 | 序列 | $T_m/℃$ | 退火温度/℃ | 总条带数 | 多态性条带 | 多态性条带百分比/% |
|---|---|---|---|---|---|---|
| UBC873 | (GACA)₄ | 48 | 47 | 12 | 4 | 41.66 |
| UBC880 | (GGAGA)₃ | 48 | 49 | 8 | 3 | 37.50 |
| 平均 | | | | 9.71 | 3.71 | 38.21 |
| 总计 | | | | 68 | 26 | 38.26 |

注：R=(A, G), Y=(C, T), TM=4(G+C)+2(A+T)。

## （三）水松种群遗传多样性

7 条 ISSR 引物对 14 个水松古老种群 186 株个体进行 ISSR-PCR 扩增的结果（表 4-4）表明，共扩增出 68 个可重复的、清晰的条带。其中，引物 UBC843、U873 扩增出 12 条带，引物 UBC811 扩增出 11 条带，引物 UBC817 扩增出 10 条带，引物 UBC835、UBC880 扩增出 8 条带，引物 UBC857 扩增出 7 条带，每条引物扩增出条带数为 7~12 条，平均为 9.71 条；多态性条带百分比为 31.66%~45.45%，平均每条引物多态性条带百分比为 38.21%。

基于 7 条 ISSR 引物扩增得到的条带数据，检测出各种群多态性条带数及多态性条带百分率的结果见表 4-5。由表 4-5 可知，物种水平上，多态性条带百分率（$P_S$）和 Shannon's 信息指数（$I_S$）分别为 38.26%、0.3969，种群多态条带百分率（$P_P$）和 Shannon's 信息指数（PPB）分别为 7.35%~25.00%、0.0993~0.2477，种群平均多态性条带百分率和 Shannon's 信息指数分别为 19.13%、0.2040。其中，福建屏南（PN）种群遗传多样性最高（$P_P$=23.53%，$I_P$=0.2477），江西贵溪（GX）种群遗传多样性次之（$P_P$=25.00%，$I_P$=0.2304），福建三明（SM）种群遗传多样性位居第三（$P_P$=22.06%，$I_P$=0.2141），广东韶关种群遗传多态性最低（$P_P$=7.35%，$I_P$=0.0993）。

### 表 4-5　水松种群遗传多样性

| 种群 | Shannon's 信息指数 | | | | | | | | $P$/% |
|---|---|---|---|---|---|---|---|---|---|
| | 811 | 817 | 835 | 846 | 857 | 873 | 880 | 平均 | |
| SM | 0.2213 | 0.2104 | 0.2199 | 0.2102 | 0.2028 | 0.2147 | 0.2196 | 0.2141 | 22.06 |
| PN | 0.2425 | 0.2546 | 0.2553 | 0.2464 | 0.2541 | 0.2286 | 0.2524 | 0.2477 | 23.53 |
| XY | 0.1968 | 0.2014 | 0.1843 | 0.1887 | 0.1956 | 0.1995 | 0.2149 | 0.1973 | 19.11 |
| YC | 0.2118 | 0.215 | 0.1959 | 0.1952 | 0.217 | 0.2141 | 0.1945 | 0.2062 | 17.64 |
| YT | 0.1992 | 0.2128 | 0.2016 | 0.1903 | 0.2016 | 0.1909 | 0.1883 | 0.1978 | 20.59 |
| DH | 0.1915 | 0.1826 | 0.1788 | 0.1946 | 0.1968 | 0.1821 | 0.1916 | 0.1883 | 14.71 |
| PC | 0.1904 | 0.1885 | 0.2042 | 0.1431 | 0.1892 | 0.1956 | 0.2143 | 0.1893 | 13.23 |
| ZN | 0.1926 | 0.1961 | 0.2102 | 0.1923 | 0.1881 | 0.2168 | 0.1917 | 0.1983 | 16.18 |
| ZL | 0.2006 | 0.2134 | 0.2014 | 0.1812 | 0.1958 | 0.2033 | 0.1996 | 0.1993 | 17.64 |
| YJ | 0.1983 | 0.2014 | 0.2064 | 0.1929 | 0.2004 | 0.1983 | 0.2003 | 0.1997 | 16.60 |

续表

| 种群 | Shannon's 信息指数 | | | | | | | | P/% |
|---|---|---|---|---|---|---|---|---|---|
| | 811 | 817 | 835 | 846 | 857 | 873 | 880 | 平均 | |
| GX | 0.2412 | 0.2348 | 0.2376 | 0.2148 | 0.2216 | 0.2382 | 0.2246 | 0.2304 | 25.00 |
| YX | 0.1692 | 0.1621 | 0.1540 | 0.1308 | 0.1828 | 0.1248 | 0.1627 | 0.1552 | 17.64 |
| SG | 0.1026 | 0.1021 | 0.1006 | 0.0984 | 0.091 | 0.0994 | 0.1011 | 0.0993 | 7.35 |
| YY | 0.2036 | 0.1982 | 0.1949 | 0.2106 | 0.2148 | 0.2172 | 0.204 | 0.2062 | 20.59 |
| 平均 | 0.2062 | 0.2073 | 0.2052 | 0.1948 | 0.2041 | 0.2038 | 0.2066 | 0.2040 | 19.13 |
| 物种 | 0.4174 | 0.4102 | 0.4027 | 0.3628 | 0.4026 | 0.3864 | 0.3965 | 0.3969 | 38.26 |

由表 5-5 可知，水松物种水平上，Shannon's 信息指数（$I_S$）为 0.3969，种群水平 Shannon's 信息指数（$I_P$）平均为 0.2040，因此，种群间遗传多样性组分为所占比例为

$$\frac{I_S - I_P}{I_S} = \frac{0.3969 - 0.2040}{0.3969} = 0.4860$$

## （四）水松种群遗传分化

AMOVA 分析结果表明（表 4-6），水松古老种群间遗传分化系数 $\Phi_{ST} = 0.3779$（$P < 0.001$）。这说明，参试的 14 个水松古老种群间遗传变异占总变异 37.79%，种群内遗传变异占总变异 62.21%。一般认为（Freeland，2005；徐刚标，2009），种群遗传分化系数小于 0.05，种群间遗传分化很小；介于 0.06～0.15，种群间存在中等程度遗传分化；大于 0.16，种群间遗传分化明显；大于 0.25，遗传分化很大。由此可见，水松古老种群间存在很大的遗传分化。

**表 4-6　水松古老种群分子方差分析**

| 变异来源 | 自由度 | 均方和 | 方差组分 | 变异百分比/% | P 值 |
|---|---|---|---|---|---|
| 种群间 | 13 | 380.1028 | 2.4682 | 37.79 | <0.001 |
| 种群内 | 154 | 625.6069 | 4.0624 | 62.21 | <0.001 |
| 总和 | 167 | 1005.7124 | 6.5306 | | |

$\Phi_{ST} = 0.3779$

由 STRUCTURE2.3.1 软件中 Bayesian 分析结果表明，当 $K = 3$ 时，$\Delta K$ 散点曲线出现最大值。根据 Evanno 等（2005）提出的 $\Delta K$ 方法推断，$\Delta K$ 散点曲线出现最大值为最适的组群数。由此可见，所有参试的 168 株水松个体最合理的组群数为 3（图 4-6）。

基于 STRUCTURE2.3.1 软件分析获得的 186 株个体归 3 组不同组群的比例，绘制水松不同个体的遗传结构图，结果如图 4-7 所示。图 4-7 中，纵坐标 Q 值表示不同的植株归属不同组群的比例，灰色（组群Ⅰ）、白色（组群Ⅱ）、黑色（组群Ⅲ）分别代表组群的趋向，每株个体在 3 种色条中最长色条的颜色决定了其所属的组群。图 4-7 显示，组群Ⅰ（灰色）由福建三明（SM）、屏南（PN）、仙游（XY）、永春（YC）、周宁（ZN）、永泰（YT）、德化（DH）、浦城（PC）全部、长乐（ZL）全部个体及弋阳（YY）部分个

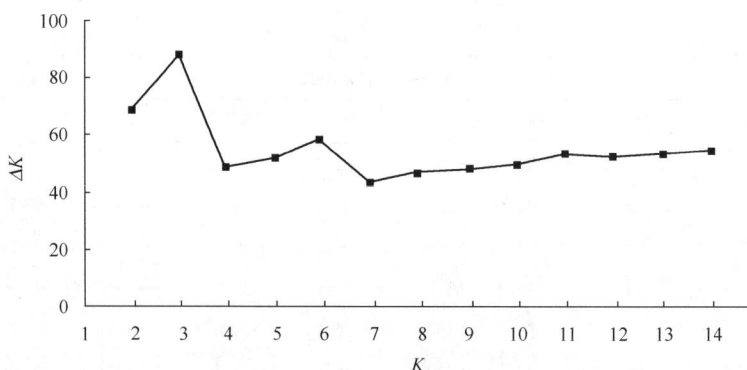

图 4-6　ΔK 值随组群数（K）变化

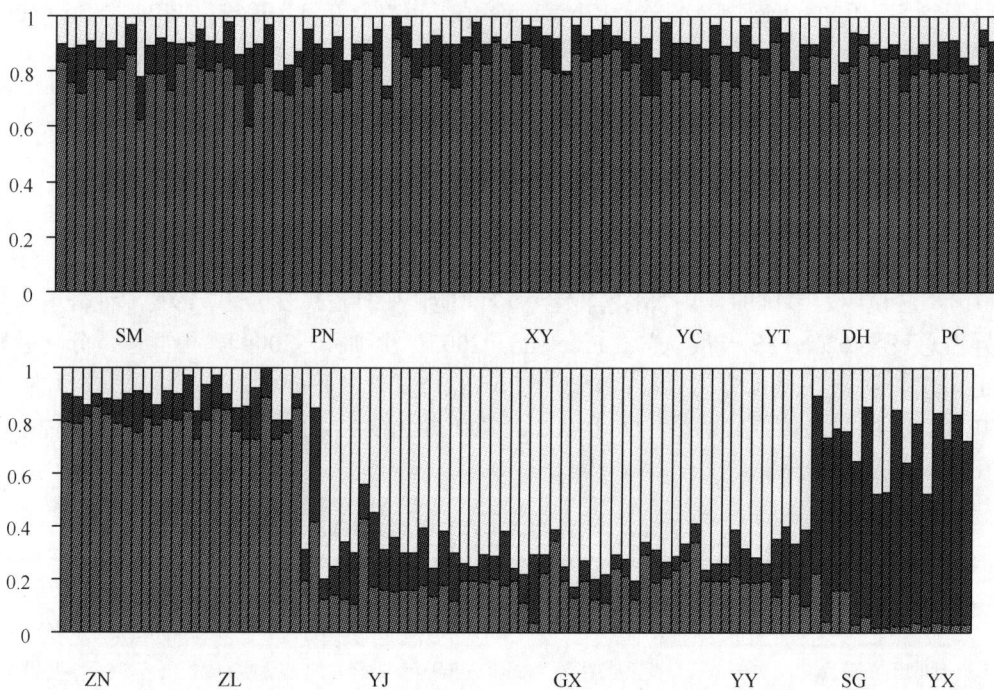

图 4-7　水松种群个体遗传结构

体组成；组群Ⅱ（白色）由江西余江（YJ）、贵溪（GX）全部个体及弋阳（YY）部分个体组成；组群Ⅲ（黑色）由湖南永兴（YX）全部个体及广东韶关（SG）部分个体组成。参照"Q 值＞0.6 视为谱系相对单一"的标准（刘丽华等，2009），发现 182 株（97.85%）在某一组群中 Q 值＞0.6，推测其谱系相对单一，可划分到相应的组群中；其余的 4 株个体（弋阳种群 2 株，韶关种群 2 株）在任何组群中 Q 值都≤0.6，其谱系比较复杂。

AMOVA 计算的成对种群间遗传分化系数（$\Phi_{ST}$）为 0.1264～0.6611，种群间遗传分化达到显著水平（$P<0.05$），表明水松种群间存在较近的亲缘关系。其中，广东韶关与福建仙游种群遗传分化系数（$\Phi_{ST}=0.9626$）最大，说明这两个种群在遗传结构上产生较大的遗传分化；福建仙游与三明种群之间遗传分化系数最小（$\Phi_{ST}=0.1264$），亲缘关系最近，这暗示着它们之间存在一定的基因流，也可能古老种群来源于同一源种群。地理

水平距离上,福建三明与广东韶关种群最远(618km),江西贵溪与弋阳种群最近(36km)。

Mantel 相关性矩阵检验表明,水松古老种群间的遗传距离 $\Phi_{ST}$ 与地理距离之间正相关在统计学上意义($r=0.7656$,$p=0.0214$)。

利用 TFPGA 软件,基于成对种群间遗传分化系数($\Phi_{ST}$)进行 UPGMA 聚类,结果(图 4-8)显示,14 个水松古老种群可分为 2 类组群。组群 I 中,福建仙游(XY)与三明(SM)种群以 42%可信度聚在一起,再与永春(YC)种群,以 36%可信度聚为 $I_1$ 子亚类;福建永泰(YT)与周宁(ZL)种群,以 62%可信度聚在一起,再与屏南(PN)种群 29%可信度聚成 $I_2$ 子亚类;2 个子亚类以 59%可信度聚为 $I_1$ 亚类。福建德化(DH)与蒲城(PC)种群,聚为 $I_2$ 亚类,可信度为 66%。 $I_1$ 亚类与 $I_2$ 亚类聚成组群 I,可信度为 38%。

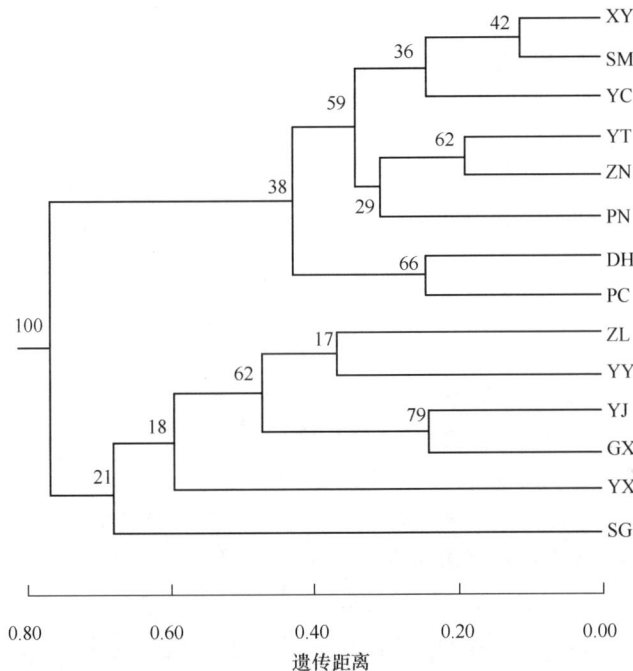

图 4-8　基于遗传距离($\Phi_{ST}$)的 UPGMA 聚类图

组群 II 中,福建长乐(ZL)与江西弋阳(YY)种群以先可信度 17%,聚为 $II_1$ 亚类;江西余江(YJ)与贵溪(GX)种群以可信度 79%,聚为 $II_2$ 亚类。2 个亚类聚成 II 子亚类,可信度为 62%。再与湖南永兴(YX)种群聚在一起,可信度为 18%。然后,与广东韶关(SG)种群聚成 II 类群,可信度为 21%。

## 三、讨论

### (一)水松 ISSR-PCR 扩增体系优化

ISSR 是 Zietkeiwitcz 等(1994)根据生物体中广泛存在 SSR 的特点,在 SSR 序列的 3′端或 5′端加上 2~4 个随机核苷酸作为引物,引物引起特定位点退火,导致与锚定引物互补的间隔不太大的重复序列间 DNA 片段进行 PCR 扩增。与 SSR 标记相比,ISSR

引物可以在不同的物种间通用，不像 SSR 标记一样具有较强的物种特异性；与 RAPD 和 RFLP 相比，ISSR 揭示的多态性较高，可获得几倍于 RAPD 的信息量，精确度几乎可与 RFLP 相媲美，检测非常方便，因而是一种非常有发展前途的分子标记。目前，ISSR 标记已广泛应用于植物品种鉴定、遗传作图、基因定位、遗传多样性、进化及分子生态学研究中（王建波，2002）。

ISSR-PCR 扩增反应受到 $Mg^{2+}$、dNTPs、引物浓度，以及模板 DNA、$Taq$ DNA 聚合酶用量等因素的交互作用影响，而且不同厂家，甚至同一厂家不同批次的酶，其活力都存在着差异。因此，为了减少实验误差，要严格地控制各反应因素，需要一定时间进行摸索（张春平等，2009；姜静等，2003）。本研究中采用文献（Li and Xia，2005；吴则焰等，2010，2011，2012）中 ISSR-PCR 扩增体系及其引物，并没有获得满意的效果，也证实了这点。

ISSR-PCR 扩增反应中，$Mg^{2+}$ 是 $Taq$ DNA 聚合酶的激活剂，浓度过低降低 $Taq$ 酶活力，过高导致 $Taq$ 酶催化非特异扩增；dNTPs 是 PCR 扩增反应的底物，浓度过低影响扩增效率，过高降低 $Taq$ 酶活性；引物是 PCR 特异性反应的关键，浓度过低扩增产物量少，过高促进非特异性扩增并增加引物二聚体的形成；模板是待扩增序列的核酸，浓度过低减少目的序列的扩增量，过高增加非特异性扩增产物；$Taq$ 酶是 PCR 反应中的催化剂，用量过少靶序列产量将降低，过多导致非特异产物增加（姜静等，2003；张春平等，2009；吴国林等，2014）。

正交试验设计是针对多因素、多水平的试验设计，从中挑选出部分有代表性的点进行试验，具有高效率、快速、经济特点，能分析各因素水平组合的交互作用，使试验结果简便、科学。本研究通过正交试验设计优化影响 SSR-PCR 反应体系各因素水平，建立了一套适用于水松的最佳 ISSR-PCR 扩增反应体系。

退火温度是影响 ISSR 引物与模板特异性结合，不同引物因其碱基序列不同，退火温度不同。在 PCR 反应中，过低的温度在保证模板与引物结合的同时，也使得模板与引物之间未完全配对的位点得到扩增，背景模糊，导致非特异的 DNA 片段扩增，特异性差；退火温度太高，引物不能与模板很好地结合，减少非特异性产物的生成，甚至得不到扩增条带。本研究通过 6 个温度梯度的重复试验，获得了各 ISSR 引物的适宜退火温度。

## （二）水松种群遗传多样性

本研究基于 ISSR 标记揭示的水松物种和种群水平多态条带百分率分别为 38.26% 和 19.13%，物种和种群水平 Shannon's 信息指数分别为 0.3969 和 0.2040，与 Li 和 Xia（2005）研究结果（$PPB_{SP}$=24.7%，$PPB_{POP}$=10.2%，$I_{SP}$=0.5254）基本一致，但在种群水平上，吴则焰等（2011）研究结果（$PPB_{SP}$=38.95%，$PPB_{POP}$=33.57%，$I_{POP}$=0.1962）要高得多，这可能是 ISSR 引物种类不同所致。相似的结果在濒危植物水杉（PPB=38.6%，$I$=0.1923，李晓东等，2003）、银杉 *Cathaya argyroplla*（PPB=32%，汪小全等，1996）也曾报道，但比柏科中资源冷杉 *Abies ziyuanensis*（PPB=52.4%，苏何玲和唐绍清，2007）、元宝山冷杉 *Abies yuanbaoshanensis*（PPB=50.96%，$I$=0.1735，王燕等，2004）要低。这表明，珍稀濒危树种水松遗传多样性很低，特别是种群遗传多样性更低。

Li 和 Xia（2005）及吴则焰等（2011）都认为，水松遗传多样性水平低，可能是第四纪冰期气候变化及近代人为活动引起种群片断化的结果。冰川期极端寒冷的气候条件导致水松种群数量大为减少及由此造成的"遗传瓶颈"直接影响了现代水松基因库的规模。第四纪冰川使得原来广布于北半球的水松分布区急剧缩小，大量的水松因为不能抵御冰川的作用而灭绝，一部分抗性较强的水松被迫南移到我国长江流域以南、越南、老挝少数几个受冰期影响较小的"避难所"中残存下来。由于水松自然更新能力极差，对环境条件要求严格，以及近代人为活动引起生境碎片化，这些残遗的种群遗传多样性很低。吴则焰等（2011）进一步指出，由于人类活动和森林片断化，水松生境隔离现象十分突出，个体多呈零星分布，种群规模日益减小，加剧了小群体遗传漂变和近交作用，近交衰退和杂合度的降低造成水松种群内遗传多样性下降。

据本研究实地考察，Li 和 Xia（2005）研究的 14 个水松种群中，至少广东 4 个种群（2 个斗门、1 个曲江、1 个广州种群）、江西南昌种群及湖南郴州种群是 20 世纪七八十年代人工种植的水松林，尽管其来源没有记录。以此作为天然种群进行分析，是不可靠的。如果现存的水松古老种群为天然林，由于水松具有寿命长、风媒传粉、种子细小扁平且具长翅，风力传播种子的特点，理论上，水松种群应具有较高的遗传多样性。但是，本研究及 Li 和 Xia（2005）研究都表明，水松种群遗传多样性很低，因此，本研究认为，这些古老种群或散生木可能是古代的当地居民、僧人出于爱好栽植的。这些小规模林分或散生木可能仅来源于少数几株母树，没有包含源种群的全部遗传变异，因此，现存的这些水松古老种群遗传多样性很低。有资料表明，天然林已不可见，现存的水松林都为人工林（徐祥浩和黎敏萍，1959）。

与 Li 和 Xia（2005）研究结果不同的是，种群遗传多样性与其种群统计大小关联不大，而与种群分布的面积呈较弱的正相关。为了证实种群遗传多样性与种群统计大小关系，本研究采集广州市增城区相距很远的两株水松母树种子，各培育 201 株苗木，检测其遗传多样性，结果表明，单株来源的苗木低于广东韶关种群遗传多样性（PPB 分别为 4.11%、5.88%），但二株苗木组成的种群比广东韶关种群遗传多样性略高（PPB=8.824）。据此，本研究推测，现存小面积的水松林可能来源于单株或少数几株母树，而地理相距较远的村庄散生的水松可能来源于不同母树的后代。

## （三）水松种群遗传结构

种群遗传结构反映出基因型、等位基因频率在空间和时间上分布格局，是探讨物种对环境适应性及其进化机制的基础，也是保护遗传学研究的核心内容。本研究表明，水松古老种群在总的遗传变异中有 37.58% 的变异发生在种群间，种群内遗传变异占总遗传变异的 62.42%，说明水松遗传变异主要发生在种群间。相似的结果也通过 Shannon's 信息指数（$D$=52.54%）得到证实。

植物种群遗传结构是由物种交配系统、生活史、分布区大小、群落特征等因素共同作用的结果。珍稀濒危植物遗传多样性低而种群遗传分化明显的特征，一般解释为小种群遗传漂移、近期人工活动引起的生境片断化，以及种群间基因隔离的结果。但是，现存的水松古老林分为人工林，种群间存在显著的遗传分化，可能是由于遗传抽样造成的奠基者效应引起的。

STRUCTURE 分析(图 4-7)揭示参试的 168 株水松植株样本分为 3 个组群,但 UPGMA 聚类结果为 2 个组群。STRUCTURE 分析中,组群 2 和组群 3 在 UPGMA 聚类分析中也聚在一起;但 STRUCTURE 分析中,组群 1 包含的种群,在 UPGMA 聚类分析中却没有聚在一起。同一组材料采用不同的方法分析种群遗传结构的结果不一致现象有许多报道 (Yoon et al.,2012;Banerjee et al.,2012;Souza et al.,2013)。这可能是现实植物种群不是理想种群,偏离 Hardy-Weiberg 平衡。UPGMA 聚类是事先没有假定种群结构,仅基于个体间遗传距离和树结构算法,根据亲缘关系远近,以树结构形式大体联结在一起;而 STRUCTURE 分析是假定种群处于 Hardy-Weiberg 平衡及连锁不平衡(Evanno et al.,2005)。

与 Li 和 Xia(2005)的结果相似,而与吴则焰等(2011)的结论不同,本研究的 Mantel 相关性矩阵检验证实,水松古老种群遗传距离与地理距离相关性没有统计学意义。如果这些现存的古老种群是古人就近采种育苗或移植的,就很好解释。由于采种的随机性,种群间遗传距离与地理距离不相关。

（四）水松遗传资源保护

物种遗传多样性水平在一定程度上体现着物种适应环境的能力,反映出物种适应性进化的水平,也为其现状和保护价值的评估及迁地保护提供非常重要的信息。物种、种群遗传多样性保存是保护濒危物种的主要目的之一（Reis and Grattapaglia,2004）。通过对濒危物种的种群遗传结构分析可以获得种群遗传多样性、遗传变异分布式样等方面的重要数据,对实现物种的有效管理和制定合理的保护策略有重要的参考价值。

水松古老种群数量少,多数零星散布,集中连片的种群极为罕见,自然更新极为困难,严重影响其生存和发展。目前,水松古老种群主要是依靠当地村民的自觉保护,但效果不很理想。例如,江西省上饶市弋阳县庙脚村古老的水松小片纯林,据介绍,20 世纪 80 年代有 17 株。2010 年调查时,还有 15 株,但现在有两株枯死,仅存 13 株。因此,建议尽快对集中分布的小片水松林,建立自然保护小区,加强科学研究,减少其死亡率。

迁地保护是极小种群回归的重要手段。为了提高水松种群遗传多样性,加速种群间基因流,开展水松迁地回归工作,刻不容缓。目前,全国各地盲目种植水松,现代栽培的水松人工林大多数不能自然更新。因此,应进一步加强水松的引种驯化和人工繁殖技术研究,这不仅能缓解水松古老种群由于自身繁殖能力不足造成对其生存的威胁,而且可以确保迁地回归人工林开花结实,可持续生存繁殖。

# 第三节　基于叶绿体标记的水松遗传多样性

## 一、材料与方法

（一）材料

水松实验材料同本章第二节中材料。

cp-DNA 非编码序列通用引物序列信息,来源于文献（Hamilton,1999;Löhne and

Borsch，2005；Shaw，2005，2007），由华大基因公司合成。

### （二）研究方法

#### 1. cp-DNA 体系优化与引物筛选

参考 Shaw（2005，2007），cp-DNA 非编码序列通用引物 PCR 扩增的初始反应体系（20μl）为：50ng 模板 DNA，10×PCR buffer，0.1μmol/L 引物，3.0mmol/L MgCl$_2$，0.2mmol/L dNTPs，1U *Taq* DNA 聚合酶。

PCR 反应程序为：80℃预变性 5min；95℃变性 1min，退火 1min，72℃延伸 1min，共 30 个循环；最后 72℃延伸 7min，4℃保存。

在此基础上，以 *psbA-trnH* 引物进行 4 因素 4 水平正交试验（表 4-7）。

**表 4-7　PCR 正交设计**

| 试验号 | Mg$^{2+}$/（mmol/L） | dNTPs/（mmol/L） | *Taq* DNA 聚合酶/U | 引物/（μmol/L） |
| --- | --- | --- | --- | --- |
| 1 | 1.0 | 0.15 | 0.8 | 0.2 |
| 2 | 1.0 | 0.2 | 1.0 | 0.3 |
| 3 | 1.0 | 0.25 | 1.2 | 0.4 |
| 4 | 1.0 | 0.3 | 1.4 | 0.5 |
| 5 | 1.5 | 0.15 | 1.0 | 0.4 |
| 6 | 1.5 | 0.2 | 0.8 | 0.5 |
| 7 | 1.5 | 0.25 | 1.4 | 0.2 |
| 8 | 1.5 | 0.3 | 1.2 | 0.4 |
| 9 | 2.0 | 0.15 | 1.2 | 0.5 |
| 10 | 2.0 | 0.2 | 1.4 | 0.4 |
| 11 | 2.0 | 0.25 | 0.8 | 0.3 |
| 12 | 2.0 | 0.3 | 1.0 | 0.2 |
| 13 | 2.5 | 0.15 | 1.4 | 0.3 |
| 14 | 2.5 | 0.2 | 1.2 | 0.2 |
| 15 | 2.5 | 0.25 | 1.0 | 0.5 |
| 16 | 2.5 | 0.3 | 0.8 | 0.4 |

PCR 扩增产物采用 1.5%琼脂糖凝胶电泳检测。电泳缓冲液为 1×TAE，电压 5V/cm。在 G-BOX 紫外凝胶成像系统拍照记录。

利用优化的 cpDNA 非编码序列 PCR 扩增反应体系，从每个种群中各取 1 株共 14 株样本，对文献中 cpDNA 非编码序列通用引物进行 PCR 扩增，筛选出条带清晰且有特异性条带的通用 cpDNA 非编码序列引物，以引物的序列信息计算理论退火温度（$T_m$），并以理论值为中心，设置梯度为 1℃的 6 个退火温度，确定引物的最佳退火温度。

PCR 扩增产物的纯化及序列测定由北京华大基因公司武汉分公司完成。

#### 2. 分子数据分析

采用 Chromas 软件观察 DNA 序列图谱，利用 DNAman 软件查看 DNA 碱基序列，使用 Vector NTI 软件（Lu and Moriyama，2004）对 DNA 序列进行拼接。采用 MEGA5.0

软件（Tamura et al.，2011）进行 DNA 序列比对，不准确的位点通过对比原始序列图谱进行适当地手工校正。利用软件 PAUP beta ver 4.0 将几条 cpDNA 序列片段进行合并，得到最终的序列矩阵，以 FATA 格式保存。采用 DnaSP version 5.10 程序（Librado and Rozas，2009）统计序列变异位点、cpDNA 单倍型数目（$n$）、单倍型多样性（$H_d$）和核苷酸多样度（$\pi$）、种群平均遗传多样性（$H_S$）和总遗传多样性（$H_T$）、种群间遗传分化系数 $G_{ST}$ 和 $N_{ST}$ 值、中性检测统计值 Tajima's $D$（Tajima，1989）及 Fu and Li's $D$（Fu and Li，1993）。

采用 Arlequin 3.11 软件包中 AMOVA 分析程序计算种群间、种群内遗传变异比例，进一步检验种群间的分化程度（1000 次置换检验）。

## 二、结果与分析

### （一）cpDNA-PCR 反应体系优化及引物筛选

采用 4 因素 4 水平的正交试验的结果如图 4-9 所示。7、10、12 和 15 组合的 PCR 扩增条带清晰明亮。因此，最终以组合 15 为水松 cpDNA 非编码序列 PCR 最佳反应体系（20μl）：50ng 模板 DNA、1×PCR buffer、引物各 0.50μmol/L、2.5mmol/L MgCl₂、0.25mmol/L dNTPs、1U *Taq* DNA 聚合酶。

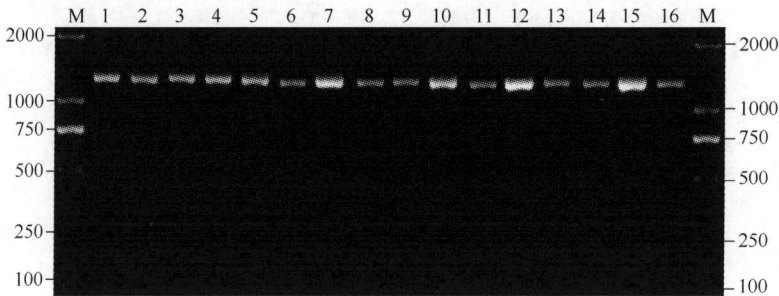

图 4-9　cpDNA 扩增的正交试验结果
M 为 D2000 DNA marker

基于正交试验结果，对文献（Hamilton，1999；Shaw，2005，2007；Löhne and Borsch，2005）中 18 对通用 cpDNA 基因间隔序列或内含子引物（*trnK* 内含子 3914-2R、*petD*、*rpcL*、*rpl32-trnL*、*trnQ-5′rps16*、*3′trnV-ndhC*、*ndhF-rpl32*、*psbD-trnT*、*psbJ-petA*、*3′rps16- 5′trnK*、*atpI-atpH*、*petL-psbE*、*trnH*$^{GVG}$*-psbA*、*trnC*$^{GCA}$*-rpoB*、*trnD*$^{GUC}$*-trnT*$^{GGU}$、*psbA-trnH*、*trnV-trnM*、*trnS*$^{GCU}$*-trnG*$^{UUC}$），进行筛选。筛选出 PCR 扩增产物单一、清晰、明亮、稳定的 5 对引物（表 4-8），其余 13 对引物无扩增条带或扩增出的条带模糊无法辨别，以及扩增出不完全的条带。

表 4-8　筛选的 5 对引物

| 引物 | 序列（5′→3′） | 退火温度/℃ | 片段长度/bp |
|---|---|---|---|
| *psbA-trnH* | *psbA*: GTTATGCATGAACGTAATGCTC | 53 | 900～1000 |
| | *trnH*: CGCGCATGGTGGATTCACATTCC | | |
| *3′rps16-5′trnK* | *rps16x2F2*: AAAGTGGGTTTTTATGATCC | 54 | 750～850 |
| | *trnK*$^{UUU}$*x1*: TTAAAAGCCGAGTACTCTACC | | |

| 引物 | 序列（5′→3′） | 退火温度/℃ | 片段长度/bp |
|---|---|---|---|
| *atpI-atpH* | atpI: TATTTACAAGYGGTATTCAAGCT<br>atpH: CCAAYCCAGCAGCAATAAC | 55 | 1050～1100 |
| *petL-psbE* | petL: AGTAGAAAACCGAAATAACTAGTTA<br>psbE: TATCGAATACTGGTAATAATATCAGC | 56 | 1100～1200 |
| *trnH^GUG-psbA* | trnH^GUG: CGCGCATGGTGGATTCACAATCC<br>psbA: GTTATGCATGAACGTAATGCTC | 56 | 470～500 |

## （二）水松种群遗传多样性

对水松 14 个群体 186 株个体 cpDNA 非编码序列片段 *psbA-trnH*、*3′rps16-5′trnK*、*atpI-atpH*、*petL-psbE* 和 *trnH^GUG-psbA* 序列进行 PCR 扩增，扩增产物送至华大基因公司测序的结果发现，所有个体的 *petL-psbE* 引物扩增产物的序列片断完全一样，其他 4 种引物扩增产物的测序结果有差异。这表明，水松叶绿体 *petL-psbE* 序列较其他序列更为保守，为此，分析中删除这一没有多样性及发育信息的标记。

cpDNA 测序结果分析发现，*psbA-trnH* 片段序列长度为 900～1000bp，169bp 处有 1 个碱基颠换（C→A），324bp 处有 1 碱基转换（C→T）；位于 527～531bp 处发生插入/缺失 4bp。*3′rps16-5′trnK* 片段序列长度为 750～850bp，254bp 处有点突变（C→T），754～758bp 处发生插入/缺失 5bp。*atpI-atpH* 片段序列长度为 1050～1100bp，361bp 处有点突变（G→T），614～622bp 处发生插入/缺失 8bp。*trnH^GUG-psbA* 片段序列长度为 1100～1200bp，在 425 处发生点突变（A→T），在 223～224bp 处插入/缺失 2bp，在 364～367bp 处插入/缺失 3bp。4 个 cpDNA 序列片段串联起来，序列总长度为 2812bp，共检测到 12 个变异位点，10 个分离位点数，4 种单倍型（表 4-9）。

**表 4-9　水松叶绿体 DNA 单倍型序列变异位点**

| 单倍型 | *psbA-trnH* | | | *3′rps16-5′trnK* | | *atpI-atpH* | | *trnH^GUG-psbA* | | |
|---|---|---|---|---|---|---|---|---|---|---|
| | 169 | 324 | 527 | 254 | 754 | 361 | 614 | 425 | 223 | 364 |
| HapA | C | C | ATCA | C | ACAAC | G | AATATACA | A | GC | AGC |
| HapB | C | T | ATCA | C | ACAAC | G | AATATACA | A | GC | AGC |
| HapC | A | T | — | T | | T | | T | | — |
| HapD | A | C | — | T | ACAAC | T | | T | | — |

注："—"表示缺失。

DNASP5.0 软件分析表明，4 种 cpDNA 单倍型频率分别是：HapA＝0.817、HapB＝0.097、HapC＝0.0753、HapD＝0.016，其中单倍型 HapA 频率最高，且为所有种群共有。单倍型 HapB 分布于福建仙游（XY）、德化（DH）、浦城（PC）和长乐（ZL）种群，单倍型 HapC 分布于福建三明（SM）、永春（YC）、周宁（ZN）及江西贵溪（GX）种群，单倍型 HapD 在福建屏南（PN）、永泰（YT）种群中发现，而广东韶关（SG）、湖南永兴（YX）及江西余江（YJ）、弋阳（YY）仅有单倍型 A（表 4-10）。

**表 4-10　叶绿体 DNA 单倍型频率及单倍型多样性**

| 种群 | 样本数 | 单倍型个体数/频率 | | | | $H_d$ | $\pi/10^{-33}$ |
|---|---|---|---|---|---|---|---|
| | | A | B | C | D | | |
| SM | 16 | 13/0.5625 | | 3/0.4375 | | 0.3187 | 0.131 |
| PN | 24 | 12/0.5833 | | | 2/0.3750 | 0.3798 | 0.189 |
| XY | 20 | 11/0.550 | 9/0.4500 | | | 0.4050 | 0.091 |
| YC | 10 | 8/0.6000 | | 2/0.4000 | | 0.4180 | 0.092 |
| YT | 6 | 5/0.8333 | | | 1/0.1667 | 0.2778 | 0.065 |
| DH | 10 | 8/0.8000 | 2/0.3000 | | | 0.3120 | 0.715 |
| PC | 9 | 6/0.6667 | 3/0.3333 | | | 0.4144 | 0.089 |
| ZN | 9 | 7/0.7778 | | 2/0.2222 | | 0.3455 | 0.081 |
| ZL | 16 | 12/0.7500 | 4/0.2500 | | | 0.3246 | 0.912 |
| YJ | 12 | 12/1.0000 | | | | 0.0000 | 0.000 |
| GX | 25 | 20/0.8000 | | 5/0.2000 | | 0.3128 | 0.106 |
| YX | 13 | 13/1.0000 | | | | 0.000 | 0.00 |
| SG | 9 | 6/1.0000 | | | | 0.00 | 0.00 |
| YY | 7 | 7/1.0000 | | | | 0.00 | 0.00 |
| 总体 | 186 | 152/0.817 | 18/0.097 | 14/0.075 | 3/0.016 | 0.4242 | 0.212 |

## （三）水松种群遗传分化

DnaSP version 5.10 程序分析结果显示，水松总的遗传多样性（$H_T$）为 0.3011，种群平均遗传多样性（$H_S$）为 0.156 36。种群间遗传分化系数 $N_{ST}$（0.672 80）小于 $G_{ST}$（0.372 75）。

分子变异分析结果表明（表 4-11），小松种群遗传变异为 8.14%，种群内遗传变异为 91.86%，$F_{ST}=0.0814$，说明水松种群遗传分化十分显著。

**表 4-11　水松叶绿体 DNA 的分子变异分析**

| 变异来源 | 自由度 | 离差均方和 | 方差分量 | 变异百分比/% |
|---|---|---|---|---|
| 种群间 | 15 | 7.457 | 0.016 67Va | 8.14 |
| 种群内 | 281 | 52.873 | 0.188 16Vb | 91.86 |
| 总量 | 296 | 60.330 | 0.204 83 | |
| $F_{ST}=0.0814$ | | | | |

中性检验结果表明，Tajima's $D$ 统计值为 $-1.5468$，在 $P>0.10$ 水平上不显著。Fu and Li's $D$（$-0.1968$）和 Fu and Li's $F$（$-0.2573$）统计值都为负值，也在 $P>0.10$ 水平上不显著。

## 三、讨论

植物叶绿体基因的遗传形式和机制多种多样，除在少数裸子植物中发现呈双亲遗传外（Harris and Ingram，1991），绝大多数植物为单亲遗传，且以母系遗传为主。但是，近年在柏科植物中发现青海云杉叶绿体遗传为父系遗传 *Picea crassifolia*（Meng et al.，2007）。cpDNA 基因组相当保守，序列和结构进化速率平均每年为 $0.2 \times 10^{-9} \sim 1.0 \times 10^{-9}$，比核基因组要低得多，但比线粒体突变率要高。突变类型主要为点突变、碱基插入或缺失（McCauley，1995；Badenes and Parfitt，1995；Demesure et al.，1996）。水松叶绿体是呈父系遗传还是母系遗传，还不清楚。与核基因组标记相比，基于 cpDNA 揭示的水松种群遗传多样性要低，证实了这一论点。

有研究表明，针叶树叶绿体 DNA 标记揭示出种群遗传结构征是低水平遗传多样性（Bucci and Vendramin，2000；Ribeiro et al.，2002；Vendramin et al.，2000）。本研究中，通过对 14 个水松种群叶绿体 DNA 非编码区的扩增测序发现，水松种群群体分化（$G_{st} = 0.050$）较核基因组标记低，而且 AMOVA 分析结果显示杉木群体内的遗传变异为 91.86%（$F_{st} = 0.0814$），这可能是因为水松种群遗传基础比较单一。

本研究中，叶绿体单倍型 HapA 在水松所有种群中存在，其频率最高。这暗示着，单倍型 HapA 可能是水松种群进化历史上比较古老的单倍型，而其他单倍型的进化历史则相对较短。广东韶关（SG）、湖南永兴（YX）及江西余江（YJ）、弋阳（YY）仅有单倍型 A。单倍型单一的可能性有 2 种：一种可能是曾广泛分布于中新世，受第四纪冰期气候反复变迁影响，是冰川过后破碎的残余；另一种可能是起源于冰期后避难所群体的回迁或人工栽植。如果是第一种可能性，这 2 个种群在冰期气候中没有发生迁徙，是"原地保留"，群体内遗传变异减少是因为瓶颈作用，从而只有一种单倍型，但遗传漂移有可能产生不同单倍型，因此，人工栽植的可能性更大。这可能是这些种群来源于少数个体产生的奠基者效应。

Pons 和 Petit（1996）认为，当 $N_{ST}$ 远小于 $G_{ST}$ 时，表明单倍型的区域分布和种群遗传距离没有相关性，或者遗传距离相近的单倍型分布在较远的、地理区域不相关的种群中，这是因为在整个种群谱系中产生了新的突变，并且通过一定的时间在种群分布区内重新分布；当 $N_{ST} = G_{ST}$ 时，表明各个单倍型之间的遗传距离为相似的，种群间谱系关系彼此相近，没有体现出地理区域上的遗传分化；当 $N_{ST}$ 远大于 $G_{ST}$ 时，表明种群间存在显著的谱系地理结构，在同一或地理上相近的种群中存在着遗传距离相近的单倍型，种群分化随着地理距离的增加而出现越来越多的变化。本研究中，水松种群遗传分化系数 $N_{ST}$ 小于 $G_{ST}$，说明水松古老种群间没有明显的谱系地理关系。

本研究发现，来自福建种群包含 HapA、HapB、HapC 和 HapD 4 种单倍型，来自江西贵溪种群包含有 HapA、HapC。这暗示着，福建武夷山脉可能是水松在第四纪冰期的发难所之一。利用 DNA 标记，采用 UPGMA 法构建的水松系统发育树中，来自福建种群基本上聚成一个组群，说明这些种群具有一定的亲缘关系，但是，这些种群之间，以及与其他省份种群的亲缘关系还有待于进一步分析。

# 参 考 文 献

蔡海华，杨金雨露，祝文娟，等. 2013. 水松幼苗的水分和铜胁迫试验. 福建林业科技，38（1）：37-41.

崔艳秋，崔心红. 2002. 水松种子在受控条件下基质对萌发的影响. 林业科技，27（5）：1-3.

国家林业局. 1999. 国家重点保护野生植物名录（第一批）. http://www/forestry.gov.cn/M anager/ZhuanLan.Url/File-Up/ zrbh20071106455. htm［1999-09-09］.

国家林业局野生动植物保护与自然保护区管理司, 中国科学院植物研究所. 2013. 中国珍稀濒危植物图鉴. 北京：中国林 业出版社：114.

韩丽娟, 胡玉熹, 林金星, 等. 1997. 水松的次生韧皮部解剖及其系统位置的讨论. 植物分类学报, 35（6）：527-532.

姜静, 杨传平, 刘桂丰, 等. 2003. 桦树 ISSR-PCR 反应体系的优化. 生态学杂志, 22（3）：91-93.

李博, 李火根, 王光萍, 等. 2006. 水松的组织培养及植株再生. 植物生理学通讯, 42（6）：11-36.

李博, 李火根. 2008. 水松扦插繁殖技术的研究. 桂林师范高等专科学校学报, 22（3）：151-156.

李春香, 杨群. 2002. 杉科、柏科的系统发生关系研究进展. 生命科学研究, 12（1）：432-434.

李发根, 夏念和. 2004. 水松地理分布及其濒危原因. 热带亚热带植物学报, 12（1）：13-20.

李林初. 1987. 水松的细胞学研究. 广西植物, 7（2）：101-106.

李林初. 1989. 杉科的细胞分类学和系统演化研究. 云南植物研究, 11（2）：113-131.

李林初. 1995. 松科的核型和系统发育研究. 植物分类学报, 33（5）：417-432.

李晓东, 黄宏文, 李建强. 2003. 子遗植物水杉的遗传多样性研究. 生物多样性, 11（2）：100-108.

李作洲, 龚俊杰, 王瑛, 等. 2003. 水杉子遗居群 AFLP 遗传变异的空间分布. 生物多样性, 11（4）：265-275.

刘雄盛, 徐刚标, 梁文斌, 等. 2014. 濒危植物水松小孢子发生和雄配子体发育的研究. 植物科学学报, 32（1）：58-66.

刘有美, 欧阳均浩. 1986. 水松速生栽培方法探讨. 热带林业科技,（3）：35-40.

鲁胜平, 张应团, 姜高明, 等. 2004. 鄂西南水松与池杉引种试验初报. 林业科技, 29（1）：1-3.

斯缨, 王日韦, 龚复俊, 等. 2003. 水松叶的总黄酮含量研究. 武汉植物学研究, 21（6）：547-549.

宋朝枢. 1994. 鸡公山自然保护区科学考察集. 北京：中国林业出版社.

苏何玲, 唐绍清. 1996. 濒危植物资源冷杉遗传多样性研究. 广西植物, 24（5）：414-417.

汪小全, 刘正宇. 1996. 银杉遗传多样性的 RAPD 分析. 中国科学：生命科学,（5）：436-441.

王伏雄. 1951. 水松的配子体. 植物学报, 1（1）：8-17.

王伏雄. 1953. 水松后期胚胎发育. 植物学报, 2：470-475.

王佳卓. 2007. 杉科、柏科 14 种植物茎叶的解剖学研究. 南宁：广西大学硕士学位论文：13-14.

王建波. 2002. ISSR 分子标记及其在植物遗传学研究中的应用. 遗传, 24（5）：613-616.

王燕, 唐绍清, 李先琨. 2004. 濒危植物元宝山冷杉的遗传多样性研究. 生物多样性, 12（2）：269-273.

吴国林, 王惠梅, 黄奇娜, 等. 2014. 菰（*Zizania latifolia*）ISSR 反应体系的建立及优化. 植物遗传资源学报, 15（6）：1395-1400.

吴则焰, 刘金福, 洪伟, 等. 2011. 水松自然种群和人工种群遗传多样性比较. 应用生态学报, 23（4）：873-879.

吴则焰, 刘金福, 洪伟, 等. 2012. 子遗植物水松不同年龄级种群遗传多样性的 ISSR 分析. 生物学杂志, 31（8）：1911-1916.

吴则焰, 刘金福, 洪伟, 等. 2012. 水松扦插繁殖体系研究. 中国农学通报, 28（22）：22-26.

吴则焰, 刘金福, 张晓萍, 等. 2010. 中生代子遗植物水松种群多样性的 ISSR 分析. 中国植物园,（13）：31-38.

席以珍. 1986. 杉科植物花粉形态的研究. 植物研究, 6（3）：127-144.

肖德兴, 董金生. 1983. 水松属核型的初步研究. 江西农业大学学报,（3, 4）：87-90.

肖德兴. 1997. 水松花粉中的淀粉粒和胼胝质. 江西农业大学学报, 19（3）：107-111.

徐刚标. 2009. 植物群体遗传学. 北京：科学出版社：160-170.

徐刚标, 刘雄盛, 梁文斌. 2015. 极度濒危植物水松大孢子发生、雌配子体发育及胚形成. 林业科学, 21（6）：50-62.

徐祥浩, 黎敏萍. 1959. 水松的生态及地理分布. 华南师范大学学报：社会科学版,（3）：84-99.

姚壁君, 胡玉熹. 1982. 松柏类植物叶子的比较解剖观察. 植物分类学报, 20（3）：275-294.

于永福, 傅立国. 1996. 杉科植物的系统发育分析. 植物分类学报, 34（2）：124-141.

于永福. 1995. 杉科植物的起源、演化及其分布. 植物分类学报, 33（2）：369-389.

喻成鸿, 陈泽濂. 1965. 水松苗端的结构. 植物学报, 13（1）：39-42.

张春平, 何平, 王瑞波, 等. 2009. 三角叶黄连 ISSR 反应体系的建立与优化. 中草药, 40（2）：280-284.

张维铭. 2003. 现代分子生物学实验手册. 北京：科学出版社.

郑万钧, 傅立国. 1978. 中国植物志（第七卷）. 北京：科学出版社：299-303.

Banerjee S, Das M, Mir R R, et al. 2012. Assessment of genetic diversity and population structure in a selected germplasm collection of 292 Jute genotypes by microsatellite(SSR) markers. Molecular Plant Breeding, 3(2): 11-26.

Bucci G, Vendramin G G. 2000. Delineation of genetic zones in the European Norway spruce natural range: preliminary evidence. Molecular Ecology, 9: 923-934.

Charles N, Miller J R. 1999. Implications of fossil conifers for the phylogenetic relationships of living families. The Botanical Review, 65(3): 239-277.

Dogra P D. 1966. Embryogeny of the Taxodiaceae. Phytomorphology, 16: 125-141.

Excoffier L, Laval G, Schneider S. 2005. Arlequin (version 3.0): an integrated software package for population genetics data analysis. Evolutionary Bioinformatics online, 1: 47.

Evanno G, Regnaut S, Goudet J. 2005. Detecting the number of clusters of individuals using the software STRUCTURE: a simulation study. Molecular Ecology, 14(8): 2611-2620.

Farjon A, Page C N. 1999. Conifers status survey and conservation action plan. IUCN ISSC conifer specialist group. Gland, Switzerland and Cambridge, UK: IUCN.

Freedland J R. 2005. Molecular Ecology. Hohoken: John Wiley & Sons Inc.: 109-154.

Fu Y X, Li W H, 1993. Statistical tests of neutrality of mutations. Genetics, 133(3): 693-709.

Gadek P A, Alpers D L, Heslewood M M, et al. 2000. Relationships within Cupressaceae senus lato: A combined morphological and molecular approach. American Journal of Botany, 87(7): 1044-1057.

Gadek P A, Quinn C J. 1993. An analysis of relationships within the Cupresssceae semsu stricto based on rbcL sequences. Annals of the Missouri Botanical Garden, 80(3): 581-586.

Hamilton M B. 1999. Four primer pairs for the amplification of chloroplast intergenic regions with intraspecific variation. Molecular Ecology, 8:521-523.

Harris S A, Ingram R. 1991. Chloroplast DNA and biosystematics; the effects of intraspecific diversity and plastid transmission. Taxon, 40:393-412.

Hart J A. 1987. A cladistic analysis of conifers: Preliminary results. Journal of the Arnold Arboretum, 68(3): 269-307.

Kumumi J, Yoshimaru H, Tachida H, et al. 2000. Phylogentic relationships in Taxodiaceae and Cupressaceae sensu stricto based on matK gene, chlL gene, trnL-trnF IGS region, and trnL intron seqences. American Journal of Botany, 87(10): 1480-1488.

Li F G, Xia N H. 2005. Population structure and genetic diversity of an endangered species, *Glyptostrobus pensilis* (Cupressaceae). Botanical Bulletin of Academia Sinica, 46: 155-162.

Librado P, Rozas J. 2009. DnaSP v5: a software for comprehensive analysis of DNA polymorphism data. Bioinformatics, 25(11): 1451-1452.

Löhne C, Borsch T. 2005. Molecular evolution and phylogenetic utility of the *pet*D group II intron: a case study in basal angiosperms. Molecular Biology Evolution, 22: 317-332.

Lu G, Moriyama E N. 2004. Vector NTI, a balanced all-in-one sequence analysis suite. Briefings in Bioinformatics, 5(4): 378-388.

Meng L H, Yang R, Abbott R J, et al. 2007. Mitochondrial and chloroplast phylogeography of *Picea crassifolia* kom. (Pinaceae) in the Qinghai-Tibetan Plateau and adjacent highlands. Molecular Ecology, 16: 4128-4137.

Mitsuo T, Tokuzo I, Akihiko M. 1960a. Chemical constituents of the plants of Coniferae and allied orders. XLIV. Structure of distichin the components of Taxodiaceae plants, *Metasequoia glyptostroboides*, and others. Yakugaku Zasshi, 80: 1557-1559.

Mitsuo T, Tokuzo I, Akihiko M. 1960b. Chemical constituents of the plants of Coniferae and allied orders. XLIII. Distribution of flavonoids and stilbenoides of Coniferae leaves. Yakugaku Zasshi, 80: 1488-1492.

Ohsawa T. 1994. Anatomy and relationships of petrified seed cones of the Cupressaceae, Taxodiaceae, and Sciadopityaceae. Journal of Plant Research, 107(4): 503-512.

Pons O, Petit R J. 1996. Measwring and testing genetic differentiation with ordered versus unordered alleles. Genetics, 144(3): 1237-1245.

Price R A, Lowenstein J M. 1989. An immunological comparison of the Sciadopityaceae, Taxodiaceae, and Cupressaceae. Systematic Botany, 14(2): 141-149.

Reis A M M, Grattapaglia D. 2005. RAPD variation in a germmplasm collection of *Myracrodruon urundeuva* (Anacardiaceae), an endangered tropical tree: recommendations for conservation. Genetic Resources Crop Evolution, 51(5): 529-538.

Ribeiro M M, Mariette S, Vendramin G G, et al. 2002. Comparison of genetic diversity estimates within and among populations of maritime pine using chloroplast simple-sequence repeat and amplified fragment length polymorphism data. Molecular Ecology, 11: 869-877.

Schlarbaum S E, Tsuchiya T. 1984. The chromosomes of *Cunninghamia konishii*, *C. lanceolata*, and *Taiwania cryptomerioides* (Taxodiaceae). Plant Systematics and Evolution, 145(3): 169-181.

Shaw J, Lickey E B, Beck J T, et al. 2005. The tortoise and the hare II: relative utility of 21 noncoding chloroplast DNA sequences for phylogenetic analysis. American Journal of Botany, 92(1): 142-166.

Shaw J, Lickey E B, Schilling E E, et al. 2007. Comparison of whole chloroplast genome sequences to choose noncoding regions for phylogenetic studies in angiosperms: the tortoise and the hare III. American Journal of Botany, 94(3): 275-288.

Tajima F. 1989. Statistical method for testing the neutral mutation hypothesis by DNA polymorphism. Genetics, 123(3), 585-595.

Takaso T, Tomlinson P B. 1990. Cone and ovule ontogeny in Taxodium and *Glyptostrobus* (Taxodiaceae Coniferales). American journal of botany, 77(9): 1209-1221.

Tam N M, Duy V D, Xuan B T T, et al. 2013. Genetic variation and population structure in Chinese water pine (*Glyptostrobus pensilis*): A threatened species. Indian Journal of Biotechnology, 12(4): 499-503.

Tamura K, Peterson D, Peterson N, et al. 2011. MEGA5: molecular evolutionary genetics analysis using maximum likelihood, evolutionary distance, and maximum parsimony methods. Molecular Biology and Evolution, 28(10): 2731-2739.

Tsumura Y, Yoshimura K, Tomaru N. 1995. Molecular phylogeny of conifers RFLP analysis of PCR-amplified specific chloroplast genes. Theoretical and Applied Genetics, 91: 1222-1236.

Vendramin G G, Anzidei M, Madaghiele A, et al. 2000. Chloroplast microsatellite analysis reveals the presence of population subdivision in Norway spruce (*Picea abies* K.). 43: 68-78.

Wittlake E B. 1975. The Androstrobilus of *Glyptostrobus nordenskioldi* (Heer) Brown. American Midland Naturalist, 94(1): 215-223.

Yoon M Y, Moe K T, Kim K Y, et al. 2012. Genetic diversity and population structure analysis of strawberry (*Fragaria × ananassa* Duch.) using SSR markers. Electronic Journal of Biotechnology, 15(2): 1-16.

Yu Y F. 1995. Origin, evolution and distribution of the Taxodiaceae. Acta Phytotaxonom ica Sinica, 33(4): 362-389.

Zietkiewicz E, Rafalski A, Labuda D. 1994. Genome fingerprinting by simple sequence repeat (SSR)-anchored polymerase chain reaction amplification. Genomics, 20(2): 176-183.

# 第五章　南方红豆杉遗传多样性研究

南方红豆杉（*Taxus chinensis* var. *mairei*）在植物分类上归属于裸子植物亚门（Gymnospermae），松杉纲（Coniferopsida），红豆杉目（Taxales），红豆杉科（Taxaceae），红豆杉属（*Taxus*），属第三纪孑遗物种。树皮、枝、叶、根含有抗癌活性成分，材质坚硬、水湿不腐，树形优美挺拔，秋冬时节红果满枝，是集药用、材用及观赏于一体的珍贵树种（茹文明等，2005）。自然繁殖更新能力较低，种群竞争力弱，加之人类破坏等原因，现有野生资源数量越来越少，目前已处于濒危状态，被我国列入国家一级保护植物。

南方红豆杉，为常绿乔木，树高 15m 左右，胸径 150cm 左右。小枝互生，冠型开放。树皮灰褐色、红褐色或暗褐色，纵裂成狭长薄片脱落。针叶螺旋状着生，线形略弯而呈镰刀状，长 2.0~3.5cm，宽 3.0~5.0mm，先端渐尖，叶缘通常不反卷。针叶背面中脉隆起明显，中脉两侧各有 1 条淡黄色或淡灰绿色气孔带，中脉带上无角质乳头状突起点，或局部成片或零星分布的角质乳头状突起点，或与气孔带相邻的中脉带两边有 1 至多条角质乳头状突起点，中脉带明晰可见，其色泽与气孔带相异，呈黄绿色或绿色，绿色的边带较中脉带宽且明显。芽鳞脱落或少数宿存于小枝的基部（郑万钧和傅立国，1978）。

南方红豆杉为雌雄异株、异花授粉植物，偶见雌雄同株现象（陈立新等，2013）。小孢子叶球具梗，基部有苞片，呈头状，内具有放射状排列的小孢子叶。雌球果几乎无梗，基部覆瓦状排列的苞片，胚珠直立，单生于总花轴上部，基部托以盘状珠托，受精后珠托发育成肉质、杯状、红色的假种皮。种子卵形或倒卵形，微有 2 纵棱脊，种皮坚硬，种脐三角形或椭圆形（郑万钧和傅立国，1978）。

## 第一节　南方红豆杉的研究概况

红豆杉科的系统地位一直是植物分类学者争论的焦点。郑万钧和傅立国（1978）、王伏雄等（1997）、Wang 和 Chen（1990）、苏应娟（1994）及 Bobrov（2006）根据红豆杉科植物胚珠单个顶生特征，主张红豆杉科独立为红豆杉目（Taxales）、红豆杉亚目（Taxineae）或红豆杉亚纲（Taxidae），Keng 根据雌球花是否发育成明显的球果特征，把松柏目分为红豆杉亚目（不发育成明显的球果）和松柏亚目（具明显球果）（Williams，2009）。近年来基于各种分子标记的研究，基本上支持王伏雄等的观点（Bobrov and Melikian，2006；Christenhusz et al.，2009）。

红豆杉属自成立以来少有争议，但红豆杉属中物种分类一直存在分歧。郑万钧和傅立国（1978）认为，南方红豆杉与中国红豆杉叶片下表皮中脉带上乳头状角质凸点散布的多少仅是量上的稳定，并无质上差别，主张将南方红豆杉作为中国红豆杉的变种处理。但红豆杉属植物的表皮结构特征不能作为以外部形态划分种的唯一依据，只能作为一种辅助特征。李效贤等（2011）采用中草药的鉴定方法，提出了鉴别南方红豆杉的主要方法。王艇等（2000）通过 RAPD 分析红豆杉科系统地位再次验证了前人提出的不能将南方红豆杉和中国红豆杉分为 2 个独立种的观点。《中国植物志》中记载了我国红豆杉属中存在 4 种和 1 变种。

南方红豆杉主要分布于中国、印度北部、缅甸、越南、马来西亚、印度尼西亚等国的山地或溪谷。在我国，南方红豆杉多呈间断性分布，以大巴山南麓、天目山西麓、云贵高原东部，分布相对集中，多呈群落分布，尤以南岭山地资源最为丰富（文亚峰等，2012）。太行山南端北麓、伏牛山西麓、大别山南端、云贵高原中东部、川西山地，多以小种群或散生株呈零星散状分布。天然种群分布海拔为 200~2000m（谢春平，2013）。

南方红豆杉为典型的阴性树种，对温度、光照和湿度的要求较严。在气候较温暖、雨量充沛、湿度较高地区的酸性灰棕壤、黄壤及黄棕壤上生长良好。通常散生于山地北向阴坡、沟谷溪旁、山坡中下部及居民点附近水湿条件较好的林地，与阔叶树、竹类及针叶树混生（檀丽萍和陈振峰，2006；廖文波和苏志尧，1996），生长极为缓慢，寿命达 500 年以上。

大多数南方红豆杉自然群落处于衰退特征。梵净山国家级自然保护区南方红豆杉资源集中分布于 750~1150m 的低山、丘陵地带，种群小，已极度濒危（王艳等，2009）。野外调查发现，蟒河国家级自然保护区南方红豆杉种群中的幼龄个体十分匮乏，已处于退化的早期阶段（茹文明，2001；张桂萍和茹文明，2003）。安徽省南部山区南方红豆杉种群有较多的幼龄个体，但幼苗竞争能力弱，在群落中处于被动适应地位，由幼苗成长为幼树过程中要经过严格的环境筛选（孙启武等，2009，2010）。广东韶关地区天然群落中，南方红豆杉以多种形式存在，局部可构成优势种、建成种或仅呈零星分布，种群年龄结构为隐退型（廖文波等 2002；伍建军等，2002）。

南方红豆杉种子成熟后假种皮鲜红且具糖分，易遭鸟类啄食或鼠类取食。据报道（朱琼琼和鲁长虎，2007；邓青珊等，2008，2010），鸟类为南方红豆杉种子远距离主要搬运者，种子传播最远距离可达 400m。

据廖文波等（2002）对广东省连州市南方红豆杉种群观测，4 月初至 5 月下旬，南方红豆杉展叶抽梢；5~6 月，雄球花现蕾。雄球花的花期为 7~11 月，花期较长。雌球花在 8 月下旬至 10 月现蕾，花期为 10 月至翌年 1 月。种子生长发育期为翌年 3~9 月，成熟期为 10~11 月。

南方红豆杉种子为生理后熟种子，形态成熟的种胚在离体条件下培养，可长成幼苗，据此，有人认为，脱落酸不是种子萌发的抑制因素，胚乳中某些抑制物质，以及外种皮的不透气性可能是生理后熟的主要因素（朱念德等，1999）。进一步研究发现，南方红豆杉种子的种皮、内种皮及胚乳中，存在不同类别抑制种子发芽的生物活性物质（张艳杰等，2007；于海莲等，2009）。有报道，"25—5℃"变温处理南方红豆杉种子，可以显著消除发芽抑制物，打破休眠，促进种子萌发（张志权等，2000）。层积前用 60%浓硫酸、流水冲洗，GA3、6-BA 和营养溶液浸泡等措施更有利于打破南方红豆杉种子的休眠和提高种子萌发率（吉前华等，2007）。通过对变温层积、植物生长调节剂、微量元素处理后的南方红豆杉种子解剖学特征分析表明，种子的贮藏物质尤其是脂类物质的分解、转化与利用可能是南方红豆杉种子解除休眠的关键（黄儒珠等，2006）。

生产实践中，通常采用层积沙藏催芽后播种，提高南方红豆杉种子出苗率（吴晓明等，2007）。有研究认为，0.05%赤霉素处理辅以低（4℃）—暖（23℃）—低（4℃）变温层积法处理120天是破除南方红豆杉种子休眠的最佳方法（熊耀康等，2009）。

扦插育苗是南方红豆杉规模化育苗的重要手段。采穗母树年龄、穗条在树冠上着生部位、插穗年龄对南方红豆杉扦插成活率影响很大。以健康幼树的1年生枝条或是母株基部的萌蘖条等作为插穗为宜（陈鹰翔，2001；傅瑞树等，2005；刘戈飞，2006），从胸径26～44cm的母树上采集穗条扦插成活率最高（陈鹰翔，2001）。

外源生长调节剂及扦插基质也影响南方红豆杉扦插育苗成活率。南方红豆杉穗条经ABT处理，生根率、生根数、新生枝叶数及紫杉醇的含量明显提高（高银祥等，2009），500mg/L ABT处理插穗30min，生根率、生长状况较好（韩国勇，2006）。植物生长调节剂处理，虽然有利于南方红豆杉穗条扦插生根，但浓度不宜过大，浸泡时间不宜过长（吴秋良等，2011）。

扦插基质对南方红豆杉扦插育苗成活率影响的研究报道结果不尽一致，甚至相矛盾（吴晓明，2010；陈辉等，2009）。王鹏等（2013）认为，泥炭和珍珠岩体积比为1∶1的混合基质是南方红豆杉扦插最适宜基质。费永俊和雷泽湘（1999）研究证明，南方红豆杉扦插后伴种小麦可显著提高插穗生根率。地域环境条件不同，适宜扦插季节不同。江西，南方红豆杉11月份扦插，成活率高达78%（吴晓明，2010）；广东，2月中旬至3月中旬为南方红豆杉适宜扦插季节（胡德活和韦如萍，2007）；陕西，3～5月南方红豆杉扦插成活率高（刘戈飞，2006）；浙江，4月上中旬，进行南方红豆杉嫩枝扦插，效果最好，忌夏季高温季节扦插（吴秋良等，2011）。

早期，基于RAPD标记揭示南方红豆杉种群遗传距离与种群的地理分布相关（张宏意等，2003）。随后，先后采用RAPD（张玲玲，2009）、AFLP标记（江建铭等，2009）、ISSR标记（张玲玲，2009；张蕊等，2009；丁桂生，2009；Zhang et al., 2009）及SSR标记（黄丽洁，2007；Zhang and Zhou, 2013）研究来自不同地域南方红豆杉种群遗传多样性，都得出南方红豆杉种群遗传多样性丰富的一致结论。但是，种群间基因流大小存在矛盾。近年来，李乃伟等（2011）分析了南方红豆杉天然种群、迁地保护小种群及其衍生自然种群小斑块（小种群）的遗传多样性和遗传结构。张雪梅等（2012）基于cpDNA标记开展了南方红豆杉谱系地理学研究。

# 第二节　南方红豆杉天然种群遗传多样性

## 一、材料与方法

### （一）材料

2009～2011年，采集湖南、江西、广东、广西20个南方红豆杉天然种群（表5-1、图5-1），共采集到318株南方红豆杉植株叶片样本。

**表 5-1　南方红豆杉天然种群采样信息及样本大小**

| 种群 | 地点 | 经度（E） | 纬度（N） | 海拔/m | 株数 |
|---|---|---|---|---|---|
| GY | 湖南桂阳荷叶镇 | 112°39′ | 25°33′ | 620~650 | 22 |
| YMS | 湖南双牌阳明山国家级自然保护区 | 111°57′ | 26°05′ | 850~900 | 20 |
| CB | 湖南城步金童山少田子 | 110°14′ | 26°09′ | 700~800 | 16 |
| NY | 湖南宁远婆婆道 | 111°50′ | 25°36′ | 1200~1350 | 16 |
| SHS | 湖南新宁舜皇山国家级自然保护区 | 110°50′ | 26°26′ | 800~1200 | 10 |
| BMS | 湖南桂东八面山国家级自然保护区 | 113°47′ | 25°56′ | 1100~1600 | 19 |
| MS | 湖南宜章莽山国家级自然保护区 | 112°51′ | 24°58′ | 1200~1250 | 13 |
| GPS | 江西信丰金盘山林场 | 115°12′ | 25°13′ | 400~420 | 20 |
| DY | 江西大余县内良乡 | 114°05′ | 25°24′ | 420~450 | 20 |
| YQ | 江西黎川岩泉国家森林公园 | 116°55′ | 27°07′ | 620~650 | 18 |
| JLS | 江西龙南九连山国家级自然保护区 | 114°28′ | 24°33′ | 500~800 | 10 |
| QJD | 广西灌阳千家洞国家级自然保护区 | 111°14′ | 25°30′ | 720~800 | 22 |
| MRS | 广西兴安猫儿山国家级自然保护区 | 110°29′ | 25°51′ | 750~850 | 14 |
| ZS | 广西钟山县花山乡老村 | 111°01′ | 24°36′ | 670 | 12 |
| HP | 广西临桂花坪国家级自然保护区 | 109°59′ | 25°36′ | 800~870 | 10 |
| TX | 广东连州市田心省级自然保护区 | 112°30′ | 25°01′ | 650~680 | 20 |
| RY | 广东乳源县大坪乡 | 112°53′ | 24°45′ | 970~1200 | 12 |
| NX | 广东南雄百顺镇黄罗洞 | 114°04′ | 25°18′ | 610~670 | 16 |
| RH | 广东仁化红山镇上围坑 | 113°36′ | 25°12′ | 400~650 | 12 |
| LC | 广东乐昌五山镇黄竹坑 | 113°30′ | 25°22′ | 820~860 | 16 |

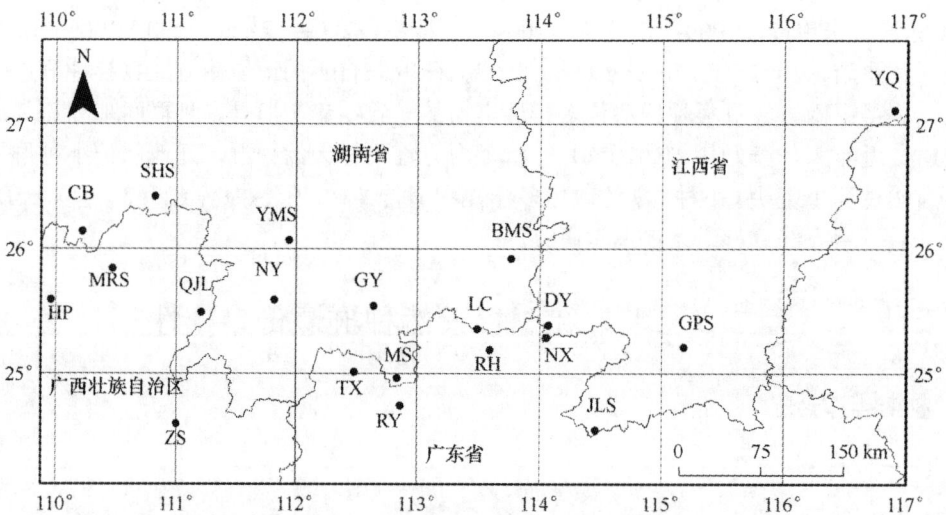

图 5-1　南方红豆杉采样点地理位置

（二）研究方法

1. 基因组 DNA 提取

参照 Doyle 和 Doyle（1987）的 CTAB 法，并作适当改进。

2. 基因组 DNA 检测

参考第四章第二节有关内容。

3. ISSR 反应体系建立

ISSR-PCR 扩增的基本程序（张蕊等，2009）为：94℃预变性 5min，进行 35 个循环（94℃变性 1min，53℃退火 30s，72℃延伸 90s）。循环结束后，72℃延伸 7min，4℃保存。

ISSR-PCR 扩增的反应体系参考张蕊等（2009）。总体积为 20μl，包括 $1 \times$ PCR buffer，分别将 dNTPs（0.1～0.35mmol/L）、$Mg^{2+}$（0.6～1.6mmol/L）、引物（0.1～0.6μmol/L）、$Taq$ DNA 聚合酶（0.5～2.00U）及模板 DNA（10～60ng），设置 6 个浓度梯度进行单因子试验，不足部分用超纯水补足。

根据单因子试验结果，采用 5 因子 3 水平正交试验（表 5-2）。每处理重复 3 次，进行体系优化。根据电泳条带多少、清晰度及稳定性，确定南方红豆杉 ISSR-PCR 最优反应体系。ISSR 引物筛选及引物的退火温度确定，见第四章第二节有关内容。

表 5-2　正交试验

| 试验号 | $Mg^{2+}$/（mmol/L） | dNTPs/（mmol/L） | 引物/（mmol/L） | DNA/ng | $Taq$ 酶/U |
|---|---|---|---|---|---|
| 1 | 0.80 | 0.15 | 0.3 | 40 | 1.25 |
| 2 | 0.80 | 0.20 | 0.4 | 50 | 1.50 |
| 3 | 0.80 | 0.25 | 0.5 | 60 | 1.75 |
| 4 | 1.00 | 0.15 | 0.3 | 50 | 1.50 |
| 5 | 1.00 | 0.20 | 0.4 | 60 | 1.75 |
| 6 | 1.00 | 0.25 | 0.5 | 40 | 1.25 |
| 7 | 1.20 | 0.15 | 0.4 | 40 | 1.75 |
| 8 | 1.20 | 0.20 | 0.5 | 50 | 1.25 |
| 9 | 1.20 | 0.25 | 0.3 | 60 | 1.50 |
| 10 | 0.80 | 0.15 | 0.50 | 60 | 1.50 |
| 11 | 0.80 | 0.20 | 0.30 | 40 | 1.75 |
| 12 | 0.80 | 0.25 | 0.40 | 50 | 1.25 |
| 13 | 1.00 | 0.15 | 0.40 | 60 | 1.25 |
| 14 | 1.00 | 0.20 | 0.50 | 40 | 1.50 |
| 15 | 1.00 | 0.25 | 0.30 | 50 | 1.75 |
| 16 | 1.20 | 0.15 | 0.50 | 50 | 1.75 |
| 17 | 1.20 | 0.20 | 0.30 | 60 | 1.25 |
| 18 | 1.20 | 0.25 | 0.40 | 40 | 1.25 |

4．数据分析

参考第四章第二节有关内容。

## 二、结果与分析

### （一）基因组 DNA 检测

提取的南方红豆杉总基因组 DNA，经 1.2%琼脂糖凝胶电泳检测后，结果显示如图 5-2 所示，点样孔内无明显的亮斑，电泳条带清晰、无杂质、无拖尾，条带明亮。

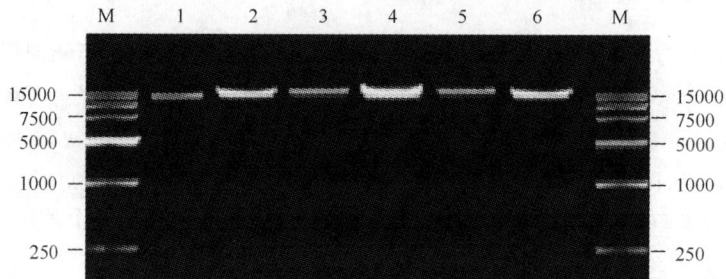

图 5-2　总 DNA 的凝胶电泳检测

提取的基因组 DNA 稀释 50 倍后，用 Eppendorf Biophotometer 核酸蛋白分析仪检测 260nm 和 280nm 处的吸光值（表 5-3），说明基因组 DNA 的 $OD_{260}/OD_{280}$ 值为 1.64～1.83。

表 5-3　总 DNA 纯度和浓度

| 样品编号 | 1 | 2 | 3 | 4 | 5 | 6 |
|---|---|---|---|---|---|---|
| 纯度 $R$ 值 | 1.66 | 1.74 | 1.82 | 1.83 | 1.64 | 1.81 |
| 浓度/（μg/ml） | 316.4 | 1187.8 | 515.6 | 459.5 | 162.4 | 917.2 |

以上两种方法 DNA 检测表明，改良的 CTAB 法能较好地去除南方红豆杉叶片 DNA 提取物中的蛋白质、酚类及多糖等杂质，其纯度和浓度能满足后续的 ISSR-PCR 扩增反应的要求。

### （二）ISSR-PCR 反应体系

#### 1．单因素试验

模板浓度为 30～60ng/20μl，$Taq$DNA 聚合酶为 1.25～1.50U，$Mg^{2+}$ 浓度为 1.00mmol/L，dNTPs 浓度为 0.15～0.25mmol/L，引物浓度为 0.3～0.5μmol/L 时，PCR 扩增的条带相对较清晰且数目较多。

#### 2．正交设计

dNTPs、$Mg^{2+}$、引物、$Taq$DNA 聚合酶、模板 DNA5 因素 3 水平 $L_{18}$（$3^5$）正交设

计试验结果如图 5-3 所示。在 16 个处理组合均能扩增出特异性条带，其中 9、10、13 组合扩增的条带清晰明亮，特异性丰富。由此，确定南方红豆杉的 ISSR-PCR 的最优反应体系为：总体积 20μl 中 $Mg^{2+}$ 为 1.00mmol/L，基因组 DNA 为 60ng/20μl，dNTPs 为 0.15mmol/L，引物为 0.30μmol/L，*Taq* DNA 聚合酶为 1.25U。

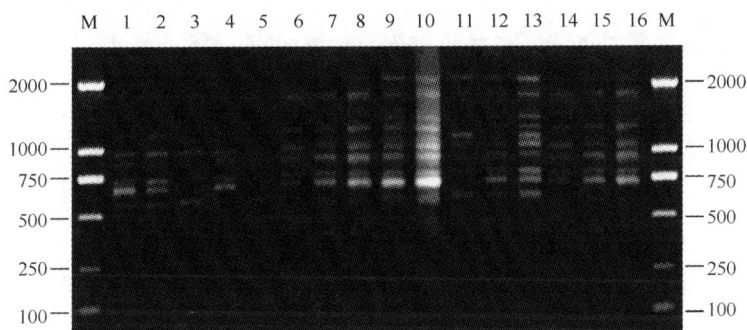

图 5-3　正交实验结果

### 3. ISSR 引物筛选

随机抽取 2 株南方红豆杉叶片样本，根据各引物的理论退火温度，利用优化的反应体系，对 100 对引物进行初选和复选，结果从 100 对 ISSR 随机引物中共复选出 U807、U810、U814、U822、U841、U845、U847 和 U872 等 8 对多态性强、重复性好的引物。根据 8 对引物的理论退火温度（$T_m$），在其±6℃范围内，每隔 2℃设 1 个温度梯度，对每条引物的退火温度进行梯度 PCR 扩增的单因子试验结果确定最佳退火温度。

### （三）南方红豆杉种群多态性

8 对 ISSR 引物对 20 个南方红豆杉天然种群 318 株个体进行 PCR 扩增的结果（表 5-4）表明，共扩增出 113 对可重复的清晰条带，其中，引物 UBC807、UBC810、UBC814、UBC822 和 UBC847 各扩增出 1 条共有条带，108 条多态性条带，多态性条带百分比为 95.58%。每条引物扩增出条带数为 13～16 条，平均为 14 条，多态性条带百分比为 92.31%～100%。

表 5-4　引物序列及退火温度

| 引物（UBC） | 807 | 810 | 814 | 822 | 841 | 845 | 847 | 872 |
|---|---|---|---|---|---|---|---|---|
| 序列 | $(GA)_8G$ | $(GA)_8T$ | $(AC)_8A$ | $(TG)_8A$ | $(GA)_8YC$ | $(CA)_8RG$ | $(CT)_8YT$ | $(GATA)_4$ |
| $T_m$/℃ | 52 | 50 | 51 | 50 | 54～56 | 52～54 | 54～56 | 40 |
| 退火/℃ | 54 | 51 | 53 | 52 | 54 | 56 | 55 | 42 |
| 总条带 | 14 | 15 | 13 | 15 | 16 | 14 | 13 | 13 |
| 多态条带 | 13 | 14 | 12 | 14 | 16 | 14 | 12 | 13 |
| $P$/% | 92.86 | 93.33 | 92.31 | 93.33 | 100 | 100 | 92.33 | 100 |

注：R＝（A，G），Y＝（C，T）。

　　基于 8 对 ISSR 引物扩增得到的条带数据，检测出各种群多态性条带数及多态性条带百分率的结果见表 5-5。由表 5-5 可知，南方红豆杉物种多态性条带百分率和 Shannon's 信息指数分别为 95.58%、0.514，种群多态条带百分率和 Shannon's 信息指数分别为 71.68%～92.04%、0.395～0.501，种群平均多态性条带百分率和 Shannon's 信息指数分别为 82.78%、0.454。其中，广西千家洞种群遗传多样性最高（$P_p=92.04\%$，$I_p=0.501$），湖南桂阳种群遗传多样性次之（$P_p=91.15\%$，$I_p=0.497$），湖南城步种群遗传多样性位居第三（$P_p=90.27\%$，$I_p=0.497$），广西花坪种群遗传多态性最低（$P_p=71.68\%$，$I_p=0.395$）。

表 5-5　南方红豆杉种群遗传多样性

| 种群 | Shannon's 信息指数 | | | | | | | | | $P/\%$ |
|---|---|---|---|---|---|---|---|---|---|---|
| | 807 | 810 | 814 | 822 | 841 | 845 | 847 | 872 | 平均 | |
| GY | 0.506 | 0.498 | 0.502 | 0.482 | 0.504 | 0.495 | 0.486 | 0.502 | 0.497 | 91.15 |
| YMS | 0.485 | 0.482 | 0.413 | 0.405 | 0.475 | 0.491 | 0.479 | 0.498 | 0.466 | 83.19 |
| CB | 0.499 | 0.496 | 0.495 | 0.501 | 0.487 | 0.495 | 0.498 | 0.505 | 0.497 | 90.27 |
| NY | 0.412 | 0.506 | 0.464 | 0.508 | 0.445 | 0.479 | 0.482 | 0.468 | 0.471 | 85.84 |
| SHS | 0.458 | 0.412 | 0.392 | 0.403 | 0.386 | 0.327 | 0.479 | 0.415 | 0.409 | 79.65 |
| BMS | 0.483 | 0.419 | 0.313 | 0.428 | 0.492 | 0.408 | 0.456 | 0.458 | 0.432 | 82.30 |
| MS | 0.423 | 0.454 | 0.491 | 0.396 | 0.328 | 0.453 | 0.403 | 0.395 | 0.418 | 80.53 |
| GPS | 0.506 | 0.498 | 0.453 | 0.462 | 0.492 | 0.489 | 0.426 | 0.418 | 0.468 | 84.07 |
| DY | 0.498 | 0.492 | 0.483 | 0.469 | 0.458 | 0.459 | 0.478 | 0.494 | 0.479 | 86.36 |
| YQ | 0.488 | 0.485 | 0.495 | 0.458 | 0.495 | 0.491 | 0.428 | 0.482 | 0.478 | 85.84 |
| JLS | 0.492 | 0.487 | 0.475 | 0.432 | 0.429 | 0.395 | 0.393 | 0.409 | 0.439 | 81.42 |
| QJD | 0.508 | 0.510 | 0.498 | 0.496 | 0.495 | 0.489 | 0.496 | 0.509 | 0.501 | 92.04 |
| MRS | 0.504 | 0.485 | 0.425 | 0.483 | 0.492 | 0.456 | 0.431 | 0.499 | 0.472 | 84.95 |
| ZS | 0.426 | 0.461 | 0.402 | 0.417 | 0.381 | 0.485 | 0.423 | 0.502 | 0.437 | 77.87 |
| HP | 0.406 | 0.349 | 0.481 | 0.396 | 0.358 | 0.329 | 0.417 | 0.422 | 0.395 | 71.68 |
| TX | 0.398 | 0.403 | 0.433 | 0.423 | 0.434 | 0.383 | 0.392 | 0.455 | 0.415 | 76.11 |
| RY | 0.423 | 0.483 | 0.476 | 0.465 | 0.486 | 0.483 | 0.438 | 0.489 | 0.468 | 78.76 |
| NX | 0.383 | 0.402 | 0.434 | 0.401 | 0.407 | 0.405 | 0.437 | 0.475 | 0.418 | 73.45 |
| RH | 0.362 | 0.389 | 0.406 | 0.397 | 0.401 | 0.427 | 0.412 | 0.466 | 0.408 | 72.57 |
| LC | 0.392 | 0.412 | 0.403 | 0.427 | 0.384 | 0.438 | 0.378 | 0.427 | 0.408 | 74.33 |
| 平均 | 0.458 | 0.461 | 0.448 | 0.447 | 0.450 | 0.451 | 0.445 | 0.469 | 0.454 | 82.78 |
| 物种 | 0.516 | 0.523 | 0.517 | 0.514 | 0.521 | 0.502 | 0.506 | 0.512 | 0.514 | 95.58 |

　　基于表 5-5 中南方红豆杉物种 Shannon's 信息指数（$I_s=0.514$），种群平均 Shannon's 信息指数（$I_p=0.454$）的数据信息，南方红豆杉种群间遗传多样性组分所占比例为（$I_s-I_p$）$/I_s=(0.514-0.454)/0.514=0.1167$。

## （四）南方红豆杉种群遗传分化

**AMOVA** 分析结果（表 5-6）表明，$\Phi_{ST}=0.1041$（$P<0.001$）。这说明，参试的 20 个南方红豆杉天然种群间遗传变异占总变异 10.41%，种群内遗传变异占总变异 89.59%。

**表 5-6　南方红豆杉种群分子方差分析**

| 变异来源 | 自由度 | 均方和 | 方差组分 | 变异百分比/% | P 值 |
| --- | --- | --- | --- | --- | --- |
| 种群间 | 19 | 953.428 | 1.753 | 10.41 | <0.001 |
| 种群内 | 298 | 4494.436 | 15.082 | 89.59 | <0.001 |
| 总和 | 317 | | | | |
| $\Phi_{ST}=0.1041$ | | | | | |

一般认为（徐刚标，2009），种群遗传分化系数小于 0.05，种群间遗传分化很小；介于 0.06~0.15，种群间存在中等程度遗传分化；大于 0.16，种群间遗传分化明显；大于 0.25，遗传分化很大。由此可见，南方红豆杉天然种群间存在中等程度的遗传分化，这可能是南方红豆杉种群长期适应当地生态条件及种群间存在较大基因流的结果。

**Bayesian** 分析结果表明，所有参试的 318 株南方红豆杉个体最合理的组群数为 3（图 5-4）。

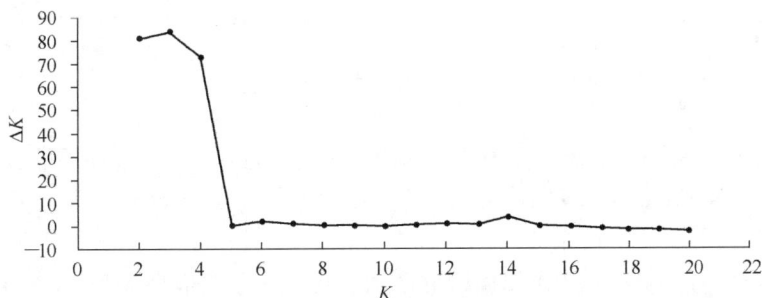

图 5-4　$\Delta K$ 值随组群数的变化图

种群个体遗传结构如图 5-5 所示。图 5-5 中，纵坐标 $Q$ 值表示不同植株归属不同组群的比例，灰色（组群Ⅰ）、白色（组群Ⅱ）、黑色（组群Ⅲ）分别代表组群的趋向，每株个体在 3 种色条中最长色条的颜色决定了该株个体所属的组群。图 5-7 显示，组群Ⅰ（灰色）由桂阳、舜皇山、宁远、城步、乳源全部个体，八面山、莽山、阳明山、仁化、乐昌种群的大部分个体，以及田心、南雄部分个体组成；组群Ⅱ（白色）由江西九连山、大余、金盘山，广东南雄全部个体，黎川、连州大部分个体，以及仁化、乐昌、桂东、宜章、双牌种群部分个体组成；组群Ⅲ（黑色）由钟山、千家洞全部个体，临桂和兴安种群大部分个体及岩泉、田心部分个体组成。参照"$Q$ 值>0.6 视为谱系相对单一"的标准（刘丽华等，2009），发现 309 株（97.17%）在某一组群中 $Q$ 值>0.6，推测其谱系相对单一，可划分到相应的组群中；其余的 9 株个体（金盘山种群 3 株，乐昌种群 2 株，仁化种群 2 株，猫儿山种群 1 株，大余种群 1 株）在任何组群中 $Q$ 值都≤0.6，谱系比较复杂。

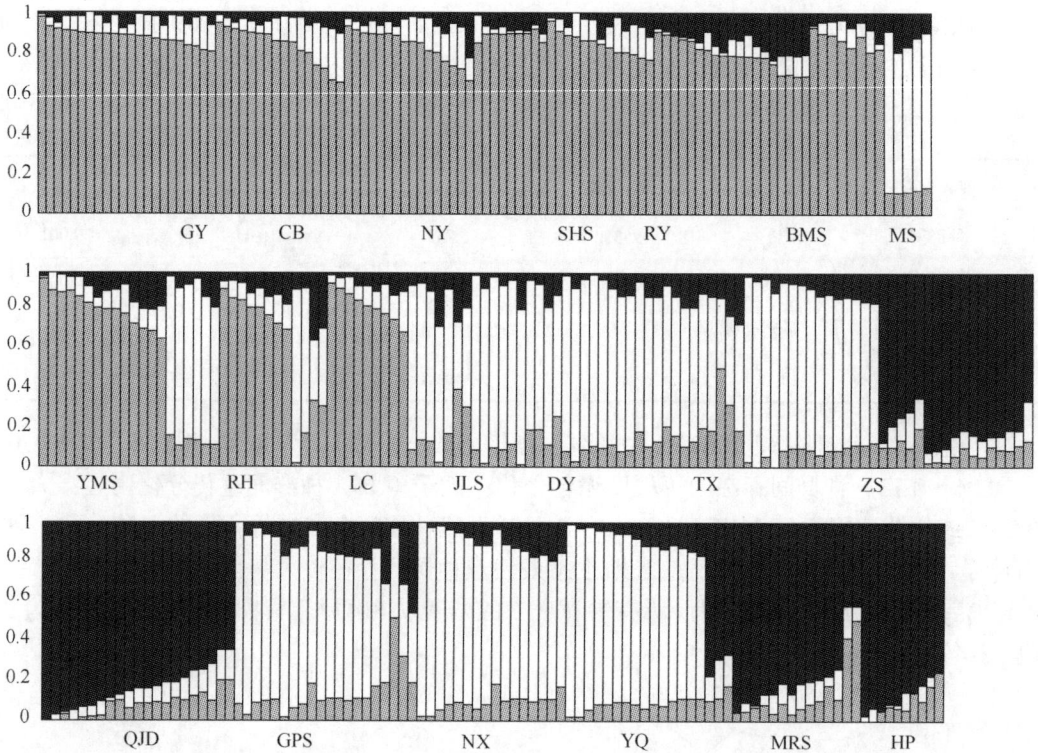

图 5-5　南方红豆杉种群个体的遗传结构

AMOVA 计算的成对种群间遗传分化系数（$\Phi_{ST}$）为 0.041~0.216，种群间遗传分化达到显著水平（$P<0.05$），表明南方红豆杉种群间存在较近的亲缘关系。其中，江西黎川与广西花坪种群遗传分化系数（$\Phi_{ST}=0.216$）最大，说明这两个种群在遗传结构上产生较大的遗传分化；广东乐昌与仁化种群之间遗传分化系数最小（$\Phi_{ST}=0.041$），亲缘关系最近，这暗示着它们之间存在广泛的基因流，也可能在种群进化过程中，乐昌与仁化种群来源于同一母种群。地理水平距离上，广西猫儿山与江西黎川种群最远（918km），广东乳源与湖南莽山种群最近（56km）。

Mantel 相关性矩阵检验表明，南方红豆杉种群间的遗传距离 $\Phi_{ST}$ 与地理距离之间正相关有统计学意义（$r=0.5635$，$p=0.0015$）。

TFPGA 软件的 UPGMA 聚类结果（图 5-6）显示，20 个南方红豆杉天然种群可分为 3 类组群。组群 I 中，江西九连山与广东南雄种群以 63.25%可信度聚在一起，再分别依次与金盘山、大余、黎川聚为 $I_1$ 亚类，可信度为 50.22%；广东仁化与乐昌种群以 86.26%可信度聚为 $I_2$ 亚类；亚类 $I_1$ 与亚类 $I_2$ 再以 46.52%可信度聚为组群 I。组群 II 中，湖南舜皇山与城步种群以 33.68%的可信度先聚在一起，再分别依次与八面山、莽山种群聚为 $II_1$ 亚类，可信度为 69.23%；湖南阳明山与桂阳种群聚为 $II_2$ 类，可信度为 88.65%；亚类 $II_1$ 与亚类 $II_2$ 再以 56.20%可信度聚成类群 II。组群 III 中，广东田心与乳源种群以 42.56%

可信度首先聚在一起，再与湖南宁远种群聚成Ⅲ₁亚类，可信度为 33.89%；广西千家洞
与钟山种群、猫儿山与花坪种群分别以可信度为 17.56%和 89.63%，各自聚成一起，再
以可信度 57.88%聚为Ⅲ₂亚类；亚类Ⅲ₁与亚类Ⅲ₂聚为组群Ⅲ的可信度为 43.97%。

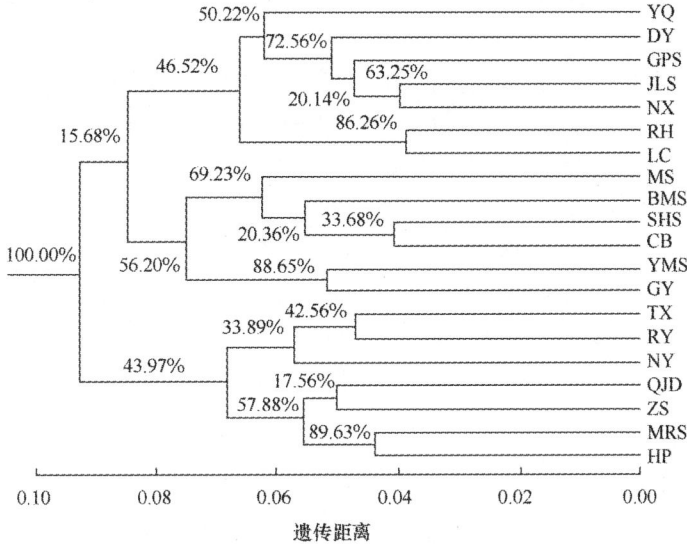

图 5-6　基于南方红豆杉种群 $\Phi_{ST}$ 值的 UPGMA 聚类图

## 三、讨论

### （一）种群遗传多样性

本项目采用 ISSR 标记揭示出南岭山地南方红豆杉在物种水平上多态条带百分率和
Shannon's 信息指数分别为 95.58%、0.514，比采用同样的标记方法的张蕊等（2009）对全
国范围内的 15 个南方红豆杉天然种群（$P_S$=98.89%，$I_S$=0.6063）和 Zhang 等（2009）对
长江流域以南 17 个天然种群（$P_S$=98.40%，$I_S$=0.5152）略低，但比茹文明等（2008）采
用 RAPD 记研究的山西南部的 8 个天然种群（$P_S$=91.79%）和张宏意等（2003）对南岭山
地 12 个天然种群（$P_S$=51%）的结果要高，这进一步表明，ISSR 标记要比 RAPD 标记揭
示更丰富的遗传变异。与三尖杉（$P_S$=91.30%，$I_S$=0.5295）遗传多样性相接近，但比红
豆杉科其他植物（$P_S$=44.4%～77.80%，周其兴等，1998；$P_S$=77.8%，王艇等，2000）种
内的遗传变异更为丰富，这表明，南方红豆杉的物种进化潜力较大（Frankham et al., 2002）。
南方红豆杉濒危原因可能与其生境要求严格、天然更新能力弱及对其过度采伐利用等
有关。

### （二）种群遗传结构

种群遗传分化系数是评价种群遗传结构的重要参数。本研究参试的 20 个南岭山地天
然种群遗传分化系数（0.1041）小于张蕊等（2009）的研究结果（0.2495），这可能是取
样种群范围大小及种群距离远近不同造成的。略低于茹文明等（2006）的研究结果

（0.181），但远低于 Zhang 等（2009）的研究结果（0.5369），这是可能由于参试种群所处的地理位置、种群数量、种群大小及引物不同造成的。

植物种群遗传结构一般解释为交配系统、种子传播方式、生活史、分布区大小等因素综合作用的结果（Glémin et al., 2006；Nybom and Bartish，2000；Nybom，2004）。南方红豆杉天然种群遗传分化系数（0.1041）低于 Nybom（2004）对 116 种植物的种群遗传分化系数统计分析的平均值，这表明南岭山地南方红豆杉种群间存在广泛的基因流。这可能是南方红豆杉为风媒异花授粉树种，传粉能力强，其种子具有红色带甜味的肉质假种皮，可借助鸟及鼠类的吞食而得以远距离传播，现存的种群片断化时间短，因而未发生严重的遗传分化。

南方红豆杉参试个体 STRUCTURE 和种群 UPGMA 的类群划分不完全一致，这种现象在其他一些植物种群遗传结构分析中也出现了类似情况（徐刚标等，2013，2014）。Mantel 相关性矩阵检验认为，南方红豆杉种群遗传距离与地理距离相关性有统计学意义，这表明地理距离在南方红豆杉种群遗传分化中作用比较明显。

（三）遗传资源保护

探讨物种濒危机制是当前生物多样性研究的热点之一，也是保护生物学的核心工作。本研究表明，南方红豆杉在物种和种群水平上都维持较高水平的遗传变异，这说明南方红豆杉遗传进化潜力较大。南方红豆杉自然分布区广，但主要分布在人类居住处周围，人类活动对其资源及其生存环境破坏严重，这可能是其濒危的重要因素之一（茹文明等，2006）。

南方红豆杉天然分布片断化，种群内个体散生，这些种群特征会产生遗传漂变和近交衰退的遗传后果，将可能导致遗传多样性降低、有害等位基因积累和适合度降低，最终使物种面临更高的灭绝风险（Ellstrand and Elam, 1993），因此，开展南方红豆杉遗传资源保护工作迫在眉睫。

基于本项目的研究结果，遗传多样性最高的湖南桂阳、城步及广西灌阳 3 个天然种群中的个体数量较多且分布相对集中，应优先加以保护。同时，要特别重视生长在自然村落旁的南方红豆杉的保护工作，以免因人为破坏或自然灾害而造成遗传多样性丢失。对于株间距 1000m 以上的野生幼小植株，建议进行互相移栽，以增加种群密度，并加强林分抚育管理，促进其健康生长。

# 第三节　　南方红豆杉分子谱系地理学

## 一、材料与方法

（一）材料

材料同本章第二节。

## （二）研究方法

### 1. 基因组 DNA 提取与检测

采用改良的 CTAB 法提取南方红豆杉总 DNA。

### 2. PCR 反应体系优化与引物筛选

参考云南红豆杉简并锚定微卫星-PCR 反应优化体系（30μl）：50ng 模板 DNA，10×PCR buffer，0.1μmol/L 引物，3.0mmol/L MgCl$_2$，0.2mmol/L dNTPs，1 U *Taq* DNA 聚合酶。在此基础上，进行单因素试验（表 5-7）。

表 5-7　PCR 反应体系优化的单因素与水平

| 序号 | 模板 DNA | 引物/（μmol/L） | Mg$^{2+}$/（mmol/L） | dNTPs/（mmol/L） | *Taq* 酶/U |
|---|---|---|---|---|---|
| 1 | 20 | 0.1 | 2.5 | 0.7 | 0.7 |
| 2 | 30 | 0.2 | 3.0 | 0.8 | 1.0 |
| 3 | 40 | 0.3 | 3.5 | 0.9 | 1.5 |
| 4 | 50 | 0.4 | 4.0 | 1.0 | 2.0 |
| 5 | 60 | 0.5 | 4.5 | 1.1 | 2.5 |
| 6 | 70 | 0.6 | 5.0 | 1.2 | 3.0 |

PCR 反应程序为：94℃预变性 4min；94℃变性 1min，55℃退火 1min，72℃延伸 1min，共 35 个循环；最后 72℃延伸 10min，4℃保存。

PCR 扩增完成后，扩增产物采用 1.5%琼脂糖凝胶电泳。设置电压为 5V/cm，电泳缓冲液为 1×TAE。电泳结束后，用 G-BOX 紫外凝胶成像系统拍照并保存，记录数据。

使用优化后的 PCR 反应体系对 cpDNA 非编码序列通用引物进行筛选。备选引物共 14 对，分别为 3'*rps16*-5'*trnK*，*atpI*-*atpH*，*petL*-*psbE*，*psaI*-*accD*，*psbJ*-*petA*，3'*trnV*-*ndhC*，*rpl32*-*trnL*，*TrnDGUCF*-*trnTGGU*，*trnTUGU*-*trnFGAA*，*3914F*-*2R*，*trnCGCAF*-*rpoB*，*trnQ*-5'*rps16*，*trnH*-*psbA* 和 *trnL*-*trnF*。筛选的最适引物扩增产物送至华大基因公司纯化、测序。

### 3. 数据分析

DNA 序列图谱判读、拼接比对，以及单倍型多样性（$H_d$）、核苷酸多样性（$\pi$）、种群平均遗传多样性（$H_S$）和总遗传多样性（$H_T$），$G_{ST}$、$N_{ST}$ 估算，见第四章第三节。

用 Arlequin 3.11 软件进行失配分析（mismatch distribution），并用 DnaSP version 5.10 软件做出失配分布图，并进行中性检测。

用 MEGA5.0 软件构建单倍型系统发育树。使用 TCS1.21 软件（Clement et al., 2000）构建单倍型间网络图，首先假设单倍型源于单次替代，且不存在单个位点发生多次替代的可能，在 95%置信区间，推算极大差异的步数，根据单倍型之间的变化次数，将单倍型相互连接，构建单倍型网络图。采用 GEODIS2.6 软件进行巢式支系法分析（nested clade analysis, NCA）。参照 Templeton（1987，1988，1992，1993）提供的对巢式支系图中各个支系距离格局进行分析的检索表，推断出不同单倍型地理分布格局的历史事件形成原因。

## 二、结果与分析

### （一）反应体系及引物筛选

DNA 模板浓度在 20～70ng 梯度条件下，扩增产物的电泳条带都稳定且清晰，但随着 DNA 模板浓度增加，亮度变化由强减弱。引物浓度在 0.1～0.6μmol/L 的浓度梯度范围内，条带亮度随着浓度增加先逐渐变亮再逐渐变暗。随着 $Mg^{2+}$ 浓度增加，条带亮度逐渐变亮再逐渐暗淡，最清晰条带对应的浓度为 3.5mmol/L。dNTPs 浓度在 0.7～1.2mmol/L 的浓度梯度范围内，条带亮度随着浓度增加先逐渐变亮再逐渐变暗。*Taq* DNA 聚合酶在 6 个梯度浓度下，PCR 扩增产物的电泳结果都有清晰条带，其中 *Taq* DNA 聚合酶用量为 2.0U 时，条带最为明亮。由此确定南方红豆杉 cpDNA 非编码序列 PCR 最佳反应体系（30μl）为：60ng DNA 模板，10×PCR buffer，0.3μmol/L 引物，3.5mmol/L MgCl₂，0.7mmol/L dNTPs，2U *Taq* DNA 聚合酶。

14 对 cpDNA 非编码序列的引物中，引物 *psaI-accD*、*3914F-2R*、*trnC*[GCAF]*-rpoB* 和 *trnT*[UGU]*-trnF*[GAA] 引物的 PCR 扩增产物，经琼脂糖凝胶电泳后，出现 2 条带，表明这些引物对南方红豆杉特异性不强。引物 *petL-psbE* 和 *3'trnV-ndhC* 的 PCR 扩增产物经琼脂糖凝胶电泳，没有检测到无条带。引物 *3'rps16-5'trnK*、*rpl32-trnL*、*TrnD*[GUCF]*-trnT*[GGU] 和 *trnQ-5'rps16* PCR 扩增产物，琼脂糖凝胶电泳检测到单一条带，但是目的片段太长，不利于后续分析。引物 *atpI-atpH*、*psbJ-petA*、*trnH-psbA* 和 *trnL-trnF*（表 5-8）的 PCR 扩增产物，琼脂糖凝胶电泳条带单一、稳定、清晰、明亮，可用于南方红豆杉分子谱系地理学研究。

表 5-8　筛选的 4 对引物

| 引物 | 序列（5'→3'） | 退火温度/℃ | 目的片段长度/bp |
| --- | --- | --- | --- |
| *atpI-atpH* | *atpI*: TATTTACAAGYGGTATTCAAGCT | 54 | 741 |
| | *atpH*: CCAAYCCAGCAGCAATAAC | | |
| *psbJ-petA* | *psbJ*: ATAGGTACTGTARCYGGTATT | 56 | 581 |
| | *petA*: AACARTTYGARAAGGTTCAATT | | |
| *trnH-psbA* | *trnH*: CGCGCATGGTGGATTCACAATCC | 56 | 650 |
| | *psbA*: GTTATGCATGAACGTAATGCTC | | |
| *trnL-trnF* | *trnL*: CGAAATCGGTAGACGCTACG | 55 | 890 |
| | *trnF*: ATTTGAAGTGGTGACACGAG | | |

### （二）序列特征及单倍型分布

基于序列的一致性，将南方红豆杉 cpDNA 非编码序列片段按照 *atpI-atpH*、*psbJ-petA*、*trnH-psbA*、*trnL-trnF* 的顺序合并，总长度为 2862bp。DnaSP version 5.10 软件分析估算的南方红豆杉 cpDNA 片段序列特征及单倍见表 5-9。由表 5-9 可知，*atpI-atpH* 片段长度为 741bp，含有 2 个突变位点。在 84bp 处发生碱基转换（T→C），在 229～233bp 发生插入或缺失（ATATC）。*psbJ-petA* 片断片段长度为 581bp，含有 6 个变异位点，在 81bp 处发生碱基转换（C→T），74bp 处发生碱基转换（A→G），85bp 处发生碱基转换（C→T），88bp 处发生碱基转换（A→G），93bp 处发生碱基转换（A→T），94bp 处发生碱基转换（G→A）。*trnH-psbA* 片断长度为 650bp，变异位点有 2 个，22bp 处发生碱基转换（G→A），173 bp 处发生碱基转换（C→T）。*trnL-trnF* 片段长度为 890bp，变异位点为 3 个，74bp 处发生碱基转换（A→C），79bp 处发生碱基转换（C→A），497bp 处发生碱基转换（C→T）。

**表 5-9　南方红豆杉单倍型变异位点**

| 变异位点 | | 单倍型 | | | | | | | | | | | | |
|---|---|---|---|---|---|---|---|---|---|---|---|---|---|---|
| | | H1 | H2 | H3 | H4 | H5 | H6 | H7 | H8 | H9 | H10 | H11 | H12 | H13 |
| *atpI-atpH* | 84 | T | T | T | C | T | T | T | T | T | T | T | T | T |
| | 229~233 | — | | | | | | | | | | | | |
| *psbJ-petA* | 81 | C | C | C | C | C | C | C | C | C | T | C | C | C |
| | 84 | A | A | A | A | A | A | A | A | A | G | A | A | A |
| | 85 | C | C | C | C | C | C | C | C | C | T | C | C | C |
| | 88 | A | A | A | A | A | A | A | A | A | G | A | A | A |
| | 93 | A | A | A | A | A | T | A | A | A | A | A | T | A |
| | 94 | G | G | G | G | G | A | A | A | A | A | A | A | A |
| *trnH-psbA* | 22 | G | G | G | G | A | G | G | G | G | G | G | G | G |
| | 173 | C | C | C | C | C | C | C | T | C | C | C | C | C |
| *trnL-trnF* | 74 | A | A | A | A | A | A | A | A | A | A | C | A | A |
| | 79 | A | C | C | C | A | A | A | C | C | C | C | C | A |
| | 497 | tC | C | T | C | C | C | C | C | C | C | C | C | C |

注："—"代表 ATATC。

合并后的片段中单个碱基因突变位点为 12 个，占片段总长度的 0.42%。其中单一性突变位点 9 个，简约信息性位点 3 个。插入片段位点为 1 个，片段长度为 5bp，占片段总长度的 0.17%。共检测到 13 个单倍型。南方红豆杉 cpDNA 非编码序列的位点变异较为普遍，其中，*psbJ-petA* 片段的突变位点最多，6 个；*trnH-psbA* 和 *psbJ-petA* 片断的突变位点最少，仅 2 个。*atpI-atpH* 和 *trnH-psbA* 区域不含有简约信息性位点，仅 *atpI-atpH* 片段含有插入位点。

### （三）种群遗传多样性和遗传结构

南方红豆杉 4 条 cpDNA 片段单倍型变异位点信息见表 5-10。20 个种群 318 个个体中共检测到 14 个单倍型（表 5-10），单倍型多样性（$H_d$）为 0.5648，核苷酸多样性（$\pi$）为 0.000 31。其中，江西信丰种群（GPS）单倍型多样性最大（$H_d=0.6325$），广西猫儿山（MRS）种群核苷酸多样性最大（$\pi=0.000\ 49$）。除种群花坪（HP）、宁远（NY）、黎川（YQ）外，其他种群有多个单倍型存在。单倍型 H1 分布最广，除花坪外，出现在其他 19 个种群中。相对而言，单倍型 H3、H4、H5、H7、H9、H11、H12、H13 和 H14 分布范围较小，只存在于单一种群中。总遗传多样性（$H_T$）为 0.6332，种群内平均遗传多样性（$H_s$）为 0.4916，种群间遗传分化系数 $G_{ST}$ 为 0.223 68，$N_{ST}$ 为 0.298 63。U 统计分析比较表明，$N_{ST}$ 显著大于 $G_{ST}$（$P<0.05$）。这表明，南方红豆杉亲缘关系较近的单倍型发生在同样种群中的概率较高，在南岭山地分布范围内具有显著的谱系地理结构。

表 5-10　南方红豆杉 20 个种群叶绿体 DNA 单倍型频率

| 种群 | 株数 | 单倍型（个体数） | | | | | | | | | | | | | | $H_d$ | $\pi/10^{-3}$ |
|---|---|---|---|---|---|---|---|---|---|---|---|---|---|---|---|---|---|
| | | 1 | 2 | 3 | 4 | 5 | 6 | 7 | 8 | 9 | 10 | 11 | 12 | 13 | 14 | | |
| GY | 22 | 15 | 6 | 1 | | | | | | | | | | | | 0.4589 | 0.25 |
| YMS | 20 | 7 | 8 | | | | | | 1 | | 4 | | | | | 0.6752 | 0.38 |
| CB | 16 | 9 | 7 | | | | | | | | | | | | | 0.4922 | 0.21 |
| NY | 16 | 14 | | | | | | | 2 | | | | | | | 0.2187 | 0.07 |
| SHS | 10 | 8 | 2 | | | | | | | | | | | | | 0.3212 | 0.22 |
| BMS | 19 | 12 | 6 | | | | 1 | | | | | | | | | 0.4986 | 0.22 |
| MS | 13 | 11 | 2 | | | | | | | | | | | | | 0.2603 | 0.12 |
| GPS | 20 | 11 | 4 | | | | | | 2 | | 2 | | | 1 | | 0.6325 | 0.36 |
| DY | 20 | 12 | 7 | | 1 | | | | | | | | | | | 0.5151 | 0.24 |
| YQ | 18 | 18 | | | | | | | | | | | | | | 0 | 0 |
| JLS | 10 | 1 | 8 | | | | | | 1 | | | | | | | 0.3421 | 0.18 |
| QJD | 22 | 3 | 17 | | | | | | 1 | | | | 1 | | | 0.3802 | 0.25 |
| HP | 10 | | 10 | | | | | | | | | | | | | 0 | 0.00 |
| MES | 14 | 1 | 8 | | | 3 | | | | | 2 | | | | | 0.4583 | 0.49 |
| ZS | 12 | 4 | 8 | | | | | | | | | | | | | 0.1912 | 0.20 |
| TX | 20 | 7 | 12 | | | | | | | | | | 1 | | | 0.5175 | 0.21 |
| RY | 12 | 11 | 1 | | | | | | | | | | | | | 0.1528 | 0.08 |
| NX | 16 | 9 | 6 | | | | | | | 1 | | | | | | 0.5391 | 0.23 |
| RH | 12 | 8 | 4 | | | | | | | | | | | | | 0.4444 | 0.26 |
| LC | 16 | 10 | 5 | | | | | 1 | | | | | | | | 0.5078 | 0.19 |
| 总体 | 318 | 171 | 121 | 1 | 1 | 3 | 1 | 1 | | | | | 1 | | | 0.5648 | 0.31 |

　　南方红豆杉 cpDNA 非编码序列片段多态性信息见表 5-11。4 个 cpDNA 非编码序列片段中，*trnL-trnF* 序列平均核苷酸差异最大（$k=0.5016$），*trnH-psbA* 序列平均核苷酸差异最小（$k=0.008 60$）。*trnL-trnF* 片段单倍型数（$h=4$）、核苷酸多样性（$\pi=0.000 64$）和单倍型多样性（$H_d=0.4967$）最高，*atpI-atpH* 和 *trnH-psbA* 的单倍型数（$h=3$），核苷酸多样性（$\pi=0.000 03$）和单倍型多样性（$H_d=0.0086$）最低。*psbJ-petA* 片段单倍型多样性方差（$V_h=0.000 49$）和单倍型多样性标准差（$S_h=0.022$）最大，而 *atpI-atpH* 单倍型多样性方差（$V_h=0.000 02$）和单倍型多样性标准差（$S_h=0.004$）最低。合并之后 cpDNA 片段共有单倍型 14 个，单倍型多样性为 0.5987，核苷酸多样性为 0.000 31，平均核苷酸差异为 0.867 58，单倍型多样性方差为 0.000 18，单倍型多样性标准差为 0.013。

**表 5-11　南方红豆杉 cpDNA 片段多态性信息**

| 叶绿体 DNA 片段 | atpI-atpH | psbJ-petA | trnH-psbA | trnL-trnF | 合并 |
|---|---|---|---|---|---|
| 多态变异位点（$V_s$） | 1（0.13%） | 6（1.03%） | 2（0.31%） | 3（0.34%） | 12（0.42%） |
| 单一突变位点（$S_s$） | 1（0.13%） | 4（0.69%） | 2（0.31%） | 2（0.22%） | 9（0.31%） |
| 简约信息性位点（$P_s$） | 0 | 2（0.34%） | 0 | 1（0.11%） | 3（0.10%） |
| 插入/缺失位点（$I_s$） | 5（0.67%） | 0 | 0 | 0 | 5（0.17%） |
| 核苷酸多样性（$\pi$）/$10^{-3}$ | 0.01 | 0.74 | 0.01 | 0.64 | 0.35 |
| 平均核苷酸差异（$k$） | 0.004 30 | 0.353 06 | 0.008 60 | 0.501 61 | 0.867 58 |
| 单倍型数（$H$） | 3 | 4 | 3 | 4 | 14 |
| 单倍型多样性（$H_d$） | 0.008 6 | 0.169 3 | 0.008 6 | 0.496 7 | 0.585 6 |
| 单倍型多样性方差（$V_h$） | 0.000 02 | 0.000 49 | 0.000 04 | 0.000 05 | 0.000 18 |
| 单倍型多样性标准差（$S_h$） | 0.004 | 0.022 | 0.006 | 0.007 | 0.013 |
| Fu and Li's $D$ 统计量 | −2.388 25* | 1.000 45 | −3.360 40** | −2.490 69* | −2.466 36* |
| Fu and Li's $F$ 统计量 | −2.265 77 | 0.308 03 | −3.160 75** | −1.914 78 | −2.375 13* |
| Tajima's $D$ 统计量 | −0.868 91 | −1.110 12 | −1.179 69 | 0.176 67 | −1.145 81 |

注：括号中数据为变异或者插入/缺失位点数占总位点数比例。*表示 $P<0.05$ 水平上差异显著；**表示 $P<0.01$ 水平上差异显著。

分子方差分析表明（表 5-12），南方红豆杉 cpDNA 变异主要存在于种群内（74.32%），种群间变异较小（25.68%）。种群间遗传分化系数 $F_{ST}=0.256\ 76$（$P<1\%$），这与 DnaSP 计算结果相一致，表明南方红豆杉遗传分化明显。

**表 5-12　南方红豆杉种群分子方差分析**

| 变异来源 | 自由度 | 均方和 | 方差组分 | 变异百分率/% |
|---|---|---|---|---|
| 种群间 | 24 | 55.141 | 0.107 61 | 25.68 |
| 种群内 | 440 | 137.061 | 0.311 50 | 74.32 |
| 整体 | 464 | 192.202 | 0.419 11 | |
| $F_{ST}=0.256\ 76$ | | | | |

（四）中性检验和种群扩张历史分析

中性检验表明，除片段 trnL-trnF 外，其他 3 个 cpDNA 片断及合并后的片断均为负值（表 5-11），其中，atpI-atpH 片段 Tajima's $D$ 值（−0.868 91）最小，trnL-trnF 区段 Tajima's $D$ 最大（0.176 67），4 个片段及合并后的片段 Tajima's $D$ 均无显著性，说明南方红豆杉种群遵循中性进化模型。合并后片段 Fu and Li's $D$ 为−2.466 36，Fu and Li's $F$ 值为−2.375 13，在 $P<0.05$ 水平的统计上显著。这意味着南方红豆杉种群中有较多的低频率的单倍型，这可能是南方红豆杉种群经历瓶颈效应后扩张的结果。

基于种群增长模型，利用 DnaSP version 5.10 软件对南方红豆杉 cpDNA 序列进行失配分布分析，结果如图 5-7 所示。从图 5-7 可以看出，失配分布图为单峰，表明南方红豆杉种群处于扩张状态或经历过瓶颈效应。

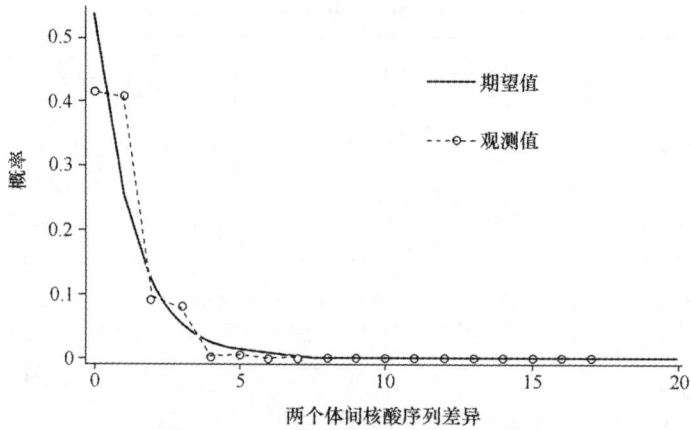

图 5-7　cpDNA 序列失配分布曲线

运用 MEGA5.0 软件邻接法对南方红豆杉 13 种单倍型构建系统发育树（图 5-8）。单倍型 H10 单独聚成一支，其他单倍型聚成一支。除 H10 外，H2 与其他单倍型距离较远。单倍型 H6 与 H13，单倍型 H7 与 H12，单倍型 H8 与 H9，单倍型 H1 与 H5 亲缘关系较近。由于序列间变异水平很低，自展支持率都很低，各节点的自展支持率都低于 50%的阈值，各分支关系没有体现出来。

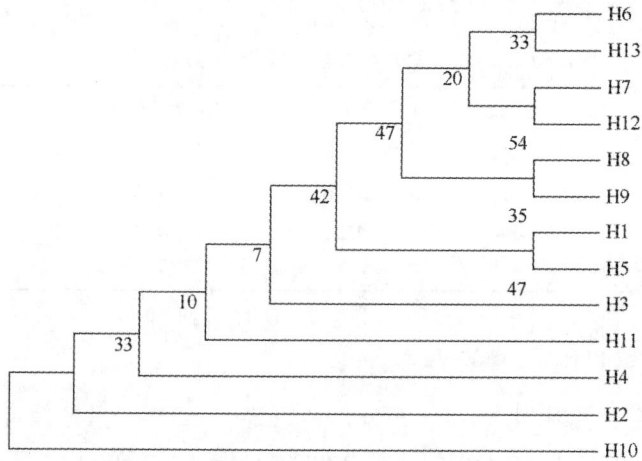

图 5-8　单倍型系统关系图

将单倍型序列信息导入 TCS.21 软件可得到单倍型之间网络关系图（图 5-9），H2 位于图的中心位置，与其他单倍型相比应该为比较古老的单倍型。H1、H3、H4、H9、H10、H11 皆演化自 H2；H1 又分化出 H5、H6 二支系，H6 进一步分化成 H7 和 H13，H12 由 H7、H8 由 H9 经过一步突变形成的。

根据 Templeton 原则对网络关系图进行分析，可得巢式支系图（图 5-10）。

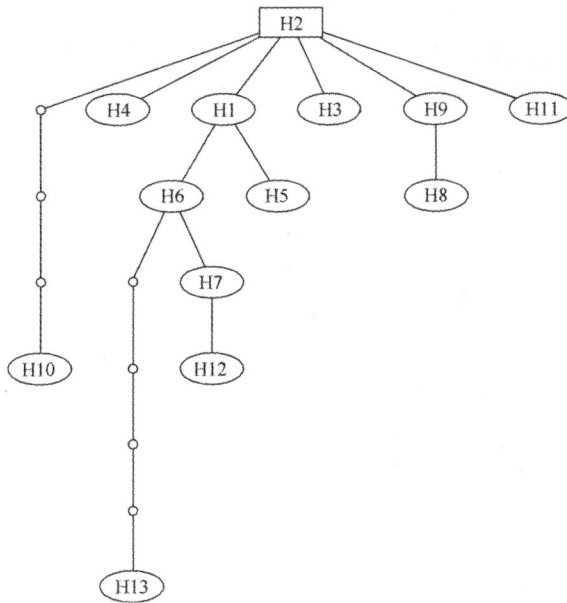

图 5-9 南方红豆杉单倍型的网络关系图

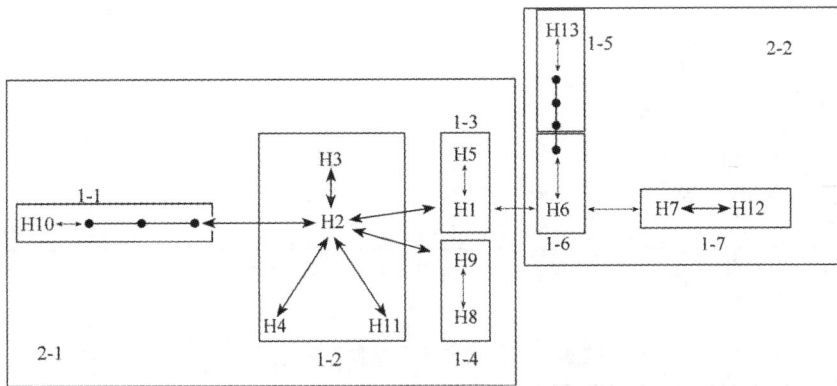

图 5-10 南方红豆杉单倍型巢式支系图

13 种单倍型共有 5 个一级支系：H10 单独构成支系 1-1；支系 1-2 内存在 H2、H3、H4、H7 和 H11；H1 和 H5 形成支系 1-3；H8 和 H9 形成支系 1-4。这 4 个一级支系组成二级支系 2-1。单倍型 H13 构成的一级支系 1-5，H6 构成一级支系 1-6，H7 和 H12 形成支系 1-3，这 3 个一级支系组成二级支系 2-2。2-1 和 2-2 成为包含所有单倍型的总支系。

使用 Geodis2.5 软件将巢式图分析结果转化为数据形式，可得到一级支系、二级支系和总支系的巢内距离（Dc）、巢间距离（Dn）、I-T 和显著性大小（P）（表 5-13）。按照检索表推测南岭山地南方红豆杉各单倍型间地理格局成因可能是长距离基因流和/或曾发生过片段化（表 5-14）。

**表 5-13　南方红豆杉单倍型巢式支系分析表**

| | 零步分支 | | | | | 一步分支 | | | | | |
|---|---|---|---|---|---|---|---|---|---|---|---|
| Hap | 位置 | $D_c$ | $P$ | $D_n$ | $P$ | Clade | 位置 | $D_c$ | $P$ | $D_n$ | $P$ |
| H2 | I | 263.409 | 0.434 | 263.498 | 0.452 | | | | | | |
| H3 | T | 0.000 | 1.000 | 329.974 | 0.344 | | | | | | |
| H4 | T | 0.000 | 1.000 | 121.334 | 0.106 | | | | | | |
| H7 | T | 0.000 | 1.000 | 421.930 | 0.081 | | | | | | |
| H10 | T | 0.000 | 1.000 | 170.149 | 0.237 | | | | | | |
| I-T | — | 263.409 | 0.434 | $0.000_{SL}$ | 0.000* | 1-2 | I | $263.494_s$ | 0.010* | 275.168 | 0.095 |
| H1 | I | 292.697 | 0.158 | 292.669 | 0.124 | | | | | | |
| H5 | T | 0.000 | 1.000 | 58.086 | 0.069 | | | | | | |
| I-T | — | 292.697 | 0.158 | 234.583 | 0.069 | 1-3 | I | 291.938 | 0.102 | 292.057 | 0.084 |
| H9 | T | 0.000 | 1.000 | 0.000 | 1.000 | 1-1 | T | 0.000 | 0.048 | 301.259 | 0.404 |
| | | | | | | I-T | — | 279.805 | 0.054 | −16.408 | 0.409 |
| H6 | I | $255.165_s$ | 0.0130* | 286.625 | 0.492 | | | | | | |
| H8 | T | 272.937 | 0.1580 | 287.229 | 0.495 | | | | | | |
| I-T | — | −17.772 | 0.1290 | −0.603 | 0.492 | 1-5 | T | 286.969 | 0.512 | 287.136 | 0.244 |
| H11 | T | 0.000 | 1.0000 | 0.000 | 1.000 | 1-4 | I | 0.000 | 1.000 | 269.970 | 0.165 |
| | | | | | | I-T | — | −286.969 | 0.512 | −17.165 | 0.165 |

| | 两步分支 | | | | |
|---|---|---|---|---|---|
| Clade | 位置 | $D_c$ | $P$ | $D_n$ | $P$ |
| 2-1 | I | 284.629 | 0.213 | 285.633 | 0.390 |
| 2-2 | T | 286.706 | 0.435 | 295.481 | 0.341 |
| I-T | — | −2.076 | 0.417 | −9.8483 | 0.344 |

注：I-T. 内支两种距离与末支两种距离均值之差；S, SL. 对数据进行 1000 次随机选择—检测 $D_c$ 或 $D_n$ 是显著性大或者显著性小；*表示显著性水平是 $P<0.05$。

**表 5-14　巢式支系分析结果的推论**

| 分支 | 概率 $P$ | 检索 | 推论 |
|---|---|---|---|
| 1-3 | 0 | 1-2-3-4（NO） | 距离导致隔离使得基因流受限 |
| 整体 | 0 | 1-2-3-5-6-13-14（NO） | 长距离基因流和/或曾发生过片段化 |

## 三、讨论

张雪梅等（2012）检测到 *trnL-trnF* 片段存在 21 个变异位点，在本研究中仅检测到 *trnL-trnF* 片段 3 个变异位点，其中，2 个变异位点与张雪梅等检测的结果相同。本研究中未检测到的 19 个变异位点是在非南岭山地材料中检测到的，而本研究中新检测到的新变异位点可能与采样布点较密有关。

本研究对 20 个南方红豆杉种群共 318 株个体进行叶绿体 DNA 非编码序列 *atpI-atpH*、*psbJ-petA*、*trnH-psbA* 和 *trnL-trnF* 联合分析，共检测到 13 个单倍型，所有单倍型中存在

5 个插入或缺失位点，突变位点共 12 个，其中单一突变位点 9 个，简约性信息位点 3 个。其中，*psbJ-petA*、*trnH-psbA* 序列片断较 *trnL-trnF* 和 *atpI-atpH* 变异位点数较高，*trnL-trnF* 和 *psbJ-petA* 多态性较高。合并后的片段单倍型多样性（$H_d$）为 0.6259，核苷酸多样性（$\pi$）为 0.000 32。种群间遗传分化系数 $N_{ST}$（0.298 63）显著大于 $G_{ST}$（0.223 68），表明南方红豆杉 cpDNA 变异在南岭山地具有显著的谱系地理结构。

　　分子方差分析表明，南方红豆杉变异主要存在于种群内（74.32%），种群间变异较小（25.68%），$F_{ST}$ 为 0.256 76，与张雪梅等研究结果相接近，说明南方红豆杉群间遗传分化明显。中性检验中，4 个非编码序列及合并后片段 Tajima's *D* 均无显著性，说明南方红豆杉种群遵循中性进化模型。显著的 Fu and Li's *F* 负值及失配分布图中出现了单峰结构，表明南方红豆杉种群中存在较多的低频率单倍型，这可能是种群经历遗传瓶颈后扩张而引起的。

　　南方红豆杉种群中叶绿体单倍型 H2 位于网络关系图的中心位置，且分布于大多数种群中。一般认为，新分化的单倍型往往与原始单倍型形成星状结构，原始单倍型处在星状结构的中心（王久利，2014）。南方红豆巢式支系图中单倍型结构呈现出星状，据此推测，单倍型 H2 可能是比较古老的单倍型，南方红豆杉种群经历过明显的种群扩张过程。

　　本研究结果表明，南岭山地南方红豆杉种群的现有地理分布格局的成因是距离导致隔离使得基因流受限，这与南岭山地复杂多样的高山有关。南岭山地生物多样性丰富，而且存在多种子遗植物，可能是因为存在零星的多个小避难所，冰期过后避难所中的南方红豆杉种群扩张，以及长距离基因流和/或近期种群曾发生过片段化从而形成现代分布格局。

## 参 考 文 献

陈辉，刘玉宝，陈福甫. 1999. 南方红豆杉扦插基质配方优化的研究. 福建林学院学报，19（4）：292-295.

陈鹰翔. 2001. 南方红豆杉扦插繁殖试验. 江苏林业科技，28（3）：21-22.

丁桂生. 2011. 南方红豆杉种源遗传多样性和遗传分化. 中国林副特产，11（3）：7-11.

费永俊，雷泽湘. 1999. 不同扦插生境对南方红豆杉育苗的影响. 山地农业生物学报，18（5）：296-299.

高银祥，于景华，祖元刚，等. 2009. 不同激素处理对南方红豆杉扦插苗的影响. 中国农学通报，25（1）：93-96.

韩国勇. 2006. 南方红豆杉嫩枝扦插育苗技术. 林业科技开发，20（5）：87-88.

胡德活，韦如萍. 2007. 南方红豆杉扦插繁殖技术研究. 广东林业科技，23（1）：1-6.

黄丽洁. 2007. 基于叶绿体 SSR 研究南方红豆杉的遗传多样性和遗传结构. 广州：中山大学硕士学位论文.

黄儒珠，郭祥泉，方兴添，等. 2006. 变温层积处理对南方红豆杉种子生理生化特性的影响. 福建师范大学学报（自然科学版），22（2）：95-98.

吉前华，郭雁君，李少琼，等. 2007. 不同处理对南方红豆杉种子萌发的影响. 安徽农业科学，35（3）：9858-9860.

江建铭，沈宇峰，孙乙铭. 2009. 红豆杉种质资源遗传多样性的 AFLP 分析. 中国野生植物资源，28（5）：37-40.

李乃伟，贺善安，束晓春，等. 2011. 基于 ISSR 标记的南方红豆杉野生种群和迁地保护种群的遗传多样性和遗传结构分析. 植物资源与环境学报，20（1）：25-30.

李乃伟，束晓春，何树兰，等. 2010. 南方红豆杉的 ISSR 遗传多样性分析. 西北植物学报，30（12）：2536-2541.

李效贤，张春椿，熊耀康. 2011. 南方红豆杉的鉴别研究. 中草药，34（4）：538-540.

廖文波，苏志尧. 1996. 抗癌植物南方红豆杉保护生物学价值的评价. 生态科学，15（2）：17-20.

廖文波，张志权，陈志明，等. 2002. 粤北南方红豆杉的群落类型及去后与繁殖生物学特性. 应用生态学报，13（7）：795-801.

刘戈飞. 2006. 南方红豆杉种质资源调查及繁殖技术研究. 杨凌：西北农林科技大学硕士学位论文.

刘丽华，王丽新，赵昌平，等．2009．光温敏二系杂交小麦恢复系遗传多样性和群体结构分析．中国生物化学与分子生物学报，25（9）：867-875.

茹文明，秦永燕，张桂萍，等．2008．濒危植物南方红豆杉遗传多样性的 RAPD 分析．植物研究，28（6）：698-704.

茹文明，张金屯，张峰，等．2006．濒危植物南方红豆杉濒危原因分析．植物研究，2006，26（5）：624-628.

苏应娟．1994．红豆杉科系统位置的研究概况．中山大学研究生学刊自然科学版，15（1）：80-87.

孙启武，王磊，张小平，等．2009．皖南山区南方红豆杉种群动态研究．林业科学研究，22（4）：579-585.

檀丽萍，陈振峰．2006．中国红豆杉资源．西北林学院学报，21（6）：113-117.

王伏雄，陈祖铿，胡玉熹．1979．从胚胎发育和解剖结构讨论红豆杉科的系统位置．植物分类学报，17（3）：1-7.

王久利，高庆波，付鹏程，等．2014．青藏高原及其毗邻山区蒙古绣线菊谱系地理学研究．西北植物学报，34（10）：1981-1991.

王鹏，张振宇，马玲玲，等．2013．南方红豆杉嫩枝扦插技术研究．中国农学通报，29（25）：49-54.

王艇，苏应娟，黄超，等．2000．红豆杉科植物 RAPD 分析及其系统学意义．西北植物学报，20（2）：243-249.

王艳，姚松林，祁翔，等．2009．梵净山自然保护区南方红豆杉资源分布现状调查．西南农业学报，22（4）：1073-1076.

文亚峰，谢伟东，韩文军，等．2012．南岭山地南方红豆杉的资源现状及其分布特点．中南林业科技大学学报，32（7）：1-5.

吴秋良，单利英，刘足良，等．2011．南方红豆杉嫩枝扦插育苗技术研究．华东森林经理，3：21-22.

吴晓明，熊亮，鲍燕群，等．2007．南方红豆杉种子不同处理育苗技术．江西农业学报，19（12）：134-135.

吴晓明．2010．南方红豆杉不同扦插时间对成活率的影响．中国野生植物资源，29（1）：62-64.

席以珍．1986．中国红豆杉科花粉形态的研究．植物分类学报，24（4）：247-252.

谢春平．2013．南方红豆杉地理分布与保护建议．四川农业大学学报，31（3）：277-282.

谢志慧，杜玲玲，李效贤，等．2009．南方红豆杉研究新进展．药学专论，18（15）：3-5.

熊耀康，谢志慧，张春椿，等．2009．破除南方红豆杉种子休眠方法的研究．浙江中医药大学学报，33（5）：732-737.

徐刚标．2009．植物群体遗传学．北京：科学出版社：160-180.

徐刚标，梁艳，蒋燚，等．2013．伯乐树种群遗传多样性及遗传结构．生物多样性，21（6）：723-731.

徐刚标，吴雪琴，蒋桂雄，等．2014．濒危植物观光木遗传多样性及遗传结构分析．植物遗传资源学报，15（2）：265-271.

于海莲，李凤兰，赵翠格，等．2009．南方红豆杉种子发芽抑制物质的初步研究．北京林业大学学报，31（5）：78-83.

张峰，上官铁梁．1988．以山西南方红豆杉（*Taxus mairei*）森林群落的生态优势度分析．山西大学学报（自然科学版），3：82-86.

张桂萍，茹文明．2003．山西南方红豆杉群落和种群结构研究．山西大学学报（自然科学版），26（20）：169-172.

张宏意，陈月琴，廖文波．2003．南方红豆杉不同种群遗传多样性的 RAPD 研究．西北植物学报，23（11）：1994-1997.

张玲玲．2009．南方红豆杉 DNA 指纹图谱技术研究．福州：福建农林大学硕士学位论文.

张蕊，周志春，金国庆，等．2009．南方红豆杉种源遗传多样性和遗传分化．林业科学，45（1）：50-56.

张雪梅，李德珠，高连明．2012．南方红豆杉谱系地理学研究．西北植物学报，32（10）：1983-1989.

张艳杰，高捍东，鲁顺保．2007．南方红豆杉种子中发芽抑制物的研究．南京林业大学学报（自然科学版），31（4）：51-56.

张志权，廖文波，钟翎，等．2000．南方红豆杉种子萌发生物学研究．林业科学研究，13（3）：280-285.

郑万钧，傅立国．1978．中国植物志（第七卷）．北京：科学出版社：438.

周其兴，葛颂，顾志建，等．1998．中国红豆杉属及其近缘植物的遗传变异和亲缘关系分析．植物分类学报，36（4）：323-332.

周其兴．2000．红豆杉科的系统学研究．昆明：中国科学院昆明植物研究所博士学位论文.

朱念德，刘蔚秋，伍建军，等．1999．影响南方红豆杉种子萌发因素的研究．中山大学学报（自然科学版），38（2）：75-79.

朱琼琼，鲁长虎．2007．食果鸟类在红豆杉天然种群形成中的作用．生态学杂志，26（8）：1238-1243.

Amen R D. 1986. A model of seed dormancy. Botanical Review, 34: 1-10.

Bobrov A V F Ch, Melikian A P. 2006. A new class of coniferophytes and its system based on the structure of the female reproductive organs . Komarovia, 4: 47-115.

Christenhusz M J M, Reveal J L, Farjon A, et al. 2011. A new classification and linear sequence of extant gymnosperms. Phytotaxa, 19: 55-70.

Ellstrand N C, Elam D R. 1993. Population genetic consequences of small population size: implications for plant conservation. Annual Review of Ecology and Systematic, 24: 217-242.

Frankham R, Ballou J D, Briscoe D A. 2002. Introduction to conservation genetics. Cambridge: Cambridge University Press:2-9, 96-112.

Glémin S, Bazin E, Cliarleswortli D. 2006. Impact of mating systems on patterns of sequence polymorphism in flowering plants. Proceedings of the Royal Society B-Biological Sciences, 1604 (273): 3011-3019.

Lu J J, Hu X, Liu J J, et al. 2012. Genetic diversity and population structure of 151 Cymbidium sinense cultivars. Journal of Horticulture and Forestry, 3(4): 104-114.

Nybom H. 2004. Comparison of different nuclear DNA markers for estimating intraspecific genetic diversity in plants. Molecular Ecology, 13(5): 1143-1156.

Nybom H, Bartish I V. 2000. Effects of life history traits and sampling strategies on genetic diversity estimates obtained with RAPD markers in plants. Perspectives in Plant Ecology, Evolution and Systematic, 3(2): 93-114.

Sahni B. 1920. On certain archaic features in the seed of *Taxus baccata* with remarks on the antiquity of the Taxineae. Annals of Botany, 34 (133): 117-133.

Takhtajan A L. 1953. Phylogenetic principles of the system of higher plants. The Botanical Review, 19 (1): 1-45.

Templeton A R. 2004. Statistical phylogeography: methods of evaluating and minimizing inference errors. Molecular Ecology, 13(4): 789-809.

Templeton A R, Crandall K A, Sing C F. 1992. A cladistic analysis of phenotypic associations with haplotype inferred from restriction endonuclease mapping and DNA sequence data III. Cladogram estimation. Genetics, 132(2): 619-633.

Wang F H, Chen Z K. 1990. An outline of embryological characters of gymnosperms in relation to systematics and phylogeny. Cathaya, 2: 1-10.

Williams C G . 2009. Conifer Reproductive Biology. New York: Springer: 59-77.

Zhang D Q, Zhou N. 2013. Genetic diversity and population structure of the endangered conifer *Taxus wallichiana* var. *mairei* (Taxaceae) revealed by Simple Sequence Repeat (SSR) markers. Biochemical Systematics and Ecology, 49: 107-114.

Zhang X M, Gao L M, Moller M, et al. 2009. Molecular evidence for fragmentation among populations of *Taxus wallichiana* var. *mairei*, a highly endangered conifer in China. Canadian Journal of Forest Research, 39: 755-764.

# 第六章 观光木遗传多样性研究

观光木（*Tsoongiodendron odorum* Chun）又名香花木、香木楠、宿轴木兰，为木兰科植物，是古老的孑遗树种。树干挺拔，姿态优美，花香宜人，是著名的庭园观赏树种；材质优良，具有较高的经济价值。观光木被列为国家二级重点保护植物和极小种群物种（国家林业局野生动植物保护与自然保护区管理司，2013），对研究古代植物区系、古地理、古气候都有重要的科学价值。

观光木为常绿乔木，树高达 30m，胸径达 1.5m。树皮淡灰褐色，具深皱纹；小枝、芽、叶柄、叶面中脉、叶柄和花梗密被黄棕色的粗糙细毛。叶厚纸质或薄革质，椭圆形或倒卵状椭圆形，长 8～17cm，宽 3.5～7cm，先端急尖或钝圆，基部楔形，叶面褐绿色，中脉、侧面及网脉凹陷；叶柄长 1.2～2.5cm，托叶痕几乎达叶柄中部（Nia et al., 2009）。观光木为虫媒花植物（曾庆文等，2004），花芳香，单生叶腋。花被 9～10 片，狭倒卵状椭圆形，象牙黄色，带有紫红色斑点，外轮 3 片最大，长 17～20mm，宽 6.5～7.5mm，内轮 6～7 片向内渐小。花丝红色，花药侧向开裂。雄蕊多枚，长 7.5～8.5mm；雌蕊柄粗壮，长约 2mm，具槽，密被粗糙细毛。聚合果多处凸起垂悬于老枝上，长椭圆形，有时上部心皮退化而呈球形，长达 13cm，直径约 9cm。成熟时，暗紫色，近肉质，干时木质，深棕色，具有明显的黄色皮孔。成熟聚合果的蓇葖两瓣开裂，每蓇葖具种子 4～6颗。种子椭圆体形或三角状倒卵形，外种皮红色，内种皮黄色。种子在成熟过程中，胚珠未形成的种子数大于胚珠形成种子数（张著林，2003）。花期 3～4 月，果熟期 9～10月（刘玉壶，2006）。

## 第一节 观光木研究概况

1919 年，我国著名植物学家钟观光先生在广西首次采集到观光木标本，1963 年，被陈焕镛教授鉴定为新属，以钟先生名字命名为观光属（*Tsoongiodendron*）（朱宗元和梁存柱，2005），为单种属（傅立国和金鉴明，1992）。近年，有人认为，观光木属与含笑属（*Michelia*）合并为含笑属（Nia et al., 2009）。目前，观光木系统发育关系尚未定论。基于 Stebbins 的染色体核型不对称性类型，观光木染色体核型为"2A"型，具有较整齐对称核型的细胞学特征，基于此，吴文姗等（1997）认为，观光木在系统进化地位上处于较原始地位。

观光木间断性零星分布于我国南岭山地及周边地区，如福建、江西南部、湖南南部、广东、广西、贵州南部、云南东南部、海南，以及越南北部等山区的常绿阔叶林中或林缘，或者散生于山区的村庄及房前屋后（李松海等，2011）。垂直分布于海拔 300～600m，最低海拔为 200m 左右，最高海拔为 1200m 左右（云南东南部），属偶见种（杨玉盛等，2002）。观光木的自然分布区内气候温暖湿润，年平均气温 18～20℃，年平均降雨量

1500～2000mm，相对湿度较高；土壤以砂页岩发育而成的黄壤或红壤居多，pH5.0～5.6。观光木为弱阳性树种，幼龄耐荫，对弱光利用效率较高。成年树喜光，根系发达，树冠浓密，具有较强的萌生能力。新梢萌发期为3月下旬或4月上旬，展叶期为4月下旬或5月上旬，变色期10月上旬。新梢的年生长量达24cm左右，第二年新芽萌动时，老叶开始脱落（黄松殿等，2011）。尽管观光木分布区较广，但多数天然种群仅残剩几株甚至1株散生木。

　　杉木-观光木混交林涵养水源能力优于纯林，其中以观光木行间混交最好，具有较高的生态效益（郑郁善和张炜银，1999）；林木个体间竞争随时间和空间变化，杉木-观光木之间的竞争大于观光木种内竞争（封磊等，2007）。早期杉木-观光木混交林对地力消耗较大，但土壤中养分归还量逐年增大，有利于后期林地土壤肥力恢复，是能量生产力较高和维持地力较强的杉阔混交林型（杨玉盛等，2001，2002）。观光木人工林生态系统碳储量低于我国森林生态系统平均碳储量，主要碳汇能力在土壤层（黄松殿等，2011）。观光木生物量随着径阶增大而增大，不同径阶间差异显著，人工林具有较高净生产力（覃静等，2011）。观光木林分保水能力较强，具有极高的生态水文价值（邓力等，2012）。井冈山观光木所在群落物种多样性指数偏低；江西中南部观光木种群分布格局呈集群分布，径级结构为衰退型，所在群落有很多维管植物。由于研究样地处于南亚热带至中亚热带的过渡带，多种地理气候因子联合作用，物种的数目和一些种的密度有增大趋势，导致物种多样性增高（邓贤兰等，2010，2012）。广东南昆山观光木种群所在群落具有较高的物种多样性，观光木种群以二级幼苗为主，为衰退种群；种群分布呈随机分布或弱聚集分布，群落中绝大多数物种表现为弱联结性或无联结性，优势树种间的空间分布具有明显的独立性（许涵等，2007，2008）；观光木个体间的异交率差异明显，少数个体存在自交现象（王霞等，2012）。

　　低温对观光木叶片的相对电导率和可溶性糖含量的影响极为显著，但两种指标呈现显著的负相关。盐胁迫试验表明，随着镉胁迫浓度的增加，观光木幼苗叶片的相对电导率变化不明显，但逐渐变大，与镉胁迫浓度呈正相关，说明观光木幼苗对镉胁迫有一定的抗性；在盐胁迫下，观光木幼苗能迅速反应，相对电导率缓慢增加，能在短时间内修复自身，但只能承受低浓度的影响，表现出一定的抗盐性（林宁等，2012；廖克波等，2012；谢安德等，2012）。

　　采集成熟种子、选择适宜播种季节是观光木播种育苗技术的关键。观光木幼苗出土后易患猝倒病，病虫害防治很重要（周菊珍，2001）。沙藏观光木种子冬播发芽率高，播种苗密度以每平方米60株为宜（池毓章，2007）。但也有研究认为，春播和冬播对观光木种子发芽率影响不大，但对苗木质量有影响（吉悦娜等，2008）。物理或化学方法处理观光木种子后可提高发芽率（陈英等，2011）。观光木扦插育苗成活率高（缪林海，2002）。观光木适宜在酸性黄壤或四纪网纹红壤，土层厚度不宜低于2mm的林地上生长（邱德英等，2009）。苗木质量是提高观光木造林成活率和林分质量的重要基础（罗在柒等，2010）。观光木人工林幼林期树高生长快，第4年达到生长高峰；前7年为胸径速生期，27年达到材积的数量成熟。观光木人工林可以用于营建木材工业原料林或生态公益林（杨来安等，2012）。

在民间，观光木被用于中药治疗。郝小燕（1999）采用气质联用分析（GC/MS），分离鉴定出观光木叶片精油中 30 种化合物，阐述了观光木抗炎、抗菌、平喘、祛痰、镇静等作用的药用机理。随后，宋晓凯等（2004）运用生物活性跟踪方法，对观光木树皮乙醇浸膏的乙酸乙酯萃取部分和正丁醇萃取部分进行体外抗肿瘤活性筛选，分离出 4 个具有生理活性物质对所测试的不同肿瘤细胞株具有较好的细胞毒活性，表明观光木树皮提取物具有抗肿瘤活性。何开跃等（2007）用有机溶剂萃取法从观光木叶片中分离出挥发油，测定其对超氧阴离子抑制与清除活性，结果表明，观光木叶片挥发油具有较强的抑制与清除超氧离子活性，具有重要的保健功能。黄鹰等（2011）利用 80%乙醇从观光木茎枝提取物中分离出 11 个酚类化合物，这对进一步分析观光木的药用成分提供了科学依据。

近年来，观光木遗传多样性研究已引起人们高度重视。黄久香等（2002a，2002b）采用 RAPD 标记对先后对 3 个和 4 个观光木种群遗传多样性进行研究，结果表明，观光木遗传多态性较高，种群遗传分化较小，种群间遗传距离与地理距离呈高度正相关。王霞等（2012）利用 SSR 引物对广东南昆山的观光木碎片化种群进行了基因分型分析，结果表明碎片化生境中观光木成年植株遗传多样性水平适中，种子与成年植株相比遗传多样性稍低，但没有较大的差异。生境碎片化和人为干扰未对南昆山观光木种群造成严重的负面影响。

# 第二节　观光木天然种群遗传多样性

## 一、材料与方法

### （一）材料

根据湖南、江西、广东、贵州、广西、云南 6 省（自治区）第三次森林资源二类调查资料，于 2011 年 4 月至 2013 年 9 月，调查了 32 个县（或自然保护区）观光木野生资源，从中选取野生观光木成年个体 4 株以上的县（或自然保护区）采样，共采集 13 个种群 253 株个体（采样植株之间的距离在 100m 以上）。各种群的地理位置见图 6-1 和表 6-1。

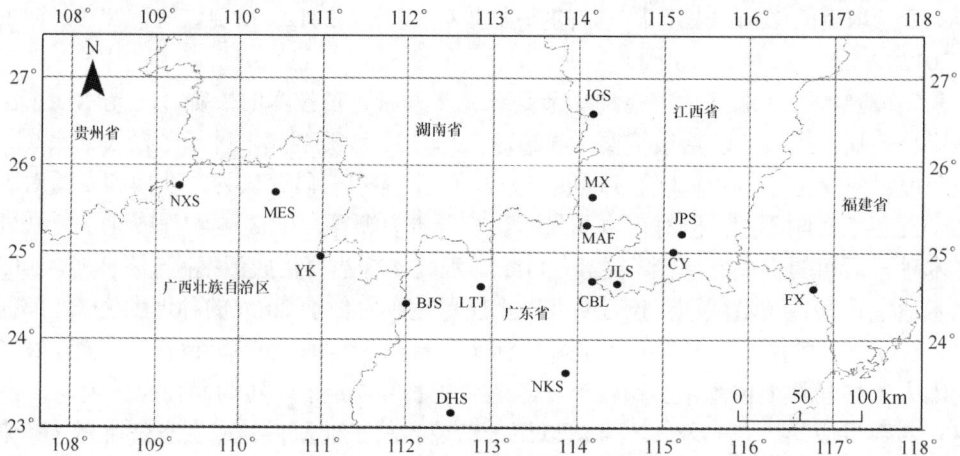

图 6-1　观光木种群采样点的地理位置

表 6-1　观光木种群采集信息及样本大小

| 种群 | 位置 | 经度（E） | 纬度（N） | 海拔/m | 株数 |
|---|---|---|---|---|---|
| MX | 江西崇义县秘溪林场 | 114°10′ | 25°39′ | 413 | 25 |
| MZF | 江西大余县帽子峰林场 | 114°06′ | 25°19′ | 401 | 22 |
| JPS | 江西金盘山省级自然保护区 | 115°13′ | 25°14′ | 338 | 20 |
| JLS | 九连山国家级自然保护区 | 114°28′ | 24°39′ | 590 | 24 |
| JGS | 井冈山国家级自然保护区 | 114°10′ | 26°36′ | 354 | 17 |
| CY | 江西定南县蔡阳林场 | 115°07′ | 25°01′ | 570 | 11 |
| YK | 湖南源口省级自然保护区 | 110°59′ | 24°58′ | 610 | 26 |
| BJS | 广东笔架山省级自然保护区 | 112°01′ | 24°25′ | 580 | 28 |
| CBL | 车八岭国家级自然保护区 | 114°10′ | 24°41′ | 310 | 18 |
| NKS | 南昆山国家级自然保护区 | 113°52′ | 23°38′ | 457 | 32 |
| DHS | 鼎湖山国家级自然保护区 | 112°32′ | 23°10′ | 245 | 3 |
| FX | 广东丰溪省级自然保护区 | 116°46′ | 24°36′ | 407 | 4 |
| MES | 猫儿山国家级自然保护区 | 110°26′ | 25°42′ | 380 | 5 |
| NXS | 贵州弄相山省自然保护区 | 109°18′ | 25°46′ | 230 | 21 |

（二）方法

1. 基因组 DNA 提取

参照 Doyle 和 Doyle（1987）的 CTAB 法，并作适当改进。

2. 基因组 DNA 检测

参考第四章第二节有关内容。

3. ISSR 反应体系

ISSR 优化体系为：20µl 反应体系，模板 DNA 50ng，引物 0.4µmol/L，dNTPs 0.25mmol/L，MgCl$_2$ 2.5mmol/L，*Taq* DNA 聚合酶 1.25U。

扩增反应程序为：94℃预变性 5min；94℃变性 1min，退火温度因引物不同（41～60℃），时间 30s，72℃延伸 90s，35 个循环；72℃延伸 7min。4℃保存。

4. 分子数据分析

参考第四章第二节有关内容。

利用电子地图（http://map.sogou.com）计算种群间地理距离，Mantel 统计学检验分析种群间的地理距离和遗传距离间的相关性，并进行显著性检测（1000 次置换）。

## 二、结果与分析

（一）ISSR 标记扩增的结果

从 100 条 UBC ISSR 引物中筛选出 8 条能够扩增出稳定、清晰的 ISSR 引物。参试的

13 个观光木种群 253 株个体共扩增出 182 条带，多态性条带数 145。单条引物扩增的多态条带数在 14～20，平均每条引物多态条带百分率为 79.67%（表 6-2）。ISSR 扩增产物的分子质量大多在 150～2000bp，部分 ISSR 扩增的结果如图 6-2 所示。

表 6-2　ISSR 引物序列及扩增结果

| 引物 | 序列（5′→3′） | 总条带数 | 多态条带数 | $P$/% |
|---|---|---|---|---|
| UBC824 | (TC)$_8$G | 25 | 20 | 80 |
| UBC835 | (AG)$_8$YC | 23 | 17 | 73.91 |
| UBC840 | (GA)$_8$YT | 25 | 20 | 80 |
| UBC841 | (GA)$_8$YC | 26 | 19 | 73.08 |
| UBC853 | (TC)$_8$RT | 18 | 16 | 88.89 |
| UBC854 | (TC)$_8$RG | 23 | 19 | 82.61 |
| UBC874 | (CCCT)$_4$ | 23 | 20 | 86.96 |
| UBC881 | (GGGTG)$_3$ | 19 | 14 | 73.68 |
| 平均 |  | 22.75 | 18.75 | 79.67 |

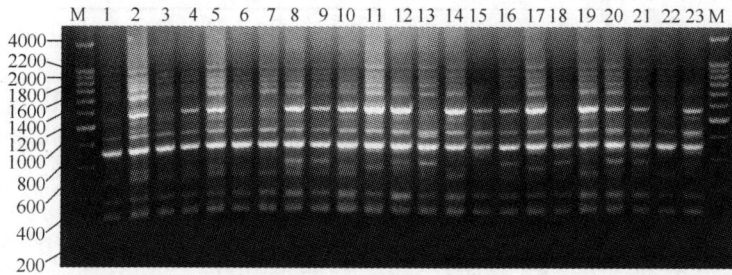

图 6-2　引物 840 对部分样本的 ISSR 扩增指纹图

## （二）种群遗传多样性

根据 ISSR 扩增的分子数据，利用 POPGENE version 1.31 软件估算出的观光木各种群的遗传多样性参数见表 6-3。由表 6-3 可知，物种水平上，观光木多态条带百分率（$P_S$）和 Shannon's 信息指数（$I_S$）分别为 79.67%和 0.3880；各种群多态条带百分率（$P_P$）和 Shannon's 信息指数（$I_P$）分别为 15.83%～62.64%，0.0824～0.2873。其中，南昆山种群（NKS）遗传多样性最高（$P_P$=62.64，$I_P$=0.2873），丰溪种群（FX）遗传多样性最低（$P_P$=15.83%，$I_P$=0.0824）。种群多态条带百分率（$P_P$）和 Shannon's 信息指数（$I_P$）的平均值分别为 46.84%和 0.2192。由 Shannon's 信息指数计算的种群间多样性组分为 0.3923，种群内多样性组分为 0.6077。

表 6-3　观光木种群遗传多样性分析表

| 种群 | $P$/% | $I$ | 种群 | $P$/% | $I$ |
|---|---|---|---|---|---|
| NXS | 57.14 | 0.2778 | CBL | 53.85 | 0.2460 |
| YK | 52.2 | 0.2216 | FX | 15.38 | 0.0824 |
| BJS | 59.34 | 0.2854 | JGS | 51.65 | 0.2295 |
| NKS | 62.64 | 0.2873 | MX | 50.55 | 0.2541 |

续表

| 种群 | P/% | I | 种群 | P/% | I |
|------|------|------|------|------|------|
| MZF | 44.51 | 0.2056 | MRS | 17.58 | 0.0948 |
| JPS | 46.7 | 0.2165 | 平均 | 46.84 | 0.2192 |
| JLS | 48.35 | 0.2231 | 物种 | 79.67 | 0.3880 |
| CY | 49.02 | 0.2253 | | | |

## （三）种群遗传结构

AMOVA 分析结果（表 6-4）表明，$G_{ST}=0.3751$（$P<0.001$）。这说明，参试的 13 个观光木种群间遗传变异占总变异 37.51%，种群内遗传变异占总变异 62.49%。

**表 6-4　观光木种群分子方差分析**

| 变异来源 | 自由度 | 均方和 | 方差组分 | 变异百分比/% | P 值 |
|----------|--------|--------|----------|--------------|------|
| 种群间 | 12 | 2414.719 | 9.6541 | 37.51 | <0.001 |
| 种群内 | 240 | 3859.597 | 16.0817 | 62.49 | <0.001 |
| 总和 | 252 | 6274.316 | 25.7358 | | |

$G_{ST}=0.3751$

一般认为，种群遗传分化系数小于 0.05，种群间遗传分化很小；为 [0.06，0.15]，种群间存在中等程度遗传分化；大于 0.16，种群间遗传分化明显；大于 0.25，遗传分化很大。由此可见，观光木野生种群间存在显著的遗传分化。种群间遗传分化显著，可能是种群长期适应当地生态条件及种群隔离的结果。

Bayesian 分析结果表明，所有参试的 253 株观光木个体最合理的组群数为 3，遗传结构如图 6-3 所示。图 6-3 中，纵坐标 $Q$ 值表示不同植株归属不同组群的比例，灰色（组

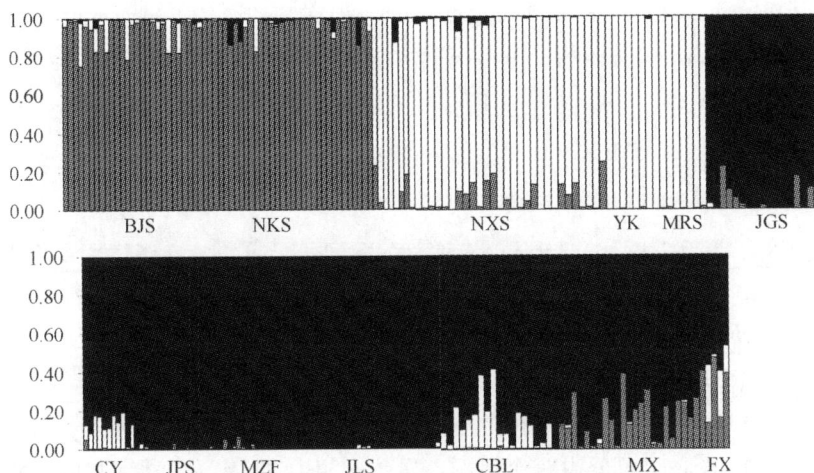

图 6-3　观光木 253 株个体的遗传结构

群Ⅰ）、白色（组群Ⅱ）、黑色（组群Ⅲ）分别代表组群的趋向，每株个体在 3 种色条中最长色条的颜色决定了该株个体所属的组群。图 6-3 显示，组群Ⅰ（灰色）由笔架山（BJS）和南昆山（NKS）种群的全部个体组成；组群Ⅱ（白色）由弄相山（NXS）、源口（YK）、猫儿山（MRS）种群的全部个体组成；组群Ⅲ（黑色）由井冈山（JGS）、帽子峰（MZF）、金盘山（JPS）、笔架山（JLS）、蔡阳（CY）、车八岭（CBL）、秘溪（MX）种群组成。参照"Q 值>0.6 视为谱系相对单一"的标准，发现 247 株（98.42%）在某一组群中的 Q 值>0.6，推测其谱系相对单一，可划分到相应的组群中；剩下的 6株（车八岭种群 1 株，丰溪种群 4 株，秘溪种群 1 株）在任何组群中 Q 值都≤0.6，说明其谱系比较复杂。

　　AMOVA 计算的成对种群间遗传分化系数（$\Phi_{ST}$）为 0.0066～0.6580，各种群间遗传分化达到显著水平（$P<0.05$）（表 6-5）。其中，广西猫儿山（MRS）与广东丰溪（FX）种群遗传分化系数（$\Phi_{ST}=0.6580$）最大，广西猫儿山（MRS）与湖南源口（YK）种群之间遗传分化系数最小（$\Phi_{ST}=0.0066$）。地理水平距离上，贵州弄相山（NXS）与广东丰溪（FX）种群最远（787km），江西秘溪（MX）与帽子峰（MZF）种群最近（33km）。

表 6-5　观光木野生种群间 $\Phi_{ST}$ 估算值（对角线下方）与地理距离（km，对角线上方）

| 种群 | NXS | YK | BJS | NKS | CBL | FX | JGS | MX | MZF | JPS | JLS | CY | MRS |
|---|---|---|---|---|---|---|---|---|---|---|---|---|---|
| NXS | | 247 | 370 | 557 | 532 | 787 | 517 | 547 | 546 | 585 | 571 | 611 | 136 |
| YK | 0.1468* | | 134 | 322 | 312 | 573 | 369 | 326 | 351 | 418 | 356 | 403 | 117 |
| BJS | 0.2850* | 0.3091* | | 188 | 208 | 472 | 340 | 269 | 275 | 307 | 249 | 299 | 249 |
| NKS | 0.3184* | 0.3346* | 0.1440* | | 123 | 315 | 333 | 252 | 205 | 220 | 130 | 174 | 429 |
| CBL | 0.4307* | 0.4774* | 0.3322* | 0.2985* | | 266 | 221 | 105 | 93 | 123 | 43 | 90 | 401 |
| FX | 0.4722* | 0.5275* | 0.3103* | 0.2708* | 0.2319* | | 340 | 275 | 246 | 205 | 226 | 179 | 655 |
| JGS | 0.5107* | 0.5496* | 0.3882* | 0.3719* | 0.3116* | 0.4493* | | 108 | 133 | 179 | 234 | 228 | 393 |
| MX | 0.4647* | 0.4968* | 0.3543* | 0.3172* | 0.3095* | 0.3914* | 0.0954* | | 33 | 99 | 125 | 120 | 400 |
| MZF | 0.5160* | 0.5423* | 0.4071* | 0.3746* | 0.3412* | 0.4482* | 0.1978* | 0.2067* | | 71 | 102 | 93 | 420 |
| JPS | 0.4952* | 0.5339* | 0.3884* | 0.3724* | 0.3510* | 0.4554* | 0.1800* | 0.1701* | 0.1091* | | 107 | 58 | 491 |
| JLS | 0.5082* | 0.5473* | 0.4306* | 0.4259* | 0.4208* | 0.5280* | 0.2367* | 0.2203* | 0.1802* | 0.1426* | | 64 | 439 |
| CY | 0.4740* | 0.5147* | 0.3679* | 0.3413* | 0.1886* | 0.3754* | 0.2701* | 0.2873* | 0.3236* | 0.3260* | 0.3843* | | 477 |
| MRS | 0.1787* | 0.0066* | 0.3097* | 0.3264* | 0.4883* | 0.6580* | 0.5723* | 0.5016* | 0.5504* | 0.5415* | 0.5520* | 0.5519* | |

*表示 $P<0.05$。

　　Mantel 相关性矩阵检验表明，种群间遗传距离 $\Phi_{ST}$ 与地理距离之间的正相关有统计学上意义（$r=0.6635$，$P=0.002$）（图 6-4）。

　　基于种群间遗传分化系数 $\Phi_{ST}$ 的 UPGMA 聚类结果表明，在遗传分化系数为 0.36 为阈值的情况下，13 个种群可分为 3 个组群，贵州弄相山（NXS）、湖南源口（YK）、广西猫儿山种群（MRS）聚为一组群；广东南昆山（NKS）、笔架山（BJS）、车八岭（CBL）、丰溪（FX）、江西蔡阳（CY）种群聚为一组群；江西井冈山（JGS）、秘溪（MX）、帽子峰（MZF）、金盘山（JPS）、笔架山（JLS）种群聚为一组群（图6-5）。

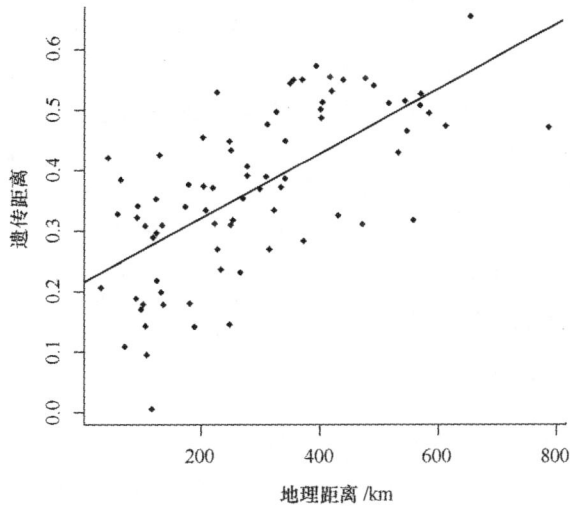

图6-4 遗传距离与地理距离相关性

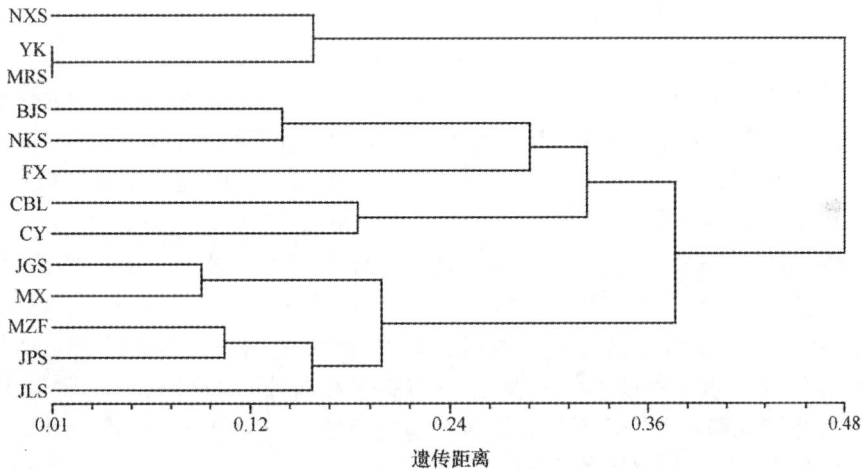

图6-5 观光木种群间 UPGMA 聚类图

## 三、讨论

### （一）种群遗传多样性

本研究采用 ISSR 标记揭示出观光木物种多态条带百分率和 Shannon's 信息指数分别为 79.69%、0.3880，与黄久香和庄雪影（2002a，2002b）采用 RAPD 标记研究的华南地区 3 个野生种群（$P_S=78.13\%$，$I_S=0.3565$）基本一致。与木兰科其他植物相比，其物种水平遗传多样性高于濒危物种华木莲（*Manglietia deciduas*）（$P_S=17.28\%$，

$I_S$=0.0659)（林新春等，2003）、天目木兰（*Magnolia amoena*）（$P_S$＝24.40%）（刘登义等，2004），大果木莲（*Manglietia grand*）（$P_S$＝70.71%，$I_S$＝0.3651）（陈少瑜等，2010），接近于乐昌含笑（*Michelia chapensis*）（$P_S$＝81.98%，$I_S$＝0.4751）（姜景民等，2005），略低于鹅掌楸（*Liriodendron chinensis*）（$I_S$＝0.5806）、北美鹅掌楸（*L. tulipifera*）（$I_S$＝0.6187）（罗光佐等，2000）及广布树种乳源木莲 *Manglietia yuyuanensis*（$P_S$＝86.11%，$I_S$＝0.4353）（李因刚等，2008）。这表明，观光木种内仍存在着丰富的遗传变异，物种进化潜力较大（Frankham et al.，2002）。

观光木种群多态条带百分率（15.83%～62.64%）和 Shannon's 信息指数（0.0824～0.2873）变异较大，其原因可能与其个体数目有关（陈娇等，2013；Rusterholz et al.，2012），例如，广东丰溪（FX）自然保护区内仅有 4 株野生观光木植株，遗传多样性最低，也可能与种群所处的生境有一定的关联。

（二）种群遗传结构

种群遗传分化系数是评价种群遗传结构的重要参数。本研究参试的 13 个野生种群遗传分化系数（0.3751）高于黄久香和庄雪影（2002b）采用 RAPD 对 4 个野生种群研究的结果（0.2701），这是由于参试种群数量及种群内个体数目不同造成的，种群数量、大小会影响种群遗传结构的评价结果（Estoup and Anges，1998）。

植物种群遗传结构一般解释为交配系统、种子传播方式、生活史、分布区大小等因素综合作用的结果（Glémin et al.，2006; Nybom and Bartish，2000; Nybom，2004）。与 Nybom（2004）对 116 种植物的种群遗传分化系数统计分析的平均值比较，观光木野生种群遗传分化系数（0.3751）高于异交（0.27），低于自交（0.65），略低于混合交配（0.40）系统植物，这与观光木虫媒异花授粉的特征不符，可能是观光木种群之间多为高山阻隔，加剧了种群间的遗传分化。高于动物（0.27）或水传播种子（0.25），低于重力传播种子（0.45）植物，可能与鸟类、啮齿目动物喜食其红色种子（许涵等，2007；邓贤兰等，2012），被食后的种子大部分丧失发芽力（黄久香和庄雪影，2002a; 黄忠良和王俊浩，1998）有关；高于长寿命林木（0.25），与广布种（0.34）相接近，基本上符合观光木多年生高大乔木，分布区较广的生物学特征。

比较 STRUCTURE 和 UPGMA 结果，个体谱系相对单一（$Q \geq 0.6$）的种群在两种分析方法中类群划分基本一致，而混合来源、遗传组成比较复杂（$Q < 0.6$）个体的种群，其类群划分有些差异。如个体谱系比较单一的弄相山（NXS）、源口（YK）、猫儿山种群（MRS）在 STRUCTURE 分析中被划分为组群 I，在 UPGMA 聚类分析中也聚为一类。包含有遗传组成比较复杂个体的种群，如车八岭（CBL）、丰溪（FX）、秘溪（MX）种群，在 STRUCTURE 分析中被划分为一类，但在 UPGMA 聚类分析中，车八岭（CBL）、丰溪（FX）种群与南昆山（NKS）、笔架山（BJS）、蔡阳（CY）种群聚为一类群，而秘溪（MX）种群与井冈山（JGS）、帽子峰（MZF）、金盘山（JPS）、笔架山（JLS）种群聚为另一类群。这种现象在其他一些植物种群遗传结构分析中也出现类似情况（Souza et al.，2012; Lu et al.，2012）。Mantel 相关性矩阵检验认为，观光木种群遗传距离与地理距离相关性有统计学意义，这表明地理距离隔离在观光木种群遗传分化作用比较明显，这与前人研究结果相一致（黄久香和庄雪影，2002a，2002b）。

### （三）遗传资源保护

探讨物种濒危机制是当前生物多样性研究的热点之一，也是保护生物学的核心工作。本研究表明，尽管残存的观光木野生种群很小，但其物种和种群都维持较高水平的遗传变异，这说明观光木的种群遗传进化潜力较大，并不是其濒危的主要原因。观光木濒危原因可能与其大孢子发生、发育异常，大量花粉败育等不利生殖发育因子（付琳等，2007），导致其自然授粉、结实率低，天然更新不良等因素有关。虽然观光木分布区较广，但主要分布在人类居住处周围，人类活动对其资源及其生存环境严重破坏，也可能是其濒危的重要因素之一（邓贤兰等，2012）。

目前残存的观光木野生种群很小、片断化分布、种群内个体散生等种群特征，会产生遗传漂变和近交衰退的遗传后果，将可能导致遗传多样性降低、有害等位基因积累和适合度降低，最终使物种面临更高的灭绝风险（Ellstrand and Elam, 1993；Lu et al., 2012），因此，开展观光木遗传资源保护工作迫在眉睫。基于本研究结果，遗传多样性最高的广东南昆山、广东笔架山及贵州弄相山 3 个野生种群，个体数量较多且个体分布相对集中，应优先加以保护。同时，要特别重视生长在自然村落旁及易场方沟边的观光木保护工作，以免因人为破坏或自然灾害而造成遗传多样性丢失。对于株间距 1000m 以上的野生幼小植株，建议进行互相移植，以增加种群密度，并加强林分抚育管理，促进其健康生长。

本研究是基于 ISSR 标记揭示南岭山地观光木天然种群遗传多样性与遗传结构，以期探讨其濒危机制。尽管 ISSR 标记具有多态性高、费用低、重复性较好等优点，但它是显性标记，获得的分子数据是基因型数据，其结果仅揭示了观光木种群的核基因组遗传变异模式及变异水平，而不能估算基因多态性及基因流大小等种群遗传学参数（Anne, 2006），更不能反映观光木种群整个基因组（核、叶绿体和线粒体）的变异模式。另外，ISSR 标记与 SSR、AFLP 等标记一样，虽然比 RAPD 标记重复性好，但仍存在一定的局限性，加之本研究筛选出适合于所有参试个体都能扩增出重复性高、条带清晰的 ISSR 引物相对较少，这可能会给研究结果带来一些偏差。因此，建议进一步开展重复性更高的核基因组、叶绿体基因组和线粒体基因组的 DNA 测序分析，并结合生殖生态学、生殖解剖学研究，以期获得更多、更可靠的观光木种群遗传多样性及其濒危信息，为科学制定观光木遗传资源保护策略提供更全面的理论依据。

# 第三节　观光木分子谱系地理学

## 一、材料与方法

### （一）材料

2014 年 7~9 月，补充采集福建省、贵州省种群。考虑到观光木种群中个体的年龄结构差异，对本章第二节"材料与方法"中种群中大树分为 2 个世代（胸径 20cm 为阈值），仅分析同世代个体，并增加个体数目少的种群（图 6-6）。

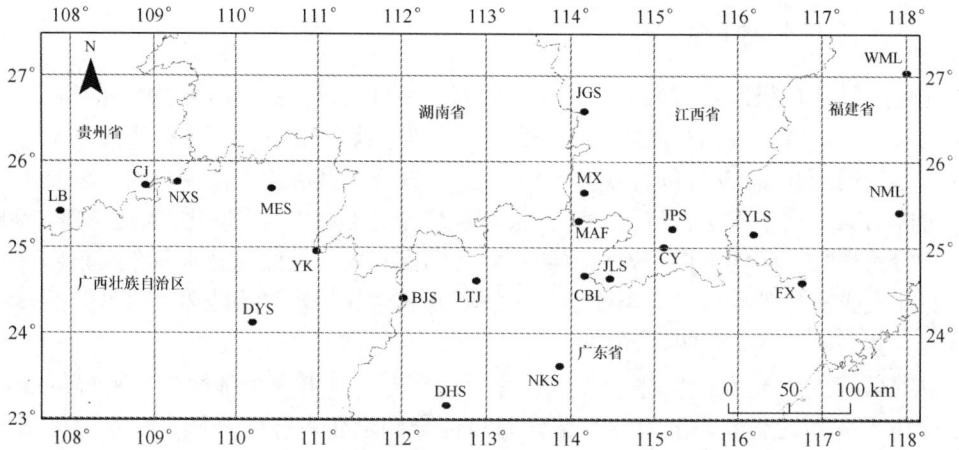

图 6-6　观光木谱系地理学研究的采样点地理位置

## （二）研究方法

### 1. 基因组 DNA 提取与检测

见本章第二节"材料与方法"中有关内容。

### 2. PCR 反应体系优化与引物筛选

参考 Shaw（2005，2007），cp-DNA 非编码序列通用引物 PCR 扩增的初始反应体系（20μl）为：50ng DNA 模板，10×PCR buffer，0.1μmol/L 引物，3.0mmol/L MgCl$_2$，0.2mmol/L dNTPs，1U *Taq* DNA 聚合酶。PCR 反应程序为：80℃预变性 5min；95℃变性 1min，退火 1min，72℃延伸 1min，共 30 个循环；最后 72℃延伸 7min；4℃保存。

PCR 扩增完成后，对 PCR 扩增产物进行 1.5%琼脂糖凝胶电泳，电压 5 V/cm，电泳缓冲液为 1×TAE。在 G-BOX 紫外凝胶成像系统拍照记录，检测结果保存。

以 *petL-psbE* 引物，进行 6 个浓度水平 DNA 模板用量试验，以确定的最适 DNA 模板用量。对影响 PCR 反应扩增产物的特异性和产量的引物、Mg$^{2+}$、dNTPs、*Taq* DNA 浓度进行单因素梯度试验，根据单因子确定的各因素最适浓度范围，进行 4 因素 4 水平正交试验（表 6-6）。

表 6-6　PCR 正交设计

| 试验号 | Mg$^{2+}$/（mmol/L） | dNTPs/（mmol/L） | *Taq* 酶/U | 引物/（μmol/L） |
|---|---|---|---|---|
| 1 | 1.0 | 0.15 | 0.8 | 0.2 |
| 2 | 1.0 | 0.2 | 1.0 | 0.3 |
| 3 | 1.0 | 0.25 | 1.2 | 0.4 |
| 4 | 1.0 | 0.3 | 1.4 | 0.5 |
| 5 | 1.5 | 0.15 | 1.0 | 0.4 |
| 6 | 1.5 | 0.2 | 0.8 | 0.5 |
| 7 | 1.5 | 0.25 | 1.4 | 0.2 |
| 8 | 1.5 | 0.3 | 1.2 | 0.4 |

续表

| 试验号 | Mg$^{2+}$/（mmol/L） | dNTPs/（mmol/L） | Taq 酶/U | 引物/（μmol/L） |
|---|---|---|---|---|
| 9 | 2.0 | 0.15 | 1.2 | 0.5 |
| 10 | 2.0 | 0.2 | 1.4 | 0.4 |
| 11 | 2.0 | 0.25 | 0.8 | 0.3 |
| 12 | 2.0 | 0.3 | 1.0 | 0.2 |
| 13 | 2.5 | 0.15 | 1.4 | 0.3 |
| 14 | 2.5 | 0.2 | 1.2 | 0.2 |
| 15 | 2.5 | 0.25 | 1.0 | 0.5 |
| 16 | 2.5 | 0.3 | 0.8 | 0.4 |

利用优化 PCR 反应体系，对文献中 cpDNA 非编码序列通用引物进行筛选。筛选出的最适 cpDNA 非编码序列引物，以 $T_m$ 值计算理论退火温度，以理论值为中心，设置梯度为 1℃ 的 6 个退火温度，最终确定引物的最佳退火温度。

利用筛选出的 cpDNA 非编码序列通用引物对从江种群样本进行 PCR 扩增，以检测观光木 cpDNA-PCR 反应体系的稳定性。

3. 数据分析

见第五章第三节"材料与方法"中"数据分析"。

## 二、结果与分析

### （一）反应体系及引物筛选

4 因素 4 水平正交试验结果如图 6-7 所示。从图 6-7 中可以看出，编号 8、12 和 15 PC 组合的泳道 R 扩增条带清晰明亮，其中，第 8 组合的扩增结果，稳定性较差。最终确定观光木 cpDNA 非编码序列 PCR 最佳反应体系（20μl）为：50ng 模板 DNA、1×PCR buffer、引物各 0.2μmol/L、2.0mmol/L MgCl$_2$、0.3mmol/L dNTPs、1U Taq DNA 聚合酶。

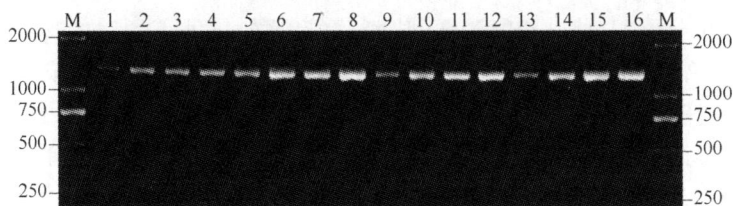

图 6-7　PCR 正交试验电泳图谱
M, D2000 DNA marker; 1～16 表示不同浓度处理，见表 6-6

根据正交试验结果，对文献中 trnK 内含子 3914-2R 序列，trnH$^{GUG}$-psbA、rpl32-trnL、trnQ-5'rps16、ndhF-rpl32、3'trnV-ndhC、psbD-trnT、psbJ-petA、3'rps16-5'trnK、atpI-atpH、 *petL-psbE*、*trnT^{UGU}-trnF^{GAA}*、*trnC^{GCA}-rpoB*、*trnS^{GCU}-trnG^{UUC}*、*trnD^{GUC}-trnT^{GGU}* 基因间隔序列共 15 对引物进行筛选。筛选出 PCR 扩增产物单一、清晰、明亮、稳定的 6 对引物（表 6-7）。

表 6-7　筛选的 6 对引物

| 引物 | 序列（5′→3′） | 退火温度/℃ | 目的片段/bp |
|---|---|---|---|
| *rpl32-trnL* | *rpL32-F*: CAGTTCCAAAAAAACGTACTTC | 53 | 1200~1400 |
| | *trnL^{UAG}*: CTGCTTCCTAAGAGCAGCGT | | |
| *psbJ-petA* | *psbJ*: ATAGGTACTGTARCYGGTATT | 56 | 1100~1300 |
| | *petA*: AACARTTYGARAAGGTTCAATT | | |
| *3′rps16-5′trnK* | *rps16x2F2*: AAAGTGGGTTTTTATGATCC | 54 | 750~850 |
| | *trnK^{UUU}x1*: TTAAAAGCCGAGTACTCTACC | | |
| *atpI-atpH* | *atpI*: TATTTACAAGYGGTATTCAAGCT | 55 | 1100~1300 |
| | *atpH*: CCAAYCCAGCAGCAATAAC | | |
| *petL-psbE* | *petL*: AGTAGAAAACCGAAATAACTAGTTA | 56 | 1100~1300 |
| | *psbE*: TATCGAATACTGGTAATAATATCAGC | | |
| *trnH^{GUG}-psbA* | *trnH^{GUG}*: CGCGCATGGTGGATTCACAATCC | 56 | 470~500 |
| | *psbA*: GTTATGCATGAACGTAATGCTC | | |

（二）序列特征及单倍型分布

6 对 cpDNA 非编码序列通用引物片段 *rpl32-trnL*、*psbJ-petA*、*3′rps16-5′trnK*、*atpI-atpH*、*petL-psbE* 和 *trnH^{GUG}-psbA* 序列对 21 个观光木种群所有个体进行 PCR 扩增，扩增产物送至华大基因公司测序的结果发现，结果只有 *psbJ-petA*、*trnH^{GUG}-psbA* 和 *3′rps16-5′trnK* 序列有差异，而 *rpl32-trnL*、*atpI-atpH*、*petL-psbE* 和 *trnH^{GUG}-psbA* 引物的 PCR 扩增产物的测序结果完全一致或由于片断过长，结果不可靠。而且，有些个体的扩增产物多次测序失败，最终获得 21 个种群 161 株个体的 DNA 序列有效数据。

基于序列的一致性，将 3 个 cpDNA 序列片段串联，总长度为 1821bp，检测到 22 个多态位点，9 种单倍型。各单倍型变异位点见表 6-8。由表 6-8 可知，*psbJ-petA* 序列共有 5 个变异位点，在 112bp 处发生碱基颠换（T→A），在 120~131bp 处发生 DNA 序列片断倒位（GAATCAGACAAA→TTTGTCT GATTC），在 225bp 处和 371bp 处各发生 1 次碱基颠换（T→G），在 1137bp 处产生碱基插入或缺失（T）。*psbA-trnH* 序列片段共有 5 个变异位点，在 305bp 和 306bp 处发生了碱基插入或缺失（T），314bp 处产生碱基转换（G→A），323bp 处和 344bp 处各发生 1 次碱基颠换（T→A）。*3′rps16-5′trnK* 序列有 1 个变异位点，214bp 处发生碱基转换（T→C）。

表 6-8　观光木 3 个叶绿体 DNA 片段单倍型变异位点

| 单倍型 | 变异位点 | | | | | | | | | | |
|---|---|---|---|---|---|---|---|---|---|---|---|
| | *psbJ-petA* | | | | | *psbA-trnH* | | | | | *3'rps16-5'trnK* |
| | 112 | 120~131 | 225 | 371 | 1137 | 305 | 306 | 314 | 323 | 344 | 214 |
| H1 | T | △ | T | T | — | T | — | G | T | T | T |
| H2 | T | △ | T | T | — | T | T | G | T | T | T |
| H3 | T | △ | G | T | — | T | — | G | T | T | T |
| H4 | T | △ | T | T | — | — | — | G | T | T | T |
| H5 | T | ※ | T | T | — | T | T | G | T | T | C |
| H6 | A | △ | T | T | T | — | — | G | T | T | T |
| H7 | T | △ | T | G | — | T | — | G | T | T | T |
| H8 | T | △ | T | T | — | T | — | G | A | T | T |
| H9 | T | △ | T | T | — | T | — | A | T | G | T |

※代表 GAATCAGACAAA；△代表 TTTGTCTGATTC。

## （三）种群遗传多样性和遗传结构

观光木种群单倍型多样性（$H_d$）、核苷酸多样性（$\pi$）及种群内单倍型分布见表 6-9。由表 6-9 可以看出，所有观光木种群 cpDNA 序列单倍型多样性 $H_d$ 为 0.261 96，总核苷酸多样性（$\pi$）为 0.000 43。其中，梁野山（LYS）、牛姆林（NML）、崇义（MX）、九连山（JLS）、笔架山（BJS）、CBL（车八岭）、南昆山（NKS）、大瑶山（DYS）、弄相山（NXS）、荔波（LB）、丰溪（FX）、井冈山（JGS）12 个种群遗传多样性为 0（$H_d$=0.000 00，$\pi$=0.000 00）。金盘山（JPS）多样性最高（$H_d$=0.313 73，$\pi$=0.000 24）。单倍型 H1 分布最广，除荔波（LB）种群外，存在于 20 个种群中，而且 11 个种群只检测到单倍型 H1。单倍型 H2 为从江（CJ）种群特有，单倍型 H3 为大余帽子峰（MZF）种群特有，单倍速型 H6 为龙潭角（LTJ）种群特有，单倍型 H7 为万木林（WML）种群特有。H4 仅分布在金盘山（JPS）、金秀（YK）和猫儿山（MES）种群中，H5 分布在荔波（LB）和鼎湖山（DHS）种群中，H8 和 H9 存在于金盘山（JPS）和蔡阳（CY）种群中。

表 6-9　观光木 21 个种群叶绿体 DNA 单倍型频率

| 种群 | 样本数 | H1 | H2 | H3 | H4 | H5 | H6 | H7 | H8 | H9 | $H_d$ | $\pi/10^{-3}$ |
|---|---|---|---|---|---|---|---|---|---|---|---|---|
| WML | 13 | 12 | | | | | | 1 | | | 0.153 85 | 0.08 |
| NML | 10 | 10 | | | | | | | | | 0.000 00 | 0.00 |
| MX | 11 | 11 | | | | | | | | | 0.000 00 | 0.00 |
| MZF | 6 | 5 | | 1 | | | | | | | 0.333 33 | 0.18 |
| JPS | 18 | 15 | | | 1 | | | | 1 | 1 | 0.313 73 | 0.24 |
| JLS | 5 | 5 | | | | | | | | | 0.000 00 | 0.00 |
| YK | 9 | 1 | | | 8 | | | | | | 0.222 22 | 0.12 |
| BJS | 8 | 8 | | | | | | | | | 0.000 00 | 0.00 |

续表

| 种群 | 样本数 | H1 | H2 | H3 | H4 | H5 | H6 | H7 | H8 | H9 | Hd | $\pi/10^{-3}$ |
|---|---|---|---|---|---|---|---|---|---|---|---|---|
| LTJ | 2 | 1 | | | | | 1 | | | | 1.000 00 | 1.10 |
| CBL | 7 | 7 | | | | | | | | | 0.000 00 | 0.00 |
| NKS | 12 | 12 | | | | | | | | | 0.000 00 | 0.00 |
| MES | 4 | 3 | | | 1 | | | | | | 0.500 00 | 0.27 |
| DYS | 2 | 2 | | | | | | | | | 0.000 00 | 0.00 |
| NXS | 10 | 10 | | | | | | | | | 0.000 00 | 0.00 |
| CJ | 13 | 10 | 3 | | | | | | | | 0.384 62 | 0.21 |
| LB | 2 | | | | | 2 | | | | | 0.000 00 | 0.00 |
| DHS | 3 | 2 | | | | 1 | | | | | 0.666 67 | 5.13 |
| FX | 3 | 3 | | | | | | | | | 0.000 00 | 0.00 |
| JGS | 5 | 5 | | | | | | | | | 0.000 00 | 0.00 |
| CY | 11 | 9 | | | | | | | 1 | 1 | 0.345 45 | 0.30 |
| 总体 | 161 | 138 | 3 | 1 | 10 | 3 | 1 | 1 | 2 | 2 | 0.261 96 | 0.43 |

DnaSP 软件计算表明，观光木种群平均遗传多样性（$H_S$）为 0.156 36，总的遗传多样性（$H_T$）为 0.403 09，群体间遗传分化系数 $N_{ST}$ 和 $G_{ST}$ 分别为 0.372 75 和 0.612 10。利用 U 统计方法对参试的种群单倍型变异的地理结构进行检验结果为 $N_{ST}$ 显著大于 $G_{ST}$，表明观光木 cpDNA 变异在整个分布区内具有显著的谱系地理结构。

分子方差分析表明（表 6-10），观光木种群间遗传变异量占总变异量的 60.19%，种群内遗传变异量占总变异量的 39.81%，种群间遗传分化系数 $F_{ST}=0.601\ 90$（$P<0.01$），种群间基因流为 0.33。这表明观光木种群间存在显著的遗传分化，基因流极小。

表 6-10　观光木种群分子方差分析

| 变异来源 | 自由度 | 均方和 | 方差组分 | 变异百分比率/% |
|---|---|---|---|---|
| 种群间 | 20 | 48.661 | 0.296 45 | 60.19 |
| 种群内 | 140 | 27.450 | 0.196 07 | 39.81 |
| 整体 | 160 | 76.112 | 0.492 52 | |
| $F_{ST}=0.601\ 90$ | | | | |

（四）种群系统发育和网状分支分析

基于种群增长模型，利用 DnaSP version 5.10 软件，在种的水平上对观光木 cpDNA 序列进行失配分析，以检验观光木种群地理分布地区是否存在扩张现象。失配分布分析的结果如图 6-8 所示。从图 6-8 可以看出，失配分布图为单峰，符合种群处于扩张状态或经历过瓶颈效应的模型假说。

中性检验表明，Tajima's D 统计值为极显著负值（-2.212 45，$P<0.01$），Fu and Li's D（-0.039 53，$P>0.10$）及 Fu and Li's F（-1.075 20，$P>0.10$）为不显著负值，这进一步表明，观光木种群可能发生过瓶颈效应。

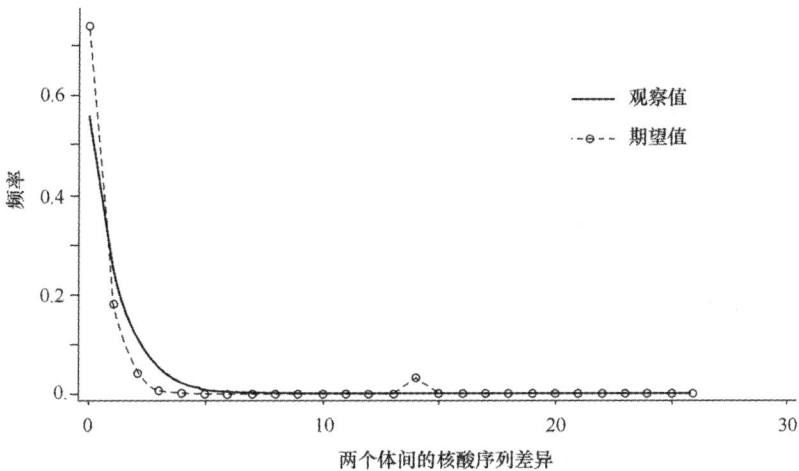

图 6-8　cpDNA 序列失配分布曲线

运用 MEGA 软件，基于邻接法构建观光木 9 种 cpDNA 单倍型的系统发育树（图 6-9）。结果发现，9 种观光木 cpDNA 单倍型中，单倍型 H8 和 H9 之间遗传距离较近，单倍型 H5 与其他的单倍型遗传距离较远。

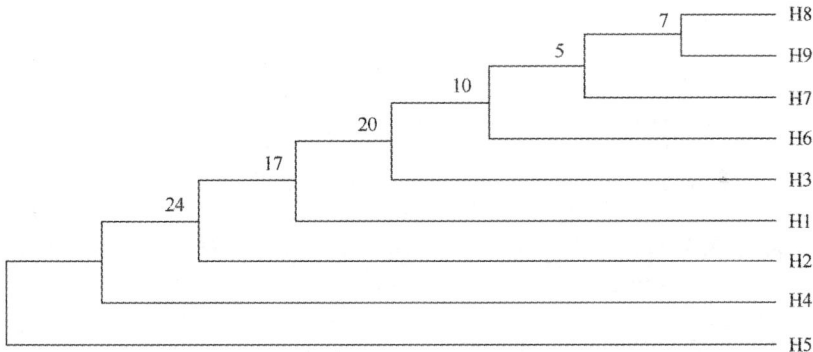

图 6-9　单倍型系统关系图

运用 TCS1.21 软件构建观光木 cpDNA 单倍型网络图（图 6-10）。单倍型 H1 处于网络图中心位置，单倍型 H7、H4、H2、H3、H8 是由单倍型 H1 经过一步突变形成的，单倍型 H1 可能是古老的单倍型。

根据组巢原则，对网络图进行支系划分的结果如图 6-11 所示。9 种观光木 cpDNA 单倍型分为 4 个Ⅰ级支系：单倍型 H6 单独为支系Ⅰ-1；单倍型 H1、H2、H3、H4、H7 和 H8 组成支系Ⅰ-2；单倍型 H9 单独为支系Ⅰ-3；单倍型 H5 单独为支系Ⅰ-4。4 个Ⅰ级支系形成了一个包含所有单倍型的总支系（total clade）。

由图 6-11 所知，单倍型 H1 为整个分支的中心，这进一步表明，单倍型 H1 为观光木种群进化历史上古老的单倍型。单倍型 H5 距离中心最远，与其他单倍型位点差异较大，这与 cpDNA 单倍型间的系统发育分析结果基本类似。

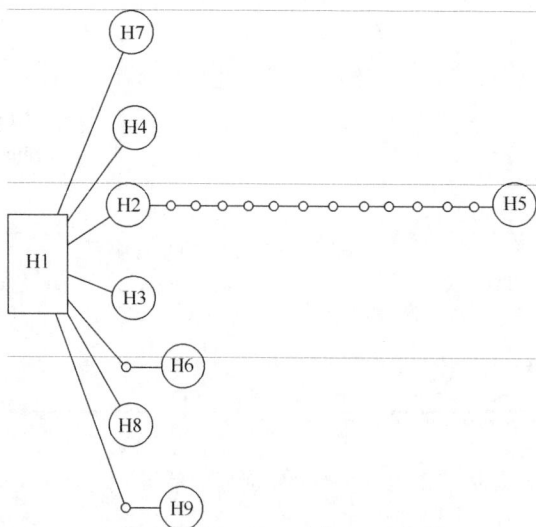

图 6-10　观光木单倍型的网络关系图

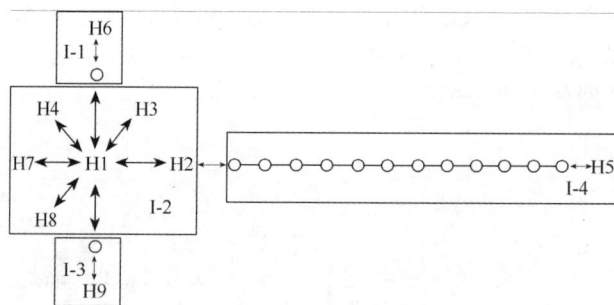

图 6-11　观光木 cpDNA 单倍型巢式支系图

利用 Geodis2.5 软件，分析各支系内不同分支的组巢间距离（$D_n$）和组巢内距离（$D_c$）及显著性大小（$P$），结果见表 6-11。由表 6-11 可知，Ⅰ级支系 I-2 中，$D_c=249.004$，$D_n=254.215$，$P$ 值均为显著性小（$P<0.05$）。

表 6-11　单倍型数据巢式支系分析表

| 单倍型 | | | | | |
| 单倍型 | 位置 | $D_c$ | $P$ | $D_n$ | $P$ |
| --- | --- | --- | --- | --- | --- |
| H1 | 内支 | 241.681 | 0.066 | 245.967 | 0.237 |
| H2 | 内支 | $0.000_s$ | 0.003 | $473.696_L$ | 0.008 |
| H3 | 末支 | 0.000 | 1.000 | $55.207_s$ | 0.037 |
| H4 | 末支 | $53.149_s$ | <0.001 | 270.860 | 0.329 86 |
| H7 | 末支 | 0.000 | 1.000 | 500.044 | 0.083 |
| H8 | 末支 | 12.283 | 0.067 | 157.920 | 0.197 |
| I-T | — | $196.820_L$ | 0.001 | −4.879 | 0.475 |
| H6 | 末支 | 0.000 | 1.000 | 0.000 | 1.000 |

续表

| 单倍型 | | | | | |
| --- | --- | --- | --- | --- | --- |
| 单倍型 | 位置 | $D_c$ | $P$ | $D_n$ | $P$ |
| H9 | 末支 | 12.283 | 1.000 | 12.283 | 1.000 |
| H5 | 末支 | 197.797 | 1.000 | 197.797 | 1.000 |
| 一步分支 | | | | | |
| Clade | 位置 | $D_c$ | $P$ | $D_n$ | $P$ |
| I-2 | 内支 | $249.004_S$ | 0.001 | $254.215_S$ | 0.016 |
| I-1 | 末支 | 0.000 | 1.000 | $67.894_S$ | 0.012 |
| I-3 | 末支 | 12.283 | 0.068 | 187.556 | 0.287 |
| I-4 | 末支 | 197.797 | 0.440 | $462.958_L$ | 0.024 |
| I-T | — | 146.010 | 0.317 | −51.098 | 0.217 |

注：I-T，内支两种距离与末支两种距离均值之差；下标 L 和 S 是对数据进行 1000 次随机选择，检测 $D_c$ 或 $D_n$ 显著性大或者显著性小，显著性水平是 $P < 0.05$。

基于 Templeton 检索表，分析推断观光木种群 cpDNA 单倍型谱系地理分布格局的历史成因（表 6-12）。结果表明，Ⅰ级支系 I-2，是由远距离的传播及种群片段化所致；就整个支系而言，是由种群连续扩张所致。

表 6-12　Templeton 检索表的推论

| 分支 | 概率 | 检索 | 推论 |
| --- | --- | --- | --- |
| I-2 | 0.0141 | 1-2-3-5-6-13-14（YES） | 远距离基因流和/或曾发生片段化 |
| 整体 | 0 | 1-2-11-12（NO） | 连续范围扩张 |

## 三、讨论

叶绿体 DNA 序列的变异速度慢（Chiang et al., 2001），通过 cpDNA 序列变异检测到的单倍型之间的分化应早于第四纪气候变化最为强烈的时候，特别是最后一次冰期（Petit et al., 1997, 2003, 2004）。基于无限等位基因模型的 Tajima's $D$ 检测的 $D$ 值为显著的正值或者负值时，通常源于种群扩张，瓶颈效应或异质的进化速率；反之，$D$ 值为不显著时，表明所检测的位点为中性进化。相对应 Tajima's $D$ 检测，Fu and Li's 检测对种群扩张历史事件更为敏感，极显著 $F_S$ 负值意味着种群中有较多的低频率的单倍型，这通常归因于瓶颈效应后的种群扩张。本研究对 21 个观光木种群共 161 个个体进行叶绿体 DNA 非编码序列 psbJ-petA、trnH$^{GUG}$-psbA 和 3'rps16-5'trnK 联合分析表明，Tajima's $D$ 统计值（−2.212 45，$P < 0.01$）为极显著的负值，Fu and Li's $D$（−0.039 53，$P > 0.10$）及 Fu and Li's $F$（−1.075 20，$P > 0.10$）为不显著负值。这些 cpDNA 非编码序列的 Tajima 以及 Fu and Li 中性检验的结果均不符合中性进化，核苷酸多样性指数（$\pi = 0.000 43$）很低，表明观光木 cpDNA 非编码序列鉴定的单倍型是由于种群变化或者选择压力，特别是最后一次冰期后扩张造成的。

本研究检测出 22 个变异位点 9 种单倍型，单倍型多样性（$H_d$）为 0.261 96，种群间遗传分化系数 $N_{ST}$（0.672 80）显著大于 $G_{ST}$（0.372 75），表明观光木种群存在显著的谱系地理结构。观光木种群间 cpDNA 遗传分化（$F_{ST}=0.601\,90$）较核基因组 ISSR 揭示的种群遗传分化（$G_{ST}=0.3751$）大，表明观光木种群间的种子基因流较小。这暗示着南岭山地森林植被在冰期可能严重缩减，造成观光木种群大小激剧波动及物种分布区减少。

一般认为，cpDNA 单倍型巢式支系图呈现星状，暗示种群经历了明显的扩张过程（Cheng et al., 2005），原始单倍型通常处在星状结构的中心（王久利等，2014）。观光木 cpDNA 单倍型的巢式支系图呈现星状，单倍型 H1 位于星状结构的中心，除荔波（LB）种群外，单倍型 H1 在其他种群的频率最高。这进一步表明，观光木种群经历过明显的种群扩张过程，单倍型 H1 是比较古老单倍型。

单倍型 H4 分布于 3 个种群，这 3 个种群都有单倍型 H1，表明单倍型 H4 可能是 H1 碱基缺失产生的；单倍型 H3、H6、H7、H8 和 H9 位于支系图的最顶端，并且变异的步骤数较少，表明这几种单倍型可能是新分化的。

巢式支系法分析结果表明，可能是由于第四纪冰期和间冰期的不断反复，导致观光木种群反复不断的片段化，由于遗传漂变引起 cpDNA 单倍型随机固定在不同的种群中，即使是十分临近种群，如距离 100km 以下的从江（CJ）和荔波（LB），LB 种群只有单倍型 H5，而 CJ 种群中有单倍型 H1 和 H2。这种现象导致了种群在小范围内扩张，从而形成了观光木种群现在的分布格局。失配分布分析和中性检验结果也给予这一推论的支持，其中，Ⅰ级支系 I-2 是由长距离传播和过去片段化等原因产生的。Ⅰ级支系 I-1 和 I-2 中，有 4 种单倍型（H2、H3、H6、H7）为特有单倍型，可能是观光木种群进化过程中经历多次片断化产生的"奠基者"和"遗传瓶颈"引起的。

## 第四节　观光木人工保育林遗传多样性评价

### 一、材料与方法

（一）材料

选择南岭地区就地保护较好、株数较多 3 个人工迁地保护种群和 4 个自然种群采集样本。人工迁地保护种群样本分别来自广东车八岭、鼎湖山、南岭 3 个自然保护区（表 6-13）。4 个自然种群分别位于贵州弄相山、广东连山、南昆山、湖南源口。于 2011 年 4~9 月采集样本。

表 6-13　观光木种群采集信息及样本大小

| | 种群 | 经度（E） | 纬度（N） | 海拔/m | 株数 |
|---|---|---|---|---|---|
| CBL | 车八岭国家级自然保护区 | 114°15′ | 24°43′ | 350 | 18 |
| DHS | 鼎湖山国家级自然保护区 | 112°32′ | 23°10′ | 245 | 10 |
| DDS | 南岭国家级自然保护区大顶山管理处 | 113°03′ | 24°43′ | 516 | 28 |

（二）方法

见第本章第二节有关内容。

## 二、研究结果

### （一）种群遗传多样性

用筛选出的 16 条引物对观光木 7 个种群 163 株个体 DNA 样本进行 PCR 扩增,共扩增出 362 条清晰、重复性高的条带,其中 301 条为多态性条带（表 6-14）。平均每条引物扩增出条带数为 22.63,多态条带数为 18.82,多态条带比为 83.15%。

表 6-14　ISSR 引物扩增结果

| 引物 | 总条带数目 | 多态性条带数目 | 多态性条带百分比/% |
| --- | --- | --- | --- |
| UBC814 | 28 | 25 | 89.29 |
| UBC815 | 21 | 20 | 95.24 |
| UBC818 | 22 | 19 | 86.36 |
| UBC822 | 25 | 19 | 76.00 |
| UBC824 | 25 | 20 | 80.00 |
| UBC835 | 23 | 17 | 73.91 |
| UBC840 | 25 | 20 | 80.00 |
| UBC841 | 26 | 20 | 76.92 |
| UBC844 | 21 | 14 | 76.19 |
| UBC845 | 18 | 14 | 77.77 |
| UBC853 | 18 | 16 | 88.89 |
| UBC854 | 23 | 21 | 91.30 |
| UBC866 | 23 | 18 | 78.26 |
| UBC874 | 23 | 21 | 91.30 |
| UBC879 | 22 | 20 | 90.91 |
| UBC881 | 19 | 15 | 78.95 |
| 平均 | 22.63 | 18.82 | 83.15 |

由表 6-14 可知,观光木物种水平多态条带百分比为 83.15%,各种群多态条带百分比变化为 37.85%~62.15%,高低顺序为南昆山（NKS）>连山（LS）>弄相山（NXS）>源口（YK）>大顶山（DDS）>车八岭（CBL）>鼎湖山（DHS）,其中南昆山种群最高,鼎湖山种群最低。观光木物种水平 Shannon's 信息指数为 0.3621,各种群 Shannon's 信息指数为 0.2137~0.2995,高低顺序为连山（LS）>南昆山（NKS）>弄相山（NXS）>源口（YK）>大顶山（DDS）>车八岭（CBL）>鼎湖山（DHS）。除了南昆山和连山自然种群外,其他种群多态条带百分比变化趋势与 Shannon's 信息指数一致。自然种群多态条带百分比（$P$）和 Shannon's 信息指数（$I$）分别为 80.94% 和 0.3629,人工迁地保护种群多态条带百分比（$P$）和 Shannon's 信息指数（$I$）分别为 66.57% 和 0.2990,自然种群遗传多样性高于人工迁地保护种群（表 6-15）。

表 6-15　观光木天然种群与人工种群遗传多样性比较

| 自然 | | | 人工种群 | | |
|---|---|---|---|---|---|
| 种群 | $P$/% | $I$ | 种群 | $P$/% | $I$ |
| NXS | 59.39 | 0.2848 | CBL | 47.24 | 0.2388 |
| YK | 54.97 | 0.2618 | DHS | 37.85 | 0.2137 |
| LS | 61.88 | 0.2995 | DDS | 48.34 | 0.2473 |
| NKS | 62.15 | 0.2926 | 总体 | 66.57 | 0.2990 |
| 总体 | 80.94 | 0.3629 | | | |
| 种群 | 53.12 | 0.2626 | | | |
| 物种 | 83.15 | 0.3621 | | | |

## （二）种群遗传结构

STRUCTURE 软件分析结果表明，当 $K=2$ 时，$\Delta K$ 散点曲线出现最大值，说明所有参试的 163 个观光木个体最合理的组群数为 2（图 6-12）。

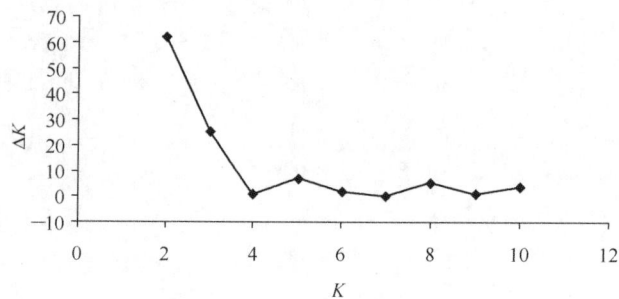

图 6-12　$\Delta K$ 值随组群数的变化图

每株个体归属于各组群的后验概率结果显示：组群 I（灰色）包含湖南源口（YK）、广东车八岭（CBL）和南昆山（NKS）种群的全部个体及湖南源口（YK）的 21 株个体；组群 II（黑色）几乎全部由贵州弄相山种群（NXS）、连山（LS）和大顶山（DDS）种群的全部个体，以及广东鼎湖山（DHS）部分个体组成（图 6-13）。

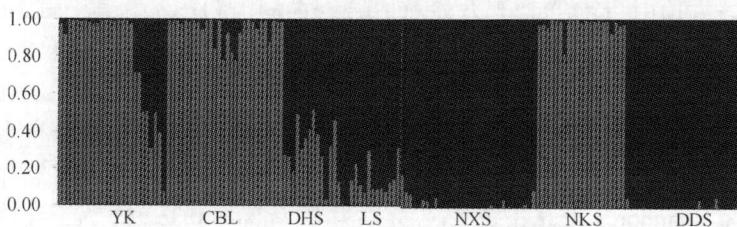

图 6-13　观光木 163 株个体的遗传结构

AMOVA 分析结果表明，自然种群和人工迁地保护种群间的变异仅占总变异的 3.52%

（$df=1$，$P>0.01$），遗传分化差异不显著，这与 STRUCTURE 分析不能将自然种群与人工种群区分开的结果相一致。参试种群间遗传分化系数（$G_{ST}$）为 0.2625，且极显著（$df=6$，$P<0.001$），表明这些种群的遗传变异主要分布于种群内，占 77.27%，只有 22.73% 分布于种群间。4 个自然种群和 3 个人工迁地保护种群遗传分化系数分别为 0.2495（$df=3$，$P<0.001$）和 0.1914（$df=2$，$P<0.001$），前者比后者遗传分化更明显。种群间遗传分化显著，暗示着种群间基因流较小，存在明显隔离。

### （三）种群遗传聚类

AMOVA 估算的成对种群间遗传分化系数（$\Phi_{ST}$）为 0.1544~0.3332，各种群间遗传分化达到显著水平（$P<0.05$），见表 6-16。其中，弄相山种群（NXS）与南昆山种群（NKS）遗传分化系数（$\Phi_{ST}=0.3332$）最大，迁地保护种群车八岭（CBL）与鼎湖山（DHS）之间遗传分化系数（$\Phi_{ST}=0.15442$）最小。

表 6-16 观光木种群间遗传分化系数（$\Phi_{ST}$）估算值

| 种群 | NXS | YK | LS | NKS | CBL | DHS | DDS |
| --- | --- | --- | --- | --- | --- | --- | --- |
| NXS | **** | | | | | | |
| YK | 0.2895* | **** | | | | | |
| LS | 0.2739* | 0.1858* | **** | | | | |
| NKS | 0.3332* | 0.2699* | 0.1581* | **** | | | |
| CBL | 0.2657* | 0.2231* | 0.2461* | 0.2982* | **** | | |
| DHS | 0.2951* | 0.2041* | 0.2338* | 0.3067* | 0.1544* | **** | |
| DDS | 0.3174* | 0.1784* | 0.2266* | 0.2788* | 0.1867* | 0.2212* | **** |

*表示 $P<0.05$。

基于 7 个种群间遗传分化系数 $\Phi_{ST}$ 的 UPGMA 聚类结果表明，广东南昆山（NKS）和连山（LS）种群聚为一组，广东车八岭（CBL）、鼎湖山（DHS）、大顶山（DDS）和湖南源口（YK）种群聚为一组，贵州弄相山（NXS）种群单独聚为一组（图 6-14）。

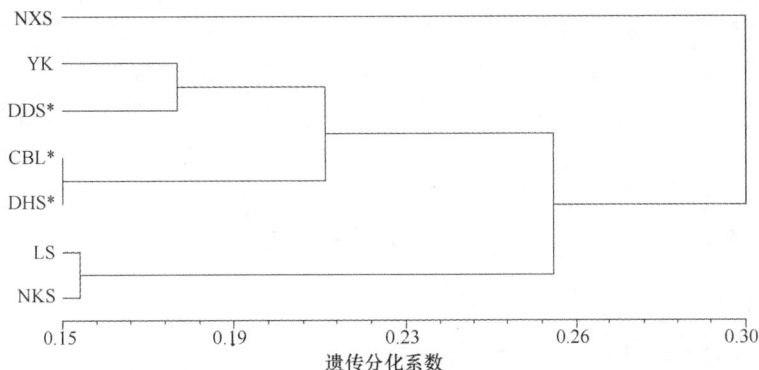

图 6-14 观光木种群间 $\Phi_{ST}$ 的 UPGMA 聚类图
*表示人工种群

## 三、讨论

### （一）遗传多样性

遗传变异是种群长期适应环境变化的结果，遗传多样性丢失导致小种群对环境变化（如污染、气候变化）的响应能力非常有限（Willi et al., 2006）。Hamrick 和 Godt（1990）根据 449 种植物等位酶标记研究的数据统计分析表明，多年生林木多态位点百分比为64.7%。近年来，分子标记揭示一些珍稀特有植物物种维持着较高水平的遗传多样性，并提出了几种可能机制（Sozen and Ozaydin, 2010）。本研究采用 ISSR 标记揭示的观光木多态性条带百分比和 Shannon's 信息指数（表 6-15）显示出其物种和种群水平都具有较高的遗传多样性，与黄久香和庄雪影（2002a，2002b）采用 RAPD 标记对 4 个自然种群的研究结果（$P=78.13\%$，$I=0.3565$）基本一致。

本研究结果还显示，人工迁地保护种群遗传多样性（$P=66.57\%$，$I=0.2990$）及种群遗传分化（$G_{ST}=0.1914$）要比自然种群（$P=80.94\%$，$I=0.3629$，$G_{ST}=0.2495$）低。在印度黄檀（*Dalbergia sissoo*）（Pandey et al., 2004）、水杉（*Metasequoia glyptostroboides*）（史全芬等，2005）、加那利松（*Pinus canariensis*）（Navascues and Emerson, 2007）、云杉（*Picea asperata*）（Wang et al., 2010）、南方红豆杉（*Taxus chinensis* var. *mairei*）（李乃伟，2011）、水松（*Glyptostrobus pensilis*）（吴则焰，2011）、红树（*Avicennia germinans*）（Leiva et al., 2009）等树种的人工种群与自然种群遗传多样性比较研究中也得出类似结论。但是，Gauli 等（2009）对喜马拉雅长叶松（*Pinus roxburghii*）的 5 对自然和种源不清的人工种群，Ferreira 和 Nazareno（2012）对巴西松（*Araucaria angustifolia*）1 个自然种群和 3 个种源不清的人工种群的遗传多样性比较研究发现，除了巴西松少数人工种群遗传多样性比自然种群低外，这 2 个树种的大多数人工种群遗传多样性没有降低。这可能是因为这两个树种分别为巴西和尼泊尔的主要造林树种，人工林种植面积大，用种量多，在种源方面不存在"奠基者效应"。据此，本研究认为：对于资源量少的珍稀濒危树种，在缺乏基本种群遗传学信息条件下建立的小面积人工迁地保护种群，如果用种量少，可能会存在"驯化瓶颈事件"（采样株数少）而丢失部分遗传多样性（Doebley et al., 2006）。

另外，本研究的野外调查发现，林业资源调查档案及文献中记载的靠近村旁、路边的观光木自然种群，长期被作为"杂木"砍伐。例如，广西猫儿山自然保护区附近的观光木因近年修路被伐，广西贺州的滑水冲自然保护区的种群因山体塌坡而消失；广西靖西种群因当地营造杉木速生丰产林，现已不复存在（黄久香和庄雪影，2002a，2002b）；广东都亨观光木种群因当地农民开荒种果，大树破坏严重。由此推测，观光木曾经是连续广布物种且具有较丰富的遗传多样性，近期人为活动是其种群数量及种群内个体数量锐减的主要原因，从而呈不连续分布。也就是说，人为因素破坏是观光木致濒的主要原因之一。

### （二）遗传结构

种群遗传结构与物种适应进化密切相关。种群内及种群间遗传变异信息是制定珍稀濒危植物物种保护策略的关键（Sharma et al., 2002）。AMOVA 分析表明观光木自然种群与人工种群间的遗传结构没有明显差异，与 Gauli 等（2009）对喜马拉雅长叶松的研究结果相似。分析其原因可能是由于这些人工种群来源于本地自然种群，且经历的时间较短，尚未与自然种群形成明显的遗传分化。但 Pandey 等（2004）对 5 对尼泊尔的印度黄檀自然种群与人工种群遗传结构比较的研究却发现二者的遗传结构存在显著差异，他们认为原因可能是营造人工林的种子来源于印度，而在尼泊尔地区受到当地病虫严重危害，这些人工种群不适应该地区的环境条件，从而适应性潜力下降。

南岭地区观光木自然种群遗传分化系数（$G_{ST}$＝0.2495）与 Nybom（2004）统计的长寿命林木（$G_{ST}$＝0.25）及特有种（$G_{ST}$＝0.26）相接近，表明观光木自然种群间遗传分化明显；而略低于黄久香和庄雪影（2002a，2002b）研究的结果（$G_{ST}$＝0.2701）。黄久香和庄雪影（2002a，2002b）采集的种群来源于南亚热带和热带地区，种群间距离较远且种群所处的气候、土壤、植被类型等差异较大。另外，研究采用的标记类型及遗传分化系数估算方法不同也可能是其原因之一。

参试的观光木种群个体 STRUCTURE 分析（图 6-14）与聚类分析结果（图 6-15）均显示，地理距离相近的自然种群聚在一起，自然种群遗传变异分布模式基本上与其地理生态格局一致。湖南源口与广东连山种群在地理位置上均位于骑田岭与大庚岭之间，气候、土壤、植被等生态因子相似性较大，聚为一类；广东南昆山种群位于南岭以南，与源口、连山种群地理位置相近，自然生态条件相似，进而聚为一大类。弄相山种群位于南岭与云贵高原接壤处，生态条件与其他种群明显不同，单独聚为一类。这说明，自然生态条件差异形成的选择压力是引起观光木种群遗传分化的重要因子之一。

本研究结果还表明，车八岭、鼎湖山和大顶山 3 个人工种群均与源口自然种群归为一组。据此推测，这 3 个人工迁地保护种群可能都来源于源口自然种群。但是，AMOVA分析揭示 3 个人工迁地保护种群与源口自然种群之间存在显著的遗传分化，表明这 3 个人工种群的种子可能仅来源于少数几株母树，从而造成严重的"奠基者"效应。

## （三）遗传多样性迁地保护

迁地保护的核心问题是物种遗传完整性、种群生存力及迁地种群遗传管理（黄宏文和张征，2012）。Stefenon 等（2008）认为，母树及其所在的种群数量对人工迁地保护的物种遗传完整性至关重要，来源于不同自然种群的材料能增加人工迁地保护种群遗传变异潜力。鉴于观光木种群间基因流、遗传分化不明显，为了使迁地保护种群最大程度地保护其物种的遗传完整性，建议从多个自然种群中收集种子，混合育苗种植，扩大其迁地种群的异质性，增加人工建立的迁地保护种群遗传多样性水平。

迁地保护种群遗传管理涉及近交衰退、遗传多样性丢失、新的有害基因积累、迁地保护种群的遗传适应及远交衰退（Frankham et al., 2002）。由于观光木分布范围广，从多个不同生态地理种群采集观光木种子混合育苗种植，可维持观光木迁地保护种群的遗传多样性及适应性进化潜力，防止近交衰退和遗传漂移，同时也可能带来来源于生态地理条件差异大的种群材料远交衰退的危险（Ferreira and Nazareno, 2012）。在有关生态因子、花粉传播或种子扩散过程对其种群发展的影响机制还不清楚的情况下，我们建议分别在不同生态类型区内的国家级自然保护区选择适宜观光木生长的小气候环境，开展观光木迁地保护工作，并进一步开展观光木交配系统及种群生态生殖生物学研究。

　　本研究是基于 ISSR 中性标记对来自于南岭地区 4 个观光木的自然种群和 3 个人工迁地保护种群的研究，其结果仅代表南岭地区观光木种群遗传多样性及遗传结构。尽管观光木为偶见种，资源稀少，但其分布较广。武夷山山脉、九连山山脉、广西盆地及五指山脉等地，观光木种群可能会因自然生态条件不同产生更大的种群遗传分化，如果采用选择性标记，种群遗传分化将会更为明显，而这些未知的适应性基因在保护遗传学中特别重要（Gauli et al., 2009）。为了捕获中性标记无法揭示的一些可能存在的选择性基因位点变异，建议进一步开发选择性标记，以评价观光木人工迁地保护林遗传多样性的保护效果。

# 参 考 文 献

陈娇，王小蓉，汤浩茹，等. 2013. 基于 SSR 标记的四川野生中国樱桃遗传多样性和种群遗传结构分析. 园艺学报，40（2）：333-340.

陈少瑜，韩燕，吴涛，等. 2010. 木兰科濒危植物大果木莲遗传多样性的 ISSR 分析. 福建林学院学报，30（1）：56-60.

池毓章. 2007. 观光木播种育苗生长规律及育苗技术研究. 福建林业科技，34（1）：122-125.

邓力，李元强，吴庆标. 2012. 10 年生珍贵树种人工林凋落物归还动态及持水能力研究. 安徽农业科学，40（23）：11715-11717.

邓贤兰，吴杨，赖弥源，等. 2012. 江西中南部观光木种群及所在群落特征研究. 广西植物，32（2）：179-184.

邓贤兰，曾晓辉，吴新年，等. 2010. 井冈山观光木所在群落特征研究. 井冈山大学学报，31（4）：113-117.

封磊，洪伟，吴承祯，等. 2007. 杉木-观光木人工混交林竞争及邻体干扰指数研究. 应用与环境生物学报，13（2）：196-199.

郝小燕，洪鑫，余珍，等. 1999. 观光木和云南含笑精油化学成分的研究和比较. 贵州科学，（4）：287-290.

何开跃，李晓储，张双全，等. 2007. 观光木叶片挥发油成分及其对超氧阴离子抑制与清除活性研究. 林业科学研究，（01）：58-62.

付琳，曾庆文，徐凤霞，等. 2007. 观光木的花器官发生. 热带亚热带植物学报，15（1）：30-34.

傅立国，金鉴明. 1992. 中国植物红皮书——稀有濒危植物：第一册. 北京：科学出版社：454-455.

龚榜初，刘国彬. 2013. 锥栗自然种群遗传多样性的 ISSR 分析. 植物遗传资源学报，14（4）：581-587.

国家林业局野生动植物保护与自然保护区管理司，中国科学院植物研究所. 2013. 中国珍稀濒危植物图鉴. 北京：中国林业出版社：224.

黄宏文，张征. 2012. 中国植物引种栽培及迁地保护的现状与展望. 生物多样性，20（5）：559-571.

黄久香，庄雪影. 2002a. 观光木种群遗传多样性研究. 植物生态学报，26（4）：413-419.

黄久香，庄雪影. 2002b. 华南三地观光木遗传多样性的 RAPD 分析. 华南农业大学学报：自然科学版，23（2）：54-57.

黄松殿，覃静，秦武明，等. 2011a. 珍稀树种观光木生物学特性及综合利用研究进展. 南方农业学报，42（10）：1251-1254.

黄松殿，吴庆标，廖克波，等. 2011b. 观光木人工林生态系统碳储量及其分布格局. 生态学杂志，30（11）：2400-2404.

黄鹰，常睿洁，金慧子，等. 2012. 观光木酚性成分研究. 天然产物研究与开发，24（2）：176-178.

黄忠良，王俊浩. 1998. 自然保护区-就地保护与植物园-迁地保护//面向 21 世纪的中国生物多样性保护——第三届全国生物多样性保护与持续利用研讨会论文集. 北京：中国林业出版社：30-37.

吉悦娜，颜立红，彭春良，等. 2008. 观光木一年生苗生长规律研究. 湖南林业科技，35（3）：17-19.

姜景民，滕花景，袁金玲，等. 2005. 乐昌含笑种群遗传多样性的研究. 林业科学研究，18（2）：109-113.

李乃伟，贺善安，束晓春，等. 2011. 基于 ISSR 标记的南方红豆杉野生种群和迁地保护种群的遗传多样性和遗传结构分析. 植物资源与环境学报，20（1）：25-30.

李松海，谢安德，贾丽云，等. 2011. 珍贵树种观光木研究现状及展望. 南方农业学报，42（8）：968-971.

李因刚，周志春，范辉华，等. 2008. 乳源木莲种源遗传多样性和遗传分化. 林业科学研究，21（4）：582-586.

廖克波，刘昆成，谢安德，等. 2012. 镉胁迫对观光木幼苗生理特性的影响. 广东农业科学，39（5）：47-49.

林宁，谢安德，王凌晖，等. 2012. 低温胁迫对观光木幼苗离体叶片生理特性的影响. 湖北农业科学，51（16）：3524-3527.

林新春，俞志雄，裘利洪，等. 2003. 濒危植物华木莲的遗传多样性研究. 江西农业大学学报，25（6）：805-810.

刘登义，储玲，杨月红. 2004. 珍稀濒危植物天目木兰遗传多样性的 RAPD 分析. 应用生态学报，15（7）：1139-1142.

刘玉壶. 2006. 中国木兰. 北京：科技出版社：156-158.

罗光佐，施季森，尹佟明，等. 2000. 利用 RAPD 标记分析北美鹅掌楸种类遗传多样性. 植物资源与环境学报，9（2）：9-13.

罗在柴，王军辉，许洋，等．2010．观光木网袋容器苗生理指标测定与基质筛选．林业科技开发，（1）：94-97.

缪林海．2004．观光木高龄植株扦插繁殖技术的初步研究．福建林业科技，29（1）：47-49.

邱德英，彭春良，康用权，等．2009．优良乡土树种观光木选育与栽培技术研究．湖南林业科技，36（2）：19-22.

史全芬，杨佳，李晓东，等．2005．水杉栽培居群的遗传多样性研究．云南植物研究，27（4）：403-412.

宋晓凯，吴立军，屠鹏飞．2004．观光木树皮的生物活性成分研究．中草药，33（8）：676-678.

覃静，蒙好生，秦武明，等．2011．观光木人工林生物量及生产力研究．应用研究，25（6）：65-68.

唐源江，叶秀麟，曾庆文，等．2007．观光木的大孢子发生与雌配子体形成．热带亚热带植物学报，11（1）：20-22.

王久利，高庆波，付鹏程，等．2014．青藏高原及其毗邻山区蒙古绣线菊谱系地理学研究．西北植物学报，34（10）：1981-1991.

王霞，王静，蒋敬虎，等．2012．观光木片段化种群的遗传多样性和交配系统．生物多样性，20（6）：676-684.

吴文姗，刘剑，张清其，等．1997．观光木染色体核型的研究．福建师范大学学报，14（1）：90-92.

吴则焰，刘金福，洪伟，等．2011．水松自然种群和人工种群遗传多样性比较．应用生态学报，22（4）：873-879.

谢安德，王凌晖，潘启龙，等．2012．盐分胁迫对观光木幼苗生长及生理特性的影响．西北林学院学报，27（2）：22-25.

许涵，黄久香，唐光大，等．2008．南昆山观光木所在群落优势树种的种间联结性．华南农业大学学报，29（1）：57-62.

许涵，庄雪影，黄久香，等．2007．广东省南昆山观光木种群结构及分布格局．华南农业大学学报，28（2）：73-77.

杨来安，秦武明，覃静，等．2012．观光木人工林生长规律的初步研究．林业科技，（5）：9-10.

杨玉盛，陈光水，林瑞余，等．2001．杉木观光木混交林群落的能量生态．应用与环境生物学报，7（6）：536-542.

杨玉盛，陈光水，谢锦升，等．2002．杉木-观光木混交林群落 N、P 养分循环的研究．植物生态学报，26（4）：473-480.

曾庆文，高泽正，刑福武，等．2004．濒危植物观光木传粉生物学的初步研究//第五届生物多样性保护和持续利用研讨会论文集．北京：气象出版社：199-204.

张著林．2003．龙额观光木果实性状及结实规律调查研究．贵州科学，21（4）：39-42.

中华人民共和国林业部林业区划办公室．1987．中国林业区划，北京：中国林业出版社：220-225.

周菊珍．2001．观光木的采种育苗技术．广西林业科学，30（02）：101.

朱宗元，梁存柱．2005．钟观光先生的植物采集工作——兼记我国第一个植物标本室的建立．北京大学学报：自然科学版，41（6）：825-832.

Anne C. 2006. Choosing the right molecular genetic markers for studying biodiversity: fom molecular evolution to practical aspects. Genetics, 127:101-120.

Cheng Y, Hwang S, Lin T. 2005. Potential refugia in Taiwan revealed by the phylogeographical study of *Castanopsis carlesii* Hayata (Fagaceae). Molecular Ecology, 14 (7) : 2075-2085.

Doebley J F, Gaut B S, Smith B D. 2006. The molecular genetics of crop domestication. Cell, 127: 1309-1321.

Ellstrand N C, Elam D R. 1993. Population genetic consequences of small population size: implications for plant conservation. Annual Review of Ecology and Systematic, 24: 217-242.

Estoup A, Anges B. 1998. Microsatellites and mini-satellites for molecular ecology: Theoretical and empirical considerations. *In*: Advances in Molecular Ecology (Carvalho G R, eds), Amsterdam: IOS Press: 55-86.

Ferreira D K, Nazareno A G, Mantovani A, et al. 2012. Genetic analysis of 50-year old Brazilian pine (*Araucaria angustifolia*) plantations: implications for conservation planning. Conservation Genetics, 13: 435-442.

Finkeldey R, Hattemer H H. 2007. Tropical Forest Genetics. New York: Springer, Berlin, Heidelberg: 315.

Frankham R, Ballou J D, Briscoe D A. 2002. Introduction to Conservation Genetics. Cambridge: Cambridge University Press: 2-9, 96-112.

Gauli A, Gailing O, Stefenon V M, et al. 2009. Genetic similarity of natural populations and plantations of *Pinus roxburghii* Sarg. in Nepal. Annals of Forest Science, 66: 702-713.

Glémin S, Bazin E, Cliarleswortli D. 2006. Impact of mating systems on patterns of sequence polymorphism in flowering plants. Proceedings of the Royal Society B-Biological Sciences, 1604 (273) : 3011-3019.

Hamrick J L, Godt M J. 1990. Allozyme diversity in plant species. *In*: Plant Population Genetics, Breeding and Genetic Resources (Brown A H D, Clegg M T, Kahler A L, Weir B S, eds). Sunderland: Sinauer: 43-63.

Leiva D E, Duran V M, Perea N. 2009. Genetic diversity of black mangrove (*Avicennia germinans*) in natural and reforested areas of Salamanca Island Parkway, Colombian Caribbean. Hydrobiologia, 620: 17-24.

Lu J J, Hu X, Liu J J, et al. 2012. Genetic diversity and population structure of 151 *Cymbidium sinense* cultivars. Journal of Horticulture and Forestry, 3 (4) : 104-114.

Navascues M, Emerson B C. 2007. Natural recovery of genetic diversity by gene flow in reforested areas of the endemic Canary Island pine, *Pinus canariensis*. Forest Ecology and Management, 244: 122-128.

Nybom H, Bartish I V. 2000, Effects of life history traits and sampling strategies on genetic diversity estimates obtained with RAPD markers in plants. Perspectives in Plant Ecology, Evolution and Systematic, 3 (2) : 93-114.

Nybom H. 2004. Comparison of different nuclear DNA markers for estimating intraspecific genetic diversity in plants. Molecular Ecology, 13: 1143-1156.

Pandey M, Gailing O, Leinemann L, et al. 2004. Molecular markers provide evidence for long-distance planting material transfer during plantation establishment of *Dalbergia sissoo* Roxb. in Nepal. Annals of Forest Science, 61: 603-606.

Rusterholz H P, Aydin D, Baur B. 2012. Population structure and genetic diversity of relict populations of *Alyssum montanum* on limestone cliffs in the Northern Swiss Jura mountains. Alpine Botany, 122 (2) :109-117.

Souza J G, Souza V A, Lima P S. 2012. Molecular characterization of *Platonia insignis* Mart. ("bacurizeiro") using inter simple sequence repeat (ISSR) markers. Molecular Biology Reports, 40 (5) :3835-3845.

Sozen E, Ozaydin B. 2010. A study of genetic variation in endemic plant *Centaurea wiedemanniana* by using RAPD markers. Ekoloji, 77: 1-8.

Stefenon V M, Gailing O, Finkeldey R. 2008. Genetic structure of plantations and the conservation of genetic resources of Brazilian pine (*Araucaria angustifolia*) . Forest Ecology and Management, 255: 2718-2725.

Wang Z S, Liu H, Xu W X, et al. 2010. Genetic diversity in young and mature cohorts of cultivated and wild populations of *Picea asperata* Mast (Pinaceae) , a spruce endemic in western China. European Journal Forest Research, 129: 719-728.

Willi Y, Buskirk J V, Hoffmann A A. 2006. Limits to the adaptive potential of small populations. Annual Review of Ecology, Evolution and Systematics, 37: 433-458.

Xia N H, Liu Y H, Nooteboom H P. 2009. Flora of China . Beijing: Science Press: 80.

# 第七章　伯乐树遗传多样性研究

伯乐树（*Bretschneidera sinensis*），又名钟萼木、山桃花，为第三纪孑遗植物，是伯乐树科（Bretschneideraceae）唯一现存的植物种，为单种科珍稀植物（吴征镒等，2003）。由于其起源古老、系统位置特殊，在研究被子植物的系统发育和古地理、古气候等方面有重要科学价值（邢福武，2005）。伯乐树树形优美，花大色艳，是极佳的园林观赏树种。木材硬度适中，色纹美观，也是优良工艺和家具用材，具有极高的开发利用前景（陈奕良等，2010）。

伯乐树为落叶乔木，树高 10～20m，树皮灰褐色，有圆形凸起状皮孔，干形通直，树冠伞形。奇数羽状复叶互生，小叶对生，7～9 片，纸质，长圆形、菱状长圆形或卵状披针形，不对称，全缘，先端渐尖或短渐尖，基部浑圆或偏斜，背面粉绿色或灰白色，具有柔毛，羽状网脉明显，为淡红色。花期 3～9 月，果期 5 月至翌年 4 月。总状花序直立顶生，长 20～40cm，外面有棕色短绒毛；花萼钟状，花瓣 5 片，阔匙形，淡红色至白色，内有红色纵条纹；雄蕊 8 枚，基部连合，淡红色。蒴果，近球形或椭圆球形，外被绒毛，瓣裂，果瓣厚，木质，成熟时红色，外有瘤状突起。种子椭圆球形，光滑，橙红色或土黄色（中国科学院植物研究所，1980；傅书遐和傅坤俊，1984；Lu and David, 2005）。

由于人为干扰，生境破坏严重，伯乐树已处于极度濒危状态，被列为国家一级重点保护野生植物（于永福，1999）。20 世纪 70～80 年代，我国早期建立的植物园，将伯乐树作为树木活体标本，开展了少数的引种栽培。近年，许多国家级、省级自然保护区已开展伯乐树迁地保育林营建工作。

## 第一节　伯乐树研究进展

自 Hemsley 提出伯乐树属以来，伯乐树系统位置一直存在争议。前人先后将伯乐树属置于无患子科（Sapinaceae）、七叶树科（Hippocastanaceae）及独立为伯乐树科，大多数学者接受将其归属为伯乐树科（中国科学院植物研究所，1980；傅书遐和傅坤俊，1984；Craene et al., 2002; Lu and David, 2005）。伯乐树及其近缘科植物的花粉形态研究表明，无患子目中仅牛栓藤科与伯乐树花粉较为接近，不能将伯乐树置于无患子科中作一个属，而应将它单独建立科（刘成运，1986；Chaw and Peng, 1989）。基于花及果实的胚胎学特征，发现伯乐树科与其相近的科均有显著的不同，与辣木树科（Moringaceae）和白花菜科（Capparaceae）相比，伯乐树科与七叶树科（Hippocastanaceae）和无患子科（Sapindaceae）亲缘关系较近（Tobe and Peng, 2008）。Hutchinson 系统和 Cronquist 系统将伯乐树属置于无患子科。基于分子标记提供的系统发育信息，认为伯乐树应置于白花菜目、叠珠树科伯乐树属，并认为叠珠树科是研究亚洲-澳洲间断分布的好材料（Angiosperm Phylogeny

Group，2009）。

在植物区系地理上，伯乐树分布中心在我国（吴征镒，1991）。伯乐树分布范围相对狭窄，主要在我国长江流域以南的云南、贵州、四川、广东、广西、湖南、湖北、江西、浙江、福建、海南等省（自治区），呈零星分布；近年在越南北部和泰国北部也有发现（Lu and David，2005）。伯乐树通常是以单株或数株散生于海拔 500～1500m 的湿润沟谷坡地或溪旁的常绿阔叶林或针阔混交林中（黄健锋和陈定如，2008），很少集中成片分布，多数株距相距较远，为偶见种（徐刚标等，2013）。

伯乐树喜温暖湿润气候，幼年耐荫，成年树中性偏阳，为深根性树种，抗风能力较强，稍耐寒和干旱，但不耐高温（乔琦等，2013）。伯乐树自然分布区气候温暖湿润，年降水量 1000～2000mm，成土母质为以流纹岩、凝灰岩为主体发育而成的山地红壤或山地黄壤，呈酸性。伯乐树喜肥沃湿润的沙壤土（郭祥泉等，2012）。由于伯乐树自然种群数量少、种群小，结实率、发芽率低，林分中 1 年生幼苗死亡率高，天然更新十分困难（乔琦等，2011）。

伯乐树天然种群特征表明，伯乐树种群小，龄级结构不合理，幼苗和幼树数量不足，呈衰退型，虽然伴生物种丰富，但整个群落不稳定，自身调节能力差（乔琦等，2010a；王美娜等，2011；陈义堂等，2012；刘菊莲等，2013）。马冬雪和刘仁林（2012）研究认为，森林内枯枝落叶中一些抑制性化学物质、土壤中赤霉素含量低和林内地温低且空间变化很大，适合伯乐树种子发芽的空间分布不均匀，是伯乐树幼苗很少、难以形成群落而呈零星状分布的主要原因。

伯乐树芽有混合芽和叶（枝）芽 2 种类型，叶（枝）芽抽枝、展叶一般早于混合芽。混合芽 3 月初开始萌动，3 月中旬开始绽开，形成花蕾和叶，叶先开放。4 月中下旬为展叶和开花盛期；5 月到 7 月为果实快速生长期，9 月中旬为果熟期；叶较果实先脱落（王娟等，2008）。

伯乐树无根毛，为典型的菌根营养型植物（黄久香和庄雪影，2000）。受到菌丝侵染的根表皮细胞和外皮层细胞有无定形的物质，组成加厚层，对根起着保护作用。菌丝作为与外界物质和信息的联系通道，部分菌丝前端有大量小泡和碎屑。伯乐树初生结构中皮层部分明显分为两轮并存在间隙，利于真菌菌丝在其内分枝和繁殖（乔琦等，2010b）。

伯乐树木材为散孔材，生长轮明显。成熟木材中导管分子多为单穿孔板，少数为梯形复穿孔板，具螺纹加厚。管胞、纤维-管胞和韧型木纤维同时存在，后两者有的具分隔。薄壁组织以轮界分布为主，木射线多为大型异形射线，属异形 IIB 型，缺乏侵填体、树脂道及分泌细胞（吕静和胡玉熹，1994；陈奕良等，2011；骆文坚等，2010）。伯乐树树干皮层中存在芥子素细胞，内含芥子油苷和芥子素酶，对抗昆虫取食及病原体侵染等，形成一种独特的防御系统，也是菜粉蝶雌虫产卵和幼虫发育的必要条件（曾懋修和童宗伦，1984；陈亚州和阎秀峰，2007）。伯乐树叶为异面叶，上表皮角质膜薄，气孔仅散布于下表皮，栅栏组织仅 1 层，海绵组织发达，由排列疏松的薄壁细胞组成，这些结构都显示伯乐树抗旱性弱，对水分需求量较大（乔琦等，2010c）。伯乐树叶片表面有表皮毛、角质层、乳突和气孔器 4 种附属结构，从幼叶到成熟叶，表皮毛逐渐减少，幼年时期表皮毛主要起到保护植株及防止水分蒸发的作用，而成熟植株中表皮毛的减少有利于光合作用（涂蔷等，2012）。

伯乐树蒴果含 1～3 枚种子，于 10 月成熟，种皮薄而坚硬，为典型的顽拗性种子，不耐受脱水（乔琦等，2009）。伯乐树种子萌发过程中，光照、温度对萌发率影响均较大，黑暗条件下种子萌发速率极低（Qi et al.，2009）。李铁华和周佑勋（1997）研究表明，30mg/100ml 赤霉素溶液浸种 24h、低温（5℃）层积 60 天及低温（5℃）干藏 120 天均可解除种子休眠，促进种子萌发，其中低温干藏 120 天后再层积 20 天，解除休眠效果最佳，种子萌发率高达 94%。生产实践中，伯乐树采种后，一般进行沙藏春播。播种前，机械破裂种皮、清水浸泡。播种时，伯乐树种子的种脐向下。苗木出土后至木质化前，遮荫，避免高温烈日暴晒（伍铭凯等，2006）。有研究表明，伯乐树种子发芽最适宜温度为 20～25℃（马冬雪和刘仁林，2012），经 130 天贮藏后，伯乐树种子内淀粉含量显著下降，含水量、蛋白酶活性、淀粉酶活性、蛋白含量和可溶性糖含量显著升高，解除种子休眠。贮藏后的伯乐树种子发芽率和发芽势显著提高，其中，以湿沙低温下的发芽率和发芽势为最高（康华靖等，2011）。

在贵州省民间，伯乐树叶片常作为蔬菜食用。马忠武和何关福（1992）首次从伯乐树树干中分离得到有机化合物。Liu 等（2010）从伯乐树茎中分离出 2 种新的杂环化合物、3 种新的芳香族双苷和 3 种已知的芳香双苷。张季等（2013）对伯乐树幼嫩叶芽的营养成分进行测定，结果表明其营养成分丰富，为富硒食品，营养价值高，具有很好的保健功能。

在林业生产上，已形成了成熟伯乐树苗木培育及丰产栽植技术（王承南和徐刚标，2014）。郭治友等（2007）用伯乐树 2 年生实生苗嫩芽作为外植体进行组织培养，获得了再生植株，成苗率达 73%。欧阳献和李火根（2009）以伯乐树种子的胚芽作为外植体进行离体培养，筛选出伯乐树的最佳芽诱导、继代增殖、生根培养基及炼苗基质。

近年来，彭莎莎等（2011）利用 ISSR 和 RAPD 分子标记技术对来自浙江和江西的 23 份伯乐树材料进行遗传多样性研究，结果表明伯乐树遗传变异丰富。王美娜等（2011）研究结果表明，南昆山和大岭山伯乐树种群为复合种群，南昆山伯乐树种群起源可能更为古老；南昆山伯乐树种群单倍型多样性和核苷酸多样性较之大岭山伯乐树种群为高，更具有保护价值。

## 第二节　伯乐树种群遗传多样性分析

### 一、材料与方法

#### （一）材料

伯乐树为高大落叶乔木，同株异花可育，昆虫传粉和鸟类传播种子（Qiao et al.，2012）。根据湖南、江西、广东、贵州、广西、福建 6 省（自治区）的国家、省级自然保护区的资源本底调查资料，于 2011 年 4 月至 2013 年 9 月，共调查了 40 个自然保护区（森林公园）的伯乐树资源，从中选取野生成年个体 10 株以上的种群采样，共采集 15 个种群 287 株个体（株间距离 50m 以上）（表 7-1 和图 7-1）。野外采集的叶片放入盛有硅胶的密封袋中。带回实验室后，取出叶片放入−70℃冰箱中保存。伯乐树特异性 SSR 标记引物参考 Guan 等（2012），委托华大基因公司合成。

表 7-1　伯乐树采样种群信息及样本量

| 种群 | 采样地 | 地理坐标 | 海拔/m | 样本量 |
|---|---|---|---|---|
| YMS | 阳明山国家级自然保护区 | 26°07′N,111°50′E | 1390 | 21 |
| MS | 莽山国家级自然保护区 | 24°58′N,112°51′E | 1230 | 27 |
| SHS | 舜皇山国家级自然保护区 | 26°35′N,110°00′E | 950 | 16 |
| BMS | 八面山国家级自然保护区 | 26°10′N,113°39′E | 1020 | 18 |
| HS | 黄桑国家级自然保护区 | 26°38′N,110°55′E | 1180 | 25 |
| TX | 广东田心省级自然保护区 | 25°01′N,112°30′E | 970 | 29 |
| DDS | 南岭国家级自然保护区大东山 | 24°38′N,113°12′E | 950 | 10 |
| RY | 南岭国家级自然保护区乳阳 | 24°45′N,112°53′E | 1000 | 24 |
| DYS | 大瑶山国家级自然保护区 | 24°14′N,110°12′E | 920 | 11 |
| MRS | 猫儿山国家级自然保护区 | 24°25′N,111°29′E | 800 | 12 |
| JGS | 井冈山国家级自然保护区 | 26°26′N,114°15′E | 450 | 15 |
| TBS | 江西铜钹山省级自然保护区 | 28°12′N,118°19′E | 850 | 23 |
| LP | 黎平国家级森林公园 | 25°42′N,109°13′E | 500 | 13 |
| CJ | 贵州省从江县 | 25°44′N,108°54′E | 530 | 20 |
| MJY | 闽江源国家级自然保护区 | 26°46′N,116°52′E | 710 | 23 |

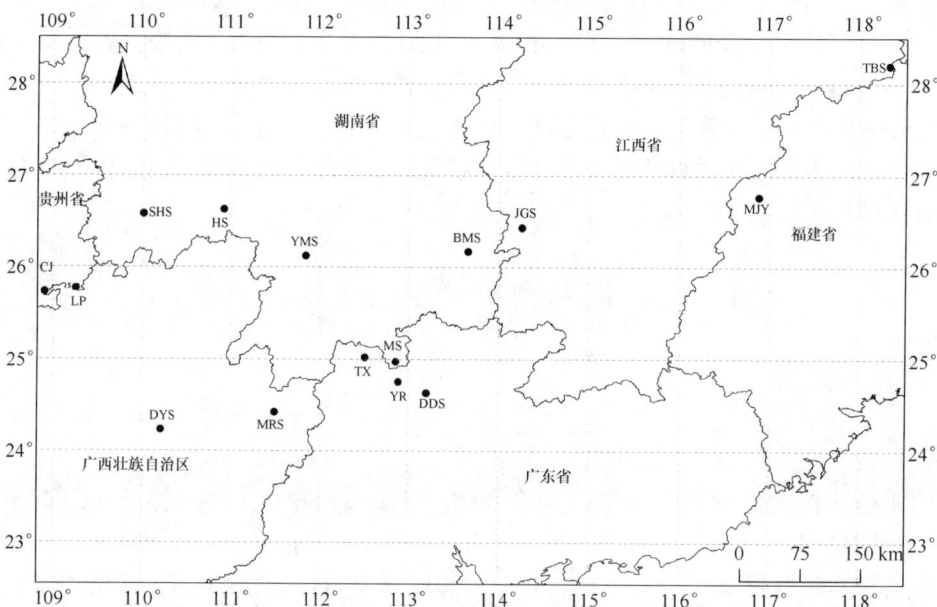

图 7-1　采样地分布地图

## （二）方法

### 1. 基因组 DNA 提取和浓度测定

见第四章第二节。

### 2. SSR-PCR 扩增体系及引物筛选

SSR-PCR 扩增体系为：$Mg^{2+}$ 1.25mmol/L，dNTPs 0.2mmol/L，*Taq* DNA 聚合酶 0.5U，引物 0.3μmol/L，DNA 90ng。

SSR-PCR 扩增程序为：95℃预变性 5min；95℃变性 30s，退火温度下退火 45s，72℃延伸 90s，35 个循环；72℃延伸 10min。SSR-PCR 扩增产物采用 10%非变性聚丙烯酰胺凝胶电泳进行检测。

ISSR 引物各条引物的具体退火温度见表 7-2。

表 7-2　SSR 引物

| 位点 | 引物序列　（5′→3′） | 片段/bp | $T_m$/℃ | GenBank 登录号 |
|---|---|---|---|---|
| Bl6 | F: ACACACACACACAGAGAGAGAG | 327～355 | 55 | JQ638594 |
| | R: TTCTGGTTTCTATTTGATGTTC | | | |
| Bl7 | F: ACACACACACACAGAGAGAGAG | 220～252 | 54 | JQ638595 |
| | R: TTCAAAGGTATACATAGAGCAT | | | |
| Bl9 | F: ACACACACACACAGAGAGAGAG | 168～194 | 55 | JQ638597 |
| | R: CAACCAAGGAAGCCATTACAAC | | | |
| Bl11 | F: ACACACACACACAGAGAGAGAG | 217～257 | 55 | JQ638599 |
| | R: ATTGCCAGGATGTTTACG | | | |

### 3. 数据处理与分析

根据扩增片段大小及 DNA 分子质量标准，采取人工判读。

采用 POPGENE 32 软件估算观测等位基因数（$A$）、有效等位基因数（$A_e$）、Shannon's 信息指数（$I$）、观测杂合度（$H_O$）、期望杂合度（$H_E$）、Nei's 杂合度（$N_{ei}$）和遗传间遗传分化系数（$F_{ST}$）。基于 $F_{ST}$ 估算种群间基因流 $[Nm=(1-F_{ST})/4F_{ST}]$。

种群间遗传分化系数（$G_{ST}$）及成对种群间遗传分化系数（$\Phi_{ST}$），种群间 UPGMA 聚类分析及个体间谱系结构分析，见第四章第二节。

## 二、结果与分析

### （一）种群遗传多样性

从 16 对 SSR 引物中共筛选出 4 对条带清晰、重复性好、稳定性强、多态性高的引物，平均每个引物扩增出 4.25 条，共扩增出条带 17 条，其中多态性条带 16 条，多态性百分率为 88.24%。4 对 SSR 引物序列、扩增片段大小、退火温度及其检测的有关种群遗传多样性参数见表 7-3、图 7-2。

**表 7-3　SSR 引物及其检测的多样性参数**

| 位点 | 等位基因数 | | 杂合度 | | Shannon's 信息指数（$I$） | $F_{ST}$ |
|---|---|---|---|---|---|---|
| | 观测值（$A$） | 有效值（$A_e$） | 观测值（$H_O$） | 期望值（$H_E$） | | |
| Bl6 | 5 | 1.3512 | 0.2962 | 0.2604 | 0.5253 | 0.0708 |
| Bl7 | 4 | 3.0770 | 0.5122 | 0.6762 | 1.1664 | 0.2172 |
| Bl9 | 5 | 2.3852 | 0.4286 | 0.5818 | 1.1489 | 0.3045 |
| Bl11 | 3 | 1.1183 | 0.1115 | 0.1060 | 0.2325 | 0.0536 |
| 平均 | 4.25 | 1.9829 | 0.3371 | 0.4061 | 0.7683 | 0.1721 |

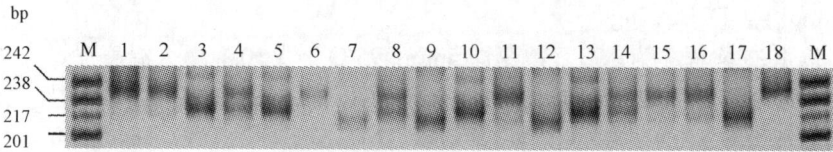

图 7-2　引物 Bl7 对八面山种群扩增结果
Marker 为 pBR322 DNA/*Msp* I

4 对 SSR 引物扩增结果表明（表 7-4），15 个伯乐树天然种群 287 株个体中共检测到 17 个等位基因。单位点的观测等位基因数（$A$）为 3～5，平均 4.25；有效等位基因数（$A_e$）为 1.1183～3.0770，平均 1.9829；Shannon's 信息指数（$I$）为 0.2325～1.1664，平均 0.7683；观测杂合度（$H_O$）为 0.1115～0.5122，平均 0.3371；期望杂合度（$H_E$）为 0.1060～0.6762，平均为 0.4061。这表明，伯乐树维持较高的遗传多样性。各种群观测等位基因数（$A$）为 2～3.25，平均 2.5；有效等位基因数（$A_e$）为 1.3441～1.9617，平均 1.6188；Shannon's 信息指数（$I$）为 0.3400～0.7445，平均 0.5413；观测杂合度（$H_O$）为 0.1833～0.5577，平均 0.3521；期望杂合度（$H_E$）为 0.1886～0.4253，平均为 0.3314；Nei's 期望杂合度（$H$）为 0.1853～0.4168，平均 0.3217（表 7-4）。依据不同遗传参数，对种群遗传多样性进行排序虽然有所差异，但基本一致，总体上黄桑（HS）种群遗传多样性最高，而井冈山（JGS）种群遗传多样性最低。15 个种群遗传多样性由高到低的顺序依次是黄桑（HS）、黎平（LP）、乳阳（RY）、闽江源（MJY）、从江（CJ）、大东山（DDS）、阳明山（YMS）、铜钹山（TBS）、八面山（BMS）、猫儿山（MRS）、舜皇山（SHS）、莽山（MS）、大瑶山（DYS）、田心（TX）、井冈山（JGS）。

**表 7-4　伯乐树种群遗传多样性**

| 种群 | 等位基因数 | | Shannon's 信息指数（$I$） | 杂合度 | | Nei's 杂合度（$N_{ei}$） |
|---|---|---|---|---|---|---|
| | 观测值（$A$） | 有效值（$A_e$） | | 观测值（$H_O$） | 期望值（$H_E$） | |
| YMS | 3.0000 | 1.5858 | 0.6021 | 0.3333 | 0.3542 | 0.3458 |
| MS | 3.0000 | 1.4082 | 0.4599 | 0.2315 | 0.2507 | 0.2461 |
| SHS | 2.2500 | 1.4549 | 0.4708 | 0.3750 | 0.3009 | 0.2915 |
| BMS | 2.2500 | 1.6877 | 0.5738 | 0.2639 | 0.3560 | 0.3461 |
| HS | 3.0000 | 1.8547 | 0.7445 | 0.4200 | 0.4253 | 0.4168 |
| TX | 2.5000 | 1.3811 | 0.3400 | 0.1897 | 0.1886 | 0.1853 |
| DDS | 2.2500 | 1.6387 | 0.5724 | 0.4250 | 0.3855 | 0.3662 |
| RY | 3.2500 | 1.9617 | 0.7150 | 0.2500 | 0.4007 | 0.3924 |

续表

| 种群 | 等位基因数 | | Shannon's 信息指数（$I$） | 杂合度 | | Nei's 杂合度（$N_{ei}$） |
|---|---|---|---|---|---|---|
| | 观测值（$A$） | 有效值（$A_e$） | | 观测值（$H_O$） | 期望值（$H_E$） | |
| DYS | 2.0000 | 1.3947 | 0.4071 | 0.3182 | 0.2597 | 0.2479 |
| MRS | 2.0000 | 1.5749 | 0.4911 | 0.5000 | 0.3424 | 0.3281 |
| JGS | 2.2500 | 1.3441 | 0.3787 | 0.1833 | 0.2207 | 0.2133 |
| TBS | 2.5000 | 1.5984 | 0.5139 | 0.4022 | 0.3114 | 0.3046 |
| LP | 2.7500 | 1.7901 | 0.6531 | 0.5577 | 0.3977 | 0.3824 |
| CJ | 2.2500 | 1.7635 | 0.5720 | 0.4625 | 0.3651 | 0.3559 |
| MJY | 2.2500 | 1.8430 | 0.6249 | 0.3696 | 0.4116 | 0.4026 |
| 平均 | 2.5000 | 1.6188 | 0.5413 | 0.3521 | 0.3314 | 0.3217 |

由表 7-4 可知，15 个伯乐树天然种群 287 株个体中，4 对引物共检测到 17 个等位基因。单个位点观测等位基因数（$A_{SO}$）3～5，平均为 4.25；有效等位基因数（$A_{SE}$）为 1.1183～3.0770，平均为 1.9829；Shannon's 信息指数（$I_S$）为 0.2325～1.1664，平均为 0.7683；观测杂合度（$H_{SO}$）为 0.1115～0.5122，平均为 0.3371；期望杂合度（$H_{SE}$）为 0.1060～0.6762，平均为 0.4061。这表明，伯乐树维持较高的遗传多样性。

种群水平的遗传多样性参数见表 7-5。单位点上观测等位基因数（$A_{PO}$）为 2～3.25，平均为 2.5；有效等位基因数（$A_{PE}$）为 1.3441～1.9617，平均为 1.6188；Shannon's 信息指数（$I_P$）为 0.3400～0.7445，平均为 0.5413；观测杂合度（$H_{PO}$）为 0.1833～0.5577，平均为 0.3521；期望杂合度（$H_{PE}$）为 0.1886～0.4253，平均为 0.3314。其中，黄桑（HS）种群遗传多样性最高，井冈山（JGS）种群遗传多样性最低。

**表 7-5　伯乐树种群遗传多样性**

| 种群 | 观测等位基因数 | 有效等位基因数 | Shannon's 信息指数 | 观测杂合度 | 期望杂合度 |
|---|---|---|---|---|---|
| YMS | 3.0000 | 1.5858 | 0.6021 | 0.3333 | 0.3542 |
| MS | 3.0000 | 1.4082 | 0.4599 | 0.2315 | 0.2507 |
| SHS | 2.2500 | 1.4549 | 0.4708 | 0.3750 | 0.3009 |
| BMS | 2.2500 | 1.6877 | 0.5738 | 0.2639 | 0.3560 |
| HS | 3.0000 | 1.8547 | 0.7445 | 0.4200 | 0.4253 |
| TX | 2.5000 | 1.3811 | 0.3400 | 0.1897 | 0.1886 |
| DDS | 2.2500 | 1.6387 | 0.5724 | 0.4250 | 0.3855 |
| RY | 3.2500 | 1.9617 | 0.7150 | 0.2500 | 0.4007 |
| DYS | 2.0000 | 1.3947 | 0.4071 | 0.3182 | 0.2597 |
| MRS | 2.0000 | 1.5749 | 0.4911 | 0.5000 | 0.3424 |
| JGS | 2.2500 | 1.3441 | 0.3787 | 0.1833 | 0.2207 |
| TBS | 2.5000 | 1.5984 | 0.5139 | 0.4022 | 0.3114 |
| LP | 2.7500 | 1.7901 | 0.6531 | 0.5577 | 0.3977 |
| CJ | 2.2500 | 1.7635 | 0.5720 | 0.4625 | 0.3651 |
| MJY | 2.2500 | 1.8430 | 0.6249 | 0.3696 | 0.4116 |
| 平均 | 2.5000 | 1.6188 | 0.5413 | 0.3521 | 0.3314 |

## （二）种群遗传分化

不同位点的遗传分化系数（$F_{ST}$）介于 0.0536~0.3045，平均为 0.1721（表 7-3）。这表明，伯乐树种群间遗传变异占总变异 17.21%，种群内遗传变异占总的遗传变异 82.79%，物种遗传变异主要是种群内个体遗传差异产生的。不同位点的种群基因流（$Nm$）介于 0.5710~4.4127，基因流平均值为 0.9163，表明伯乐树种群间基因流较弱。

AMOVA 分析结果（表 7-6）表明，伯乐树遗传变异主要存在于种群内，占总变异的 79.80%，种群间遗传变异为 20.20%，遗传分化系数（$G_{ST}$）为 0.2020（$P<0.001$）。两种遗传分化系数分析方法都表明，伯乐树天然种群间存在中度遗传分化。

表 7-6　伯乐树种群 AMOVA 分析

| 变异来源 | 自由度 | 均方和 | 方差组分 | 变异百分比/% | $P$ |
|---|---|---|---|---|---|
| 种群间 | 14 | 97.785 | 0.166 46 | 20.20 | <0.001 |
| 种群内 | 559 | 367.575 | 0.657 56 | 79.80 | |
| 总和 | 573 | 465.361 | 0.824 02 | | |
| $G_{ST}$=0.2020 | | | | | |

STRUCTURE 软件分析表明，当 $K$=2 时，$\Delta K$ 值最大（图 7-3）。这暗示着，2 个组群是参试的 287 株伯乐树植株个体的最合理阶层遗传结构。

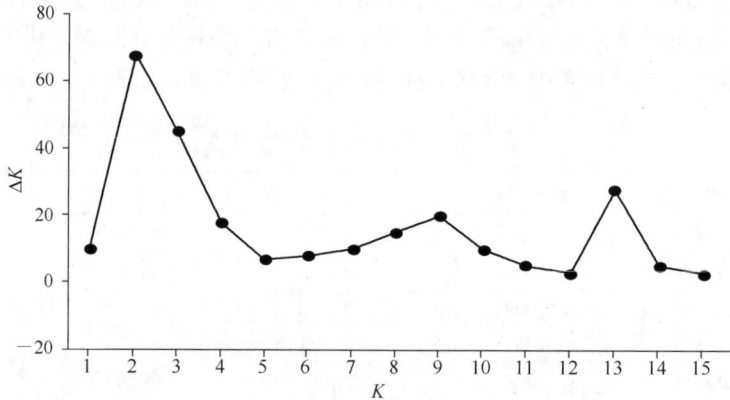

图 7-3　STRUCTURE 分析中 $\Delta K$ 值与 $K$ 值关系图

根据伯乐树单株个体 $Q$ 值绘制的遗传结构（图 7-4）显示，第 I 组群（灰色）由从江（CJ）、大瑶山（DYS）、猫儿山（MRS）种群全部个体及八面山（BMS）种群中 11 株个体、井冈山（JGS）种群中 11 株个体、闽江源（MJY）种群中 6 株个体、黎平（LP）种群中 12 株个体、田心（TX）种群中 27 株个体、莽山（MS）种群中 24 株个体、大东山（DDS）种群中 4 株个体、黄桑（HS）种群中 3 株个体、阳明山（YMS）种群中 19 株个体、铜钹山（TBS）种群中 1 株个体、乳阳（RY）种群中 14 株个体构成；第 II 组群（黑色）由舜皇山（SHS）种群全部个体，八面山（BMS）、井冈山（JGS）、闽江源（MJY）、黎平（LP）、田心（TX）、莽山（MS）、大东山（DDS）、黄桑（HS）、阳明山

（YMS）、铜钹山（TBS）和乳阳（RY）种群中部分个体构成。参试的 287 株个体中，269 株（93.73%）谱系相对单一，可划分到相应的组群中，其余 18 株个体（八面山 6 株，阳明山 4 株，井冈山 3 株，乳阳 2 株，黎平、黄桑、莽山种群中各 1 株）谱系相对混杂。

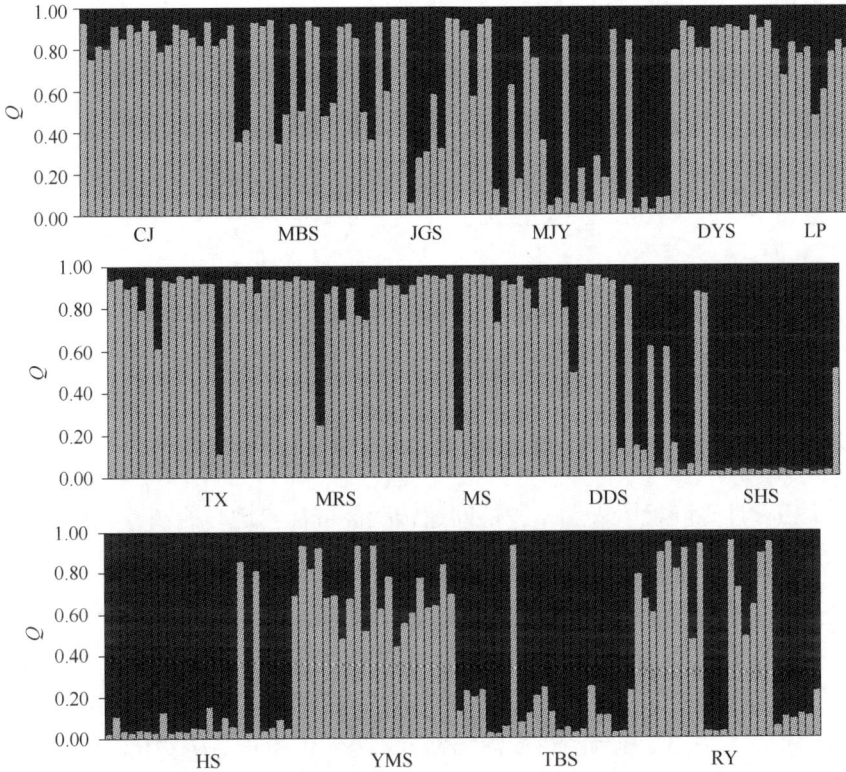

图 7-4　伯乐树 15 个种群 287 株个体的遗传结构

种群遗传分化系数仅能估算种间平均遗传分化程度，不能判定成对种群间的亲缘远近关系。为了阐述成对种群间遗传关系，采用成对种群间遗传分化系数（$\Phi_{ST}$）。伯乐树 15 个种群间遗传分化系数为 0.0085～0.5284，其中广东田心（TX）与湖南莽山（MS）种群间遗传距离最近（$\Phi_{ST}=0.0085$）；湖南莽山（MS）与舜皇山（SHS）种群间遗传距离最远（$\Phi_{ST}=0.5284$）。

用 TFPGA 软件对 15 个种群的 UPGMA 聚类结果（图 7-5）显示，15 个天然种群分为 2 大组群，其支持率为 100%。组群 I 中，贵州从江（CJ）与湖南八面山（BMS）种群先聚在一起，再与广东乳阳（RY）种群聚起一起，组成子类群，支持率为 48%；广东田心（TX）与湖南莽山（MS）聚在一起，再与江西井冈山（JGS）种群聚在一起，然后与广东乳阳（RY）聚起一起，组成亚组群 $I_A$ 的另一子类群，支持率为 23%。两个子类群组成亚组群 $I_A$。广东大东山（DDS）和湖南阳明山（RY）种群聚在一起（支持率为 17.28%），再与亚组群 $I_A$ 聚在一起（支持率为 51.06%），构成亚组群 $I_B$。广西大瑶山（DYS）与猫儿山（MRS）种群先聚在一起，再与贵州黎平（LP）种群相聚后，与亚组群 $I_B$ 聚为亚组群 $I_C$。亚组群 $I_C$ 与福建闽江源（MJY）种群聚为组群 I。组群 II 中，湖南黄桑（HS）与舜皇山（SHS）先聚在一起（支持率 96.01%），再与铜钹山（TBS）种群聚在一起（支持率 12.94%）。

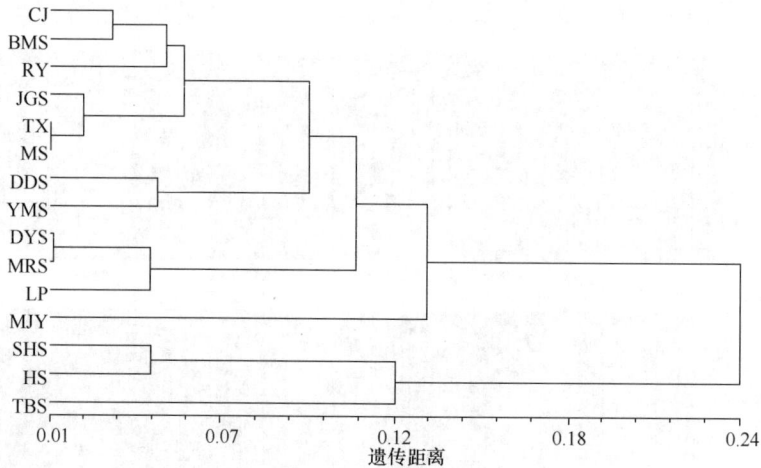

图 7-5　伯乐树 15 个天然种群遗传关系聚类图

Mantel 相关性矩阵检验表明，种群间遗传距离 $\Phi_{ST}$ 与地理距离存在较显著的相关性（$r=0.1016$，$P=0.061\,58$）。

## 三、讨论

### （一）伯乐树遗传多样性

与徐刚标等（2013）基于 ISSR 标记结果（$I_S=0.3630$，$H_S=0.2397$；$I_P=0.2081$，$H_P=0.1405$）相比，SSR 标记揭示的伯乐树遗传多样性（$A_{SE}=1.9829$，$H_S=0.4054$，$I_S=0.7683$，$A_{PE}=1.6188$，$H_P=0.3217$，$I_P=0.5413$）略高。两种分子标记都表明，伯乐树天然残留小种群维持较高的遗传多样性，这与种群遗传学理论预测相矛盾。

林木小种群维持较高遗传多样性的现象，已在先前大量的林木种群遗传多样性研究中得到证实，被称之为"森林碎片化遗传学悖理"（Krame，2008）。

针对森林碎片化遗传学悖理的产生，植物种群遗传学家基于林木与草本植物相比，具有独特的生物学特性，提出了几种可能的原因：①林木开花、结实周期长达几年甚至几十年，种群中存在多个世代植株。不同世代各自的建群环境、选择机制或机遇不同，遗传基础可能不同。因此，由多世代个体组成的林木种群，估算的遗传多样性可能会升高。②林木个体寿命长，可达几百年甚至上千年。世代周期长，由于亲缘关系限制或子代很低成活率，意味着林木繁育期较少受到潜在的遗传瓶颈影响，同世代会积累更多的突变。与一年生植物相比，林木叶绿体的缺失每代大约能积累 10 倍以上的突变（White et al.，2007）。③林木树体高大，依靠风或动物传播花粉或种子，可能存在远距离的基因交流（Breed et al.，2012；Kremer et al.，2012）。

本研究区域南岭山地的地质历史古老，是著名的第四纪冰川避难所，伯乐树为第三纪植物区系子遗种，第四纪冰川后得以在南岭地区地形复杂的山地幸存下来（乔琦等，

2010a，2010b）。据史料研究，2 世纪末南岭地区森林覆盖率接近 70%，进入 17 世纪后，人口大量南迁和高速增长，特别是 20 世纪，人类活动频繁，该地区森林碎片化程度加剧（樊宝敏和董源，2001）。据此推测，伯乐树生命周期和繁育周期长，天然残留的小种群由多个世代组成，同一世代种群经历了多次碎片化事件，可能是伯乐树不连续残存小种群维持较高遗传变异的主要原因。

## （二）伯乐树种群遗传结构

伯乐树天然残留的小种群间存在中度遗传分化（$F_{ST}=0.2143$，$G_{ST}=0.2020$），略高于徐刚标等（2013）基于 ISSR 标记的研究结论（$F_{ST}=0.3786$，$G_{ST}=0.3407$），种群间基因流较弱。SSR 标记揭示的种群间分化程度比 ISSR 标记要低，在毛茛叶报春（*Primula cicutariifolia*）（Wang et al.，2014）、西畴含笑（*Michelia coriacea*）（Zhao et al.，2012）、*Borderea chouardii*（Segarra-Moragues et al.，2005）等植物种群遗传结构分析中也出现这种现象。这可能是由于两种标记系统遗传模式（显性与共显性）不同，也可能抽取的基因组区域具有不同的进化模式造成的（Wang et al.，2014）。

植物种群遗传结构与植物种群进化过程中碎片化与隔离等历史事件、突变、小种群遗传漂移、交配系统、花粉与种子流、选择、群落演替及生活史有关，基因流与交配系统是种群遗传分化的重要影响因子（Nybom and Bartish, 2000）。伯乐树为混合交配系统，花粉主要依靠昆虫、鸟类传播，种子通过啮齿类动物或鸟类进行远距离（Qiao et al.，2009），这在一定程度上促进了基因流。但是，伯乐树种群碎片化程度严重，天然种群间距离较远并有高山阻隔，这势必减弱了种群间基因流动，加剧种群间遗传分化（徐刚标等，2013）。

基于成对种群间遗传分化系数的 UPGMA 聚类结果与基于贝叶斯的 STRUCTURE 分析结果表明，伯乐树 15 个种群可以聚为两大类，但两种聚类方法的结果略有不同。这可能是，UPGMA 聚类是基于亲缘关系远近，根据种群间遗传距离和树结构算法，以树结构形式联结在一起；而 STRUCTURE 分析是假定种群处于平衡状态（Evanno et al.，2005）。伯乐树天然种群很小，显然不能满足种群遗传平衡条件。STRUCTURE 分析显示，少数个体谱系比较混杂，很难划分为相应的组群中，这可能是基因流的结果。

## （三）伯乐树资源保护

物种遗传多样性下降会导致其对环境变化的适应能力下降，维持物种遗传多样性是珍稀濒危物种保护的主要目标。基于 SSR 标记揭示伯乐树种群内维持较高的遗传多样性，说明这些残留的伯乐树成年个体存在丰富的遗传变异，具有重要的保护价值。乔琦等（2011）研究表明，天然次生林中的伯乐树一年生幼苗对其环境要求极为严格，安全渡过二年幼苗保护期后，其存活率较高。据此推测，伯乐树濒危的主要原因可能是：①第四纪冰川的影响导致伯乐树现今的残遗和片断化分布；②近几百年来的气候变化、毁林开荒等使其失去了生存繁衍的生境，特别是近 50 年来营造大面积的杉木（*Cunninghamia lanceolata*）、马尾松（*Pinus massoniana*）等速生树种丰产林，导致生长于沟谷、溪旁坡地的伯乐树资源流失严重；③伯乐树本身繁殖力低、适应性差、竞争力弱等生物学特征，不利于其自然种群恢复或重建（Qiao et al., 2012）。

　　尽管伯乐树在物种和种群水平上都维持了相对较高的遗传多样性，在种群遗传特征上没有表现出濒危的特性，但野外调查发现，现存的伯乐树天然种群过小，多数种群仅有几株甚至 1 株个体，种群间相距较远并有高山阻隔，群种分布呈"岛屿"分布。这种片断化"岛屿"分布的伯乐树小种群，遗传漂变及近交衰退可能会越来越明显，将会面临着遗传多样性降低、有害等位基因积累和适合度降低的遗传后果，最终有可能导致物种灭绝的危险（Schnabel et al., 1998；张大勇和姜新华，2001）。因此，加强伯乐树现有母树资源保护力度，尤其是加大对分布自然保护区以外的伯乐树资源保护，维持现有的遗传变异刻不容缓。其中，研究伯乐树种群生物学特性，保护其天然种群生境，加强林分抚育管理，保证其幼苗成活，是解决其天然更新，促进天然种群恢复，维持下一代种群遗传多样性的关键。

　　伯乐树分布范围广，但母树资源稀少，种群碎片化严重，个体高度散生。伯乐树天然残留小种群具有遗传漂变和近交等遗传特征，会导致其遗传多样性降低和适应度下降等遗传结果，加大其灭绝风险。因此，在加强伯乐树遗传资源原地保护的同时，积极开展迁地保护实践，通过对野生幼苗移植，增大下代种群密度和规模的同时，收集来自不同生态区域的种群中不同种质材料，选择适宜地点，建立迁地保护林工作已迫在眉睫。

# 第三节　伯乐树分子谱系地理学

## 一、材料与方法

### （一）材料

同本章第二节中的材料。

### （二）研究方法

#### 1. 基因组 DNA 提取与检测

采用改良的 CTAB 法提取伯乐树总 DNA。

#### 2. PCR 反应体系优化与引物筛选

参考王美娜等（2011）建立的伯乐树 cpDNA-PCR 扩增体系（20μl）：3μl 10×PCR buffer，2.5mmol/L Mg$^{2+}$，100mmol/L dNTPs，上下游引物各 10μmol/L，DNA 模版 25ng 以及 3 个单位的 *Taq* 酶，不足部分加双蒸水补齐。

最初反应程序为：预变性 94℃ 4min，接以 35 个以下循环：95℃ 50s，退火 50s，72℃ 5min，最后以 72℃延伸 10min。

在王美娜等（2011）提出的 PCR 反应体系基础上，对影响 PCR 反应的 Mg$^{2+}$（2.1～3.3mmol/L）、dNTPs（80～140mmol/L）、引物（9～12μmol/L）及模板 DNA（20～35ng）

分 4 个浓度梯度进行实验，以确定最佳反应条件。

根据优化 PCR 反应体系和程序，筛选 cpDNA 非编码序列通用引物。以引物序列计算理论退火温度，设置梯度 0.5℃的 6 个退火温度，确定引物最佳退火温度。

PCR 反应结束后，产物在 1.5%琼脂糖凝胶、0.5×TAE（pH 8.3）的缓冲液中电泳检测后经 PCR 纯化试剂盒纯化，交付给华大基因公司测序。

3. 数据分析

同第六章第三节。

## 二、结果与分析

### （一）cpDNA 非编码区序列引物筛选

通过单因素试验，确定伯乐树 cpDNA-PCR 反应体系（20μl）为：30ng 总 DNA，10×pfu PCR buffer，2.9mmol/L $Mg^{2+}$，120mmol/L dNTPs，上下游引物各 11μmol/L，DNA 模版 30ng 以及 3U 的 Taq 酶，不足部分加双蒸水补齐。优化反应程序为预变性 94℃ 4min，接以 35 个以下循环：95℃ 50s，退火 50s，72℃ 5min，最后以 72℃延伸 10min。

根据单因素试验结果，对文献中 cpDNA 非编码序列引物进行筛选，并对引物退火温度进行梯度实验，根据 PCR 扩增产物电泳条带的明亮程度、单一性、清晰度以及适当选择较高退火温度以提高引物特异性，确定了 6 对适合伯乐树 cpDNA 非编码区序列扩增引物及其退火温度（表 7-7）。trnL-trnF 内含子扩增产物见图 7-6。

表 7-7　cpDNA 非编码序列引物退火温度

| 引物 | 序列 | $T_m$/℃ | 退火温度/℃ |
| --- | --- | --- | --- |
| PipetB1411F- PipetD738R | 5′-GCCGTMTTTATGTTAATGC-3′ | 52 | 52 |
| | 5′-AATTTAGCYCTTAATACAGG-3 | | |
| psbA- trnH[GUG] | 5′-GTTATGCATGAACGTAATGCTC-3′ | 62 | 59 |
| | 5′-CGCGCATGGTGGATTCACAATCC-3′ | | |
| trnL-tmF | 5′-CATTACAAATGCGATGCTCT-3′ | 56 | 56 |
| | 5′-TCTACCGATTTCGCCATATC-3′ | | |

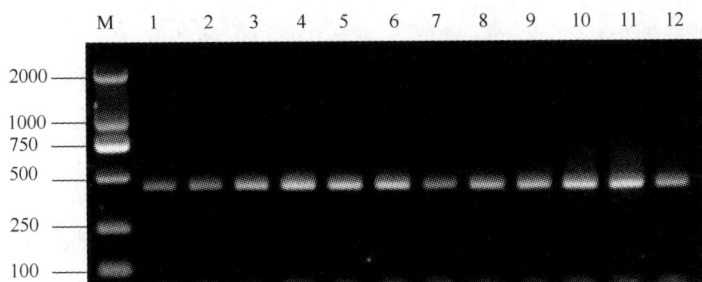

图 7-6　trnL-trnF 内含子扩增产物凝胶电泳图

## （二）cpDNA 单倍型及其地理分布

对伯乐树 19 个群体 313 株个体 cpDNA 非编码序列片段 *psbA-trnH*^GUG、*PipetB*1411F-*PipetD*738R、*trnL-tmF*、3'*rps16-5'trnK*、*atpI-atpH* 和 *petL-psbE* 序列进行 PCR 扩增，扩增产物送至华大基因公司测序的结果发现，所有个体的 3'*rps16-5'trnK*、*atpI-atpH* 和 *petL-psbE* 引物扩增产物的序列片断完全一样，其他 3 种引物扩增产物的测序结果有差异，仅对 *psbA-trnH*^GUG、*PipetB*1411F-*PipetD*738R、*trnL-tmF* 标记提供的序列片断进行分析。

232 株伯乐树中，共检测到 10 种单倍型。其中 *trnL-tmF* 序列片段长度 823，有 5 处变异位点，在 630bp 处有 1 个碱基转换，碱基插入或缺失发生在 740bp，763bp 和 775～778bp 处，在 790bp 处有 1 个碱基颠换。*PipetB*1411F-*PipetD*738R 序列片段长度 512，检测出 7 处变异位点，166bp 处出现一处碱基的颠换，219bp、240bp、254bp、263bp、270bp 处出现，265bp 处出现碱基颠换。*psbA-trnH*^GUG 序列片段长度 290，检测 2 处变异位点，130bp 处有 1 个碱基插入或缺失，210bp 处有 1 个碱基的转换。各单倍型的变异位点见表 7-8。

**表 7-8　伯乐树 cpDNA 非编码序列片段变异位点**

| 单倍型 | 变异位点 | | | | | | | | | | | | *psbA-trnH*^GUG | |
| --- | --- | --- | --- | --- | --- | --- | --- | --- | --- | --- | --- | --- | --- | --- |
| | *trnL-tmF* | | | | | *PipetB*1411F- *PipetD*738R | | | | | | | | |
| | 630 | 740 | 763 | 775 | 790 | 166 | 219 | 240 | 254 | 263 | 265 | 270 | 129 | 211 |
| H1 | G | T | A | — | A | G | — | — | — | T | A | A | G | T |
| H2 | G | T | A | — | A | G | — | C | T | T | A | — | G | T |
| H3 | G | T | A | — | T | G | T | — | — | — | C | A | G | A |
| H4 | G | A | A | TTG | A | G | T | — | — | T | A | A | G | T |
| H5 | A | T | A | — | A | C | — | — | — | T | A | A | G | T |
| H6 | G | T | A | TTG | T | G | — | — | T | T | C | A | — | T |
| H7 | G | A | — | — | A | G | — | — | — | T | A | A | G | T |
| H8 | G | T | — | — | A | G | T | C | — | T | A | — | G | A |
| H9 | G | T | A | — | T | G | — | — | — | T | A | A | G | T |
| H10 | G | T | A | — | A | C | — | — | — | T | A | A | G | T |

DNASP5.0 软件分析表明，变异位点数目 12。10 种叶绿体 DNA 单倍型频率分别为：Hap1＝0.681、Hap2＝0.043、Hap3＝0.026、Hap4＝0.022、Hap5＝0.047、Hap6＝0.026、Hap7＝0.051、Hap8＝0.065、Hap9＝0.017、Hap10＝0.022，单倍型 Hap1 占绝大多数，每个种群都包含，且在大瑶山、猫儿山、南昆山、铜铋山这 4 个种群中，只有单倍型 Hap1。

参试的 19 个种群总的单倍型多样性（$h$）为 0.525，核苷酸多样性（$\pi$）平均值为 0.001 77，各种群 cpDNA 单倍型多样性（$h$）和核苷酸多样性（$\pi$）的结果见表 7-9，这表明伯乐树种群遗传多样性较高。

表 7-9　伯乐树 19 个种群 cpDNA 单倍型频率

| 种群 | 单倍型 | | | | | | | | | | $H_d$ | $\pi/10^{-3}$ |
|------|------|---|---|---|---|---|---|---|---|----|-------|---------------|
| | 1 | 2 | 3 | 4 | 5 | 6 | 7 | 8 | 9 | 10 | | |
| YMS | 0.47 | | | | | | 0.33 | | | 0.2 | 0.676 | 3.85 |
| MS | 0.33 | | | | | | 0.33 | 0.27 | | 0.07 | 0.752 | 3.46 |
| SHS | 0.53 | | | | | | | 0.46 | | | 0.533 | 1.31 |
| BMS | 0.67 | | 0.2 | | 0.13 | | | | | | 0.228 | 1.85 |
| HS | 0.87 | | | | | | | | 0.13 | | 0.142 | 0.11 |
| LP | 0.42 | 0.29 | | | 0.29 | | | | | | 0.703 | 0.81 |
| DY | 1.00 | | | | | | | | | | 0.000 | 0.00 |
| MES | 1.00 | | | | | | | | | | 0.000 | 0.00 |
| TX | 0.47 | | | 0.20 | | 0.33 | | | | | 0.676 | 1.35 |
| DDS | 0.80 | | | | | 0.20 | | | | | 0.356 | 1.75 |
| RY | 0.80 | | | 0.07 | | | | | 0.13 | | 0.362 | 0.56 |
| JGS | 0.60 | 0.20 | 0.20 | | | | | | | | 0.600 | 0.95 |
| NKS | 1.00 | | | | | | | | | | 0.000 | 0.00 |
| JLS | 0.8 | | | | | 0.2 | | | | | 0.400 | 0.25 |
| CBL | 0.8 | | | | | | | | 0.2 | | 0.400 | 0.25 |
| TBS | 1.00 | | | | | | | | | | 1.000 | 0.00 |
| MJY | 0.67 | | | 0.07 | | | | 0.26 | | | 0.514 | 1.44 |
| JW | 0.80 | 0.20 | | | | | | | | | 0.400 | 0.49 |
| CJ | 0.53 | 0.13 | | | 0.34 | | | | | | 0.629 | 0.60 |
| 总体 | 0.681 | 0.043 | 0.026 | 0.022 | 0.074 | 0.026 | 0.051 | 0.065 | 0.017 | 0.022 | 0.525 | 1.77 |

## （三）种群遗传结构及岐点分布

Permut 软件计算表明，伯乐树种群平均遗传多样性（$H_S$）为 0.232，物种遗传多样性（$H_T$）为 0.283，群体间遗传分化系数 $G_{ST}$ 和 $N_{ST}$ 分别为 0.203 和 0.214。利用 U 统计方法对参试的种群单倍型变异的地理结构进行检验，结果表明，$N_{ST}$ 等于 $G_{ST}$，这暗示着各单倍型之间遗传距离相似，种群间谱系关系彼此相近，没有体现出地理区域上的遗传分化。

分子方差分析表明（表 7-10），伯乐树种群间遗传变异量占总变异量的 38.25%，种群内遗传变异量占总变异量的 71.25%，种群间遗传分化系数 $F_{ST}=0.3825$（$P<0.01$），种群间基因流为 0.9253，这表明伯乐树种群间遗传分化明显。

表 7-10　伯乐树种群的分子方差分析

| 变异来源 | 自由度 | 均方和 | 方差组分 | 变异百分比率/% | $P$ |
|----------|--------|--------|----------|----------------|-----|
| 种群间 | 18 | 263.083 | 0.7082 | 41.90 | <0.001 |
| 种群内 | 294 | 23.5655 | 0.9819 | 58.10 | <0.001 |
| 整体 | 312 | | | | |

$F_{ST}=0.3825$

基于无限等位基因模型，估算的中性检验值 Tajima's $D$（$-1.771\,67$，$P<0.005$）、

Fu and Li's $D$（−2.750 19，$P<0.05$）、Fu and Li's $F$（−2.860 23，$P<0.05$）均为负值，这暗示着伯乐树种群进化历史过程中，可能经历种群扩张事件。

　　歧点分布分析常用于测试参试个体是源于种群大小稳定的随机交配种群还是来源于长期扩张种群（Slatkin and Hudson, 1991）。种群大小稳定的随机交配种群，岐点分布呈多峰；经历随机扩张的种群，岐点分布呈单峰（Harpending, 1994）。本研究中所有参试的伯乐树个体 cpDNA 基因间隔序列的分离位点的分析结果为明显的单峰分布曲线图（图 7-7），这表明伯乐树种群经历扩张事件，进一步印证了中性检验的结果。

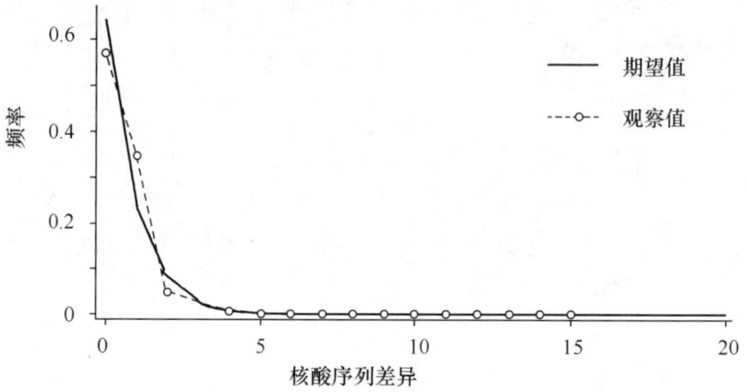

图 7-7　伯乐树种群所有 cpDNA 片段的岐点分布

## （四）系统发育分析

　　采用 PAUP 4.0 软件，运用最大简约法（MP）中的启发式搜索（Heuristic search）构建伯乐树叶绿体单倍型的系统发育最大简约一致树，结果如图 7-8 所示。从图 7-8 中可以得出，10 个单倍型，一共分为 3 个支。其中，单倍型 H1、H7、H3、H9、H5 和 H10 为第一支，单倍型 H4 与 H6 为第二支，单倍型 H2、H8 为第三支。由于序列间变异水平很低，自展支持率都很低，仅有 2 个节点的自展支持率高于 50% 的阈值，各分支关系没有体现出来。

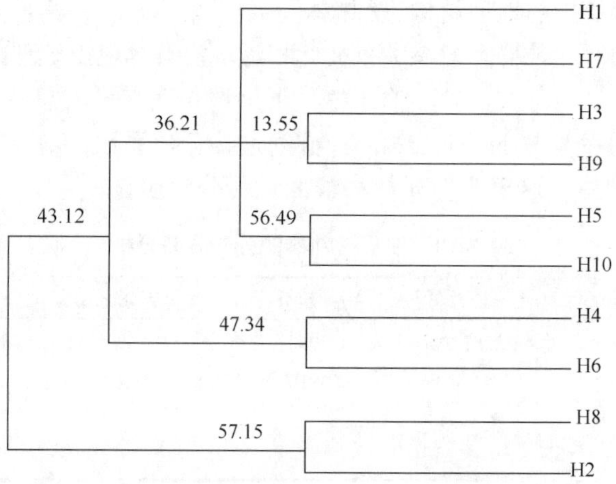

图 7-8　基于种群间遗传距离的最大简约一致树

用 Network 4.6.1.2 软件构建伯乐树 cpDNA 单倍型的中央连接网状图（图 7-9）的结果显示，频率最高的单倍型 H1 位于最中心，单倍型 H9、H10 是由单倍型 H1 一步突变形成的。中央连接网状图与最大简约一致系统发育树基本上一致。位于网络图最里面的单倍型为祖先单倍型（Grandall and Templeton, 1993），由此推测，单倍型 H1 是伯乐树种群中祖先单倍型。

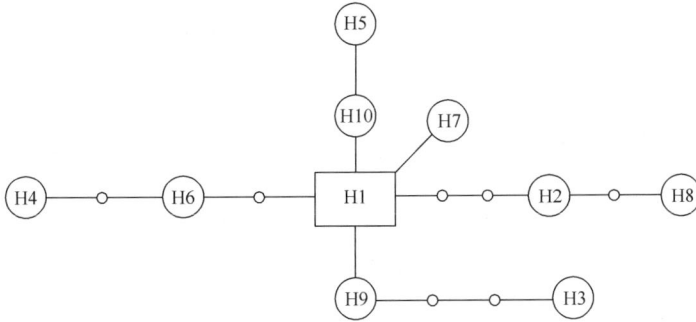

图 7-9　伯乐树单倍型的网络关系图

运用 TCS1.21 软件构建伯乐树 cpDNA 单倍型的网络图，并用 NCA 方法对网络图进行网状支系划分，单倍型之间的分化及演化关系如图 7-10 所示。

由图 7-10 可知，伯乐树 10 个 cpDNA 单倍型组成 4 个一级分支，5 个二级分支。其中，4 个一级分支分别由单倍型 H4、H6、H2、H8 组成。

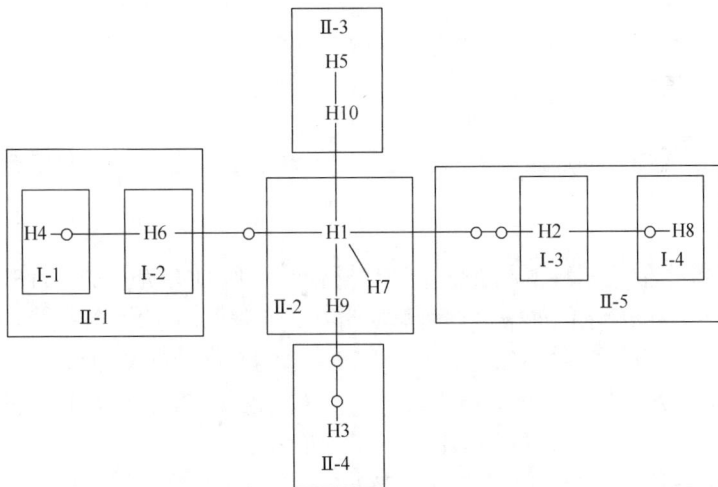

图 7-10　网状支系分析图

使用 Geodis2.5 软件将巢式图分析结果转化为数据形式，可得到一级支系、二级支系和总支系的巢内距离（$D_c$）、巢间距离（$D_n$）、I-T 和显著性大小（$P$）（表 7-11）。按照检索表分析推测得到的各个支系单倍型地理分布格局的一系列历史成因见表 7-12。整个支系和主要支系的形成由于明显的地理隔离，存在限制性基因流。

表 7-11 单倍型数据巢式支系分析表

| 单倍型 | $D_c$ | $D_n$ | 一级支系 | $D_c$ | $D_n$ | 二级支系 | $D_c$ | $D_n$ |
|---|---|---|---|---|---|---|---|---|
| H4 | 0 | 114 | 1-1 | 106 | 557[L] | | | |
| H6 | 0 | 99 | 1-2 | 0 | 91 | | | |
| I-T | 0 | 14 | | | | 2-1 | 246 | 246 |
| H2 | 0 | 0 | 1-3 | 235 | 236 | | | |
| H8 | 237 | 236 | 1-4 | 255 | 276 | | | |
| I-T | 237[L] | −30 | | | | 2-2 | 43[S] | 274 |
| H7 | 0 | 267 | | | | | | |
| H8 | 0 | 267 | | | | | | |
| | | | I-T | −8 | −47[S] | 2-3 | −12 | −50[S] |
| | | | | | | 2-4 | 0 | 164 |
| | | | | | | 2-5 | 0 | 46 |
| | | | | | | I-T | 0 | −252 |

表 7-12 根据检索表推测种群进化过程中历史事件

| 分支 | $\chi^2$ 统计 | $P$ | 检索 | 推论 |
|---|---|---|---|---|
| 1-1 | 2.0000 | 1 | 没有明显分支距离 | — |
| 1-3 | 61.2500 | 0.0870 | 1-2-3-4 NO | 距离隔离模式限制性基因流 |
| 1-4 | 10.4180 | 0.9700 | 没有明显分支距离 | — |
| 2-1 | 102.4466 | 0.0170 | 1-2-11-17 NO | 没有结论 |
| 2-2 | 4.0000 | 0.2440 | 没有明显分支距离 | — |
| 2-3 | 61.2500 | 0.0870 | 1-2-3-4 NO | 距离隔离模式限制性基因流 |
| 2-4 | 100.1875 | 0.0170 | 1-2-11-17 NO | 没有结论 |
| 2-5 | 10 | 0.1030 | 没有明显分支距离 | — |
| 整体 | 44.7541 | 0.0120 | 1-2-3-4 NO | 距离隔离模式限制性基因流 |

## 三、讨论

本研究对 19 个伯乐树种群的 232 个个体进行叶绿体 DNA$PipetB$1411F- $PipetD$738R、$psbA$-$trnH$[GUG]、$trnL$-$tmF$ 基因间隔区序列联合分析，检测到 14 个变异位点，10 种单倍型。

伯乐树种群核苷酸多样性（$\pi$）为 0.001 77，平均基因流（$Nm$）为 0.733。基因流是群体遗传结构的决定性因素之一，通常有效基因流小的物种，其种群遗传分化通常较大；而有效基因流大的物种，其种群间遗传分化通常较小。

伯乐树种群内遗传多样性（$H_S$）为 0.232，而总的遗传多样性（$H_T$）为 0.283，这样的结果显示了伯乐树的遗传分化水平较高。$N$st 大于 $G$st，说明伯乐树叶绿体单倍型具有谱系地理结构。

突变、选择、小种群遗传漂移及植物种群间隔离等因子引起植物种群遗传结构的空间异质性，促进种群分化。本研究表明，伯乐树种群间存在较高水平的遗传分化（$G_{ST}$=0.916），分子方差变异分析的结果也证实种群间遗传分化较大（$F_{ST}$=0.990 77，$P$<0.001）。由此可见，伯乐树种群间具有较高的遗传变异，而种群内遗传变异相对较小。这种分布模式与大多

数温带植物在间冰期与冰期的扩张现象基本一致。研究认为，大多数温带植物现存的种群来自于同一个避难所，表现为较低的种群间及种群内遗传多样性，并且单倍型组成较单一。由于奠基者效应和瓶颈效应使冰期后扩散形成的居群的遗传多样性变低，因此，避难所种群和冰期后扩散形成的种群，种群遗传多样性差异较大（Ibrahim et al., 1996; Avise, 2000; Hewitt, 1996, 2000）。据此，本研究推测，大庚岭至都庞岭山脉可能是伯乐树冰期避难所。

NCA 分析推断形成现有分布格局的主要原因是距离隔离模式限制性基因流，即种群间基因流受限。伯乐树种群间基因流主要是种子流和花粉流。种子缺乏长距离传播的能力，花粉流主要是通过昆虫传粉。多数被子植物叶绿体 DNA 遗传具有母系遗传特征。母系遗传 DNA 的种群遗传分化反映了种子的传播途径和距离。一般来说，靠重力扩散种子的植物，种群间遗传分化较大；靠风力传播种子植物，由于传播距离相对较远，群体间分化则较小。伯乐树果实较大，主要靠鸟类取食消化及水流传播种子。本研究表明，种群间平均基因流为 0.08，暗示着种群间基因流相对较低。造成当前这种居群间很低的基因流和很高的遗传分化现象的主要原因可能是由于南岭山地特殊地形地势隔离，动物种子传播的距离相对有限，而花粉传播能力更低，加之生境片段化进一步阻碍了种群间基因交流（Slatkin, 1985; Koch et al., 2006; Ehrich et al., 2007）。

南岭地区的植物在第四纪冰期时，受到冰期及间冰期的影响，种群随着气候的波动在其发生地反复缩小和扩张。南岭山地山脉走向多变，地形复杂，隘口众多，冰期没有大范围的冰盖，成为许多古老植物种、属的第四纪冰期避难所，得以生存（陈涛和张宏达，1994；邢福武等，2011）。由于南岭山地的独特地理位置和多样化气候特点，形成丰富的异质斑块生境。加之高山阻隔，严重限制了该地区的植物种群间基因交流。伯乐树花粉及种子传播，显然难以越过横亘的高山。因此，不同种群在冰期退缩后，很难再融合交流形成一个共同的避难所。同样，种群在间冰期也很难在扩张过程中进行基因交流。冰期和间冰期的循环反复，导致种群反复的缩小和扩张，但伯乐树种群仍然保留着各自相对隔离的地理分布。在种群反复缩小和扩张过程中，由于小种群经历多次遗传瓶颈，遗传漂变使单倍型随机固定在不同的种群中，降低种群遗传多样性，加剧种群遗传分化。这种现象导致了种群在小范围内扩张和集中，从而形成了现在的分布格局。

本研究结果表明，伯乐树与大多数温带植物一样，在第四纪冰期所经历的种群扩张和迁移的现象。为更好地理解第四纪冰期对南岭山地植物区系格局的形成及冰期后植物种群迁移的影响，还需对更多的植物类群开展研究。

# 第四节　伯乐树人工保育林遗传多样性评价

## 一、材料与方法

### （一）材料

于 2011 年 5~8 月采样。南昆山人工迁地保护种群种子来源于南昆山和大岭山复合种群，2009 年造林，株行距 2m×3m，造林成活率达 95% 以上。车八岭人工种群种子来源于本地，但具体造林年份不清。野外采集的新鲜嫩叶立即放入装有硅胶的密封袋中，并记录各种群的地理位置及个体数（表 7-13）。

表 7-13　伯乐树种群采样信息及样本大小

| 种群 | 位置 | 经度（E） | 纬度（N） | 海拔/m | 株数 |
|------|------|----------|----------|--------|------|
| CBL | 车八岭国家级自然保护区 | 114°15′ | 24°43′ | 350 | 12 |
| NKS | 广东省南昆山省级自然保护区 | 113°50′ | 23°38′ | 460 | 30 |

## （二）研究方法

见第四章第二节有关内容。

# 二、结果与分析

## （一）种群遗传多样性

7 条 ISSR 引物对来自 6 个伯乐树种群的 123 个 DNA 样本进行 PCR 扩增，共扩增出 86 个条带（表 7-14），扩增片段大小为 200～1800bp（部分扩增结果见图 7-11）。其中，多态条带 62 条，多态条带百分率（$P$）为 72.09%。每条 ISSR 引物扩增出 8～16 个条带，平均为 12 个条带；多态条带百分率为 45.45%～92.30%，其平均值为 70.54%。

表 7-14　用于 ISSR 扩增引物及扩增结果

| 引物 | UBC824 | UBC825 | UBC834 | UBC836 | UBC843 | UBC844 | UBC872 |
|------|--------|--------|--------|--------|--------|--------|--------|
| 序列（5′→3′） | $(TC)_8G$ | $(AC)_8T$ | $(AG)_8YT$ | $(AG)_8YA$ | $(CT)_8RA$ | $(CT)_8RC$ | (GATA) |
| 退火温度/℃ | 51 | 50 | 52 | 53 | 53 | 52 | 40 |
| 总条带数 | 11 | 13 | 12 | 11 | 8 | 16 | 15 |
| 多态条带数 | 5 | 12 | 11 | 8 | 4 | 12 | 10 |
| $P$/% | 45.45 | 92.30 | 91.66 | 72.72 | 50.00 | 75.00 | 66.66 |

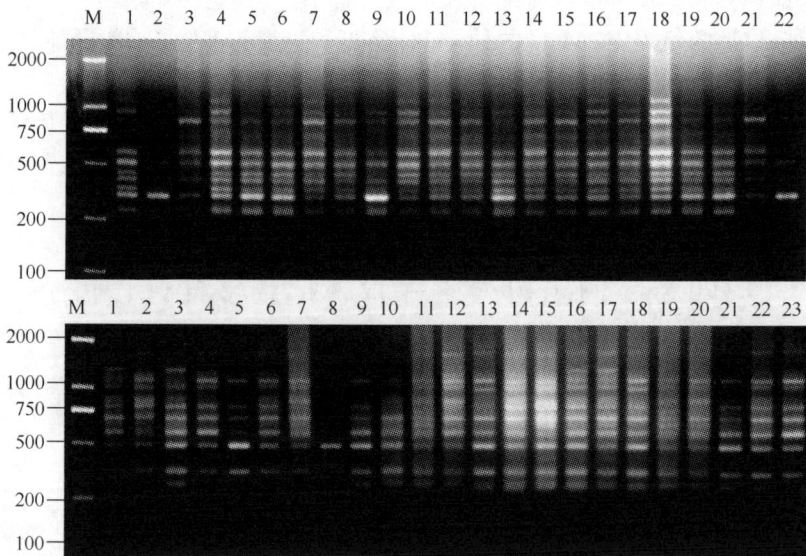

图 7-11　引物 UBC834 对 YMS 和 UBC844 对 MS 样品扩增结果

伯乐树各种群的 ISSR 多态性参数见表 7-15。由表 7-15 可知，伯乐树各种群多态条带百分率（$P$）和 Shannon's 信息指数（$I_P$）变化分别为 36.05%～53.49%、0.2040～0.3079。各种群的多态条带百分率（数据未列出）和 Shannon's 信息指数明显因引物而异，如引物 UBC824 检测到舜皇山种群（SHS）的遗传多样性最低（$I_P=0.0843$），但引物 UBC834 检测的结果正好相反。总体而言，湖南阳明山种群（YMS）遗传多样性最高，广东车八岭（CBL）种群遗传多样性最低。

**表 7-15　伯乐树种群的遗传多样性**

| 种群 | UBC824 | UBC825 | UBC834 | UBC836 | UBC843 | UBC844 | UBC872 | $I_P$ | $P$/% |
|---|---|---|---|---|---|---|---|---|---|
| YMS | 0.1411 | 0.5048 | 0.3045 | 0.3181 | 0.2545 | 0.3374 | 0.2520 | 0.3079 | 53.49 |
| MS | 0.0955 | 0.5595 | 0.2976 | 0.2004 | 0.0700 | 0.3008 | 0.1728 | 0.2566 | 45.35 |
| SHS | 0.0843 | 0.4068 | 0.3353 | 0.1152 | 0.2191 | 0.2371 | 0.2288 | 0.2382 | 43.02 |
| LP | 0.1241 | 0.2029 | 0.3086 | 0.2841 | 0.1512 | 0.2671 | 0.0860 | 0.2047 | 37.21 |
| CBL | 0.1206 | 0.2638 | 0.2133 | 0.1317 | 0.0370 | 0.4039 | 0.1347 | 0.2040 | 36.05 |
| NKS | 0.0850 | 0.3476 | 0.2489 | 0.2312 | 0.1824 | 0.3384 | 0.2667 | 0.2542 | 46.51 |

注：表中第 2～7 列中数据为各条 ISSR 引物的 Shannon's 信息指数。

## （二）种群遗传结构

基于 Shannon's 信息指数分析结果（表 7-16）表明，各种群的 Shannon's 信息指数平均值为 0.2442，而物种水平的 Shannon's 信息指数为 0.3930。这表明，62.14% 遗传变异存在种群内，37.86% 遗传变异存在种群间。

**表 7-16　基于 Shannon's 信息指数的伯乐树种群遗传变异分析**

| 引物 | $I_P$ | $I_S$ | $(I_S-I_P)/I_S$ | $I_P/I_S$ |
|---|---|---|---|---|
| UBC824 | 0.1084 | 0.2204 | 0.5082 | 0.4918 |
| UBC825 | 0.3809 | 0.5483 | 0.3053 | 0.6947 |
| UBC834 | 0.2847 | 0.4426 | 0.3568 | 0.6432 |
| UBC836 | 0.2135 | 0.3381 | 0.3685 | 0.6315 |
| UBC843 | 0.1524 | 0.2753 | 0.4464 | 0.5536 |
| UBC844 | 0.3141 | 0.4490 | 0.3004 | 0.6995 |
| UBC872 | 0.1902 | 0.3884 | 0.5103 | 0.4897 |
| 平均 | 0.2442 | 0.3930 | 0.3786 | 0.6214 |

AMOVA 分析结果（表 7-17）表明，天然与人工两类种群类型间变异占总变异 3.04%，种群类型间差异不显著。种群间和种群内遗传变异分别占总变异的 31.06% 和 65.90%，种群间遗传分化极显著（$\Phi_{ST}=0.3410$，$P<0.001$）。

**表 7-17　伯乐树种群的分子方差分析**

| 变异来源 | 自由度 | 均方和 | 方差组分 | 变异百分比/% | $P$ 值 |
|---|---|---|---|---|---|
| 组间 | 1 | 102.510 | 0.3232 | 3.04 | >0.05 |
| 种群间 | 4 | 283.106 | 3.3024 | 31.06 | <0.001 |
| 种群内 | 117 | 819.776 | 7.0066 | 65.90 | |

伯乐树两类种群的遗传多样性参数比较结果见表 7-18。由表 7-18 可知，伯乐树天然种群类型和人工种群类型多态条带百分率分别为 70.93% 和 53.49%，种群平均 Shannon's 信息指数分别 0.2518、0.2291，所有种群的 Shannon's 信息指数分别 0.3882、0.2941，两者均说明天然种群遗传多样性高于人工种群。基于表型多样性指数方法估算的天然种群类型中种群间变异占总变异 35.14%，而人工迁地种群类型中种群间变异占总变异 22.10%；基于 AVOMA 分析，天然种群遗传分化系数为 $\Phi_{ST}=0.3407$，人工种群遗传分化系数为 $\Phi_{ST}=0.2248$。这些种群遗传参数表明，伯乐树天然种群间遗传分化较人工迁地保护种群明显。

**表 7-18　伯乐树两类种群类型遗传参数比较**

| 种群类型 | $P$/% | $I_P$ | $I_S$ | $(I_S-I_P)/I_S$ | $I_P/I_S$ | $\Phi_{ST}$ |
|---|---|---|---|---|---|---|
| 天然种群 | 70.93 | 0.2518 | 0.3882 | 0.3514 | 0.6486 | 0.3407 |
| 人工种群 | 53.49 | 0.2291 | 0.2941 | 0.2210 | 0.7790 | 0.2248 |

## （三）种群遗传分化与聚类分析

利用 AMOVA 计算的成对种群间遗传分化系数 $\Phi_{ST}$ 值为 0.2248～0.4771（表 7-19）。其中，贵州黎平种群（LP）与湖南舜皇山（SHS）种群间遗传距离最大（$\Phi_{ST}=0.4771$），广东车八岭（CLB）与南昆山（NKS）种群间遗传距离最小（$\Phi_{ST}=0.2248$），各种群间遗传分化达到显著水平（$P<0.05$）。

**表 7-19　伯乐树种群间 $\Phi_{ST}$ 估算值**

| 种群 | LP | YMS | MS | NKS | CBL | SHS |
|---|---|---|---|---|---|---|
| LP | | | | | | |
| YMS | 0.3458* | | | | | |
| MS | 0.2717* | 0.2443* | | | | |
| NKS | 0.3416* | 0.2952* | 0.2359* | | | |
| CBL | 0.4635* | 0.3107* | 0.3422* | 0.2248* | | |
| SHS | 0.4471* | 0.3038* | 0.4019* | 0.3835* | 0.4255* | |

*表示 $P<0.05$。

基于 ISSR 标记检测的伯乐树成对种群间 $\Phi_{ST}$ 值，用 NTSYS-pc 软件对 6 个种群进行 UPGMA 聚类（图 7-12）。结果表明，6 个种群可分为 3 组，贵州黎平（LP）和湖南舜皇山（SHS）种群各为一组，湖南莽山（MS）、湖南阳明山（YMS）、南昆山（NKS）与车八岭（CBL）种群为一组。

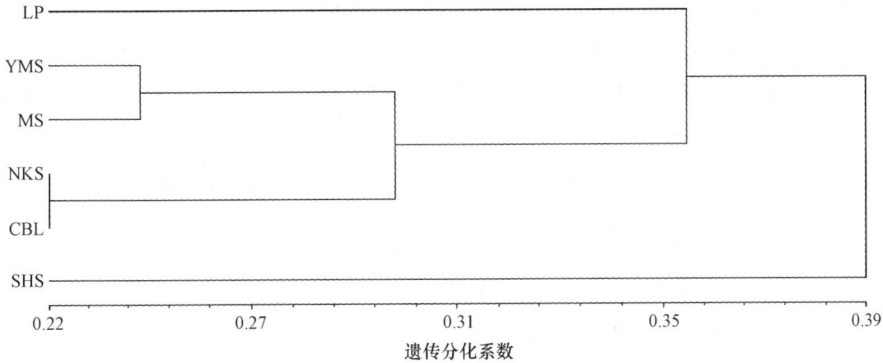

图 7-12 伯乐树种群间 $\Phi_{ST}$ 的 UPGMA 聚类图

## 三、讨论

### （一）伯乐树天然种群与人工种群遗传多样性比较

从 ISSR 扩增结果来看，来自南岭山地的 4 个伯乐树天然种群的多态条带百分率和 Shannon's 信息指数分别为 70.93% 和 0.3882，略高于彭莎莎等（2011）对来自浙江、江西 5 个天然种群的 23 株个体的初步研究结果（$P=63.19\%$，$I_S=0.3405$）。伯乐树间断性零星分布于云南、贵州、广西、湖北、湖南、广东、福建、浙江，分布区内环境复杂多样。本研究材料来源于伯乐树分布相对集中的南岭山地种群，因此，伯乐树实际的遗传多样性可能会更高，这表明伯乐树在物种水平维持相对较高的遗传多样性。在 *Abeliophyllum distichum*（Kang et al., 2000）、*Deutzia grandiflora*（Helenurm, 2001）、*Leucopogon obtectus*（Xue et al., 2004）、*Primula apennina*（Crema et al., 2009）、*Leucojum valetiunm*（Jordan-pla et al., 2009）、*Centaurea wiedemanniana*（Sozen et al., 2010）等珍稀、特有植物种中也发现同样情况。在缺乏有关伯乐树生物学资料及种群进化历史资料的前提下，本研究初步认为，伯乐树曾经可能是连续的广布种且具有很高的遗传多样性，尽管近期人为活动加剧了生境片断化导致天然资源稀少，但种内仍存在着丰富的遗传变异。

本研究的主要目的是比较南岭地区伯乐树天然种群与人工种群的遗传多样性，评价人工迁地保护种群的遗传完整性。研究结果表明，南岭地区伯乐树天然种群多样性高于人工迁地保护种群（表 7-18），这在白云杉（*Picea abies*）（Rajora, 1999）、黑松（*Pinus contorta*）（Thomas et al., 1999）、银杏（*Ginkgo biloba*）（葛永奇等，2003）、水杉（*Metasequoia glyptostroboides*）（Li et al., 2005）、*Picea glauca×engelmanni*（Stoehr et al., 1997）、圣栎（*Quercus ilex*）（Burgarella et al., 2007）、红树（*Avicennia germinans*）（Leiva et al., 2009）、云杉（*Picea asperata*）（Wang et al., 2010）、水松（*Glyptostrobus pensilis*）（吴则焰等，2011）、南方红豆杉（李乃伟等，2011）等树种研究中也有类似报道。普遍认为，人工种群遗传多样性丢失的原因是营建人工林的母树资源有限或非随机采样，即种子可能仅采集于同一种群或少数植株（Rajora, 1999, Li et al., 2005; Burgarella et al., 2007；吴则焰等，2011）。但在巴西松（*Araucaria angustifolia*）（Ferreira et al., 2012）、喜马拉雅长叶松 *Pinus roxburghii*（Gauli et al.，2009）的天然与人工种群的遗传多样性比较研究中发现，大多数巴西松人工种群的遗传多样性并没有降低，而喜马拉雅长叶松人工与天然种群的遗传多样性基本一致。可能是这2个树种分别为当地的主要造林树种，年造林面积大，用种量多，人工林建立的种子材料来源于多个不同种群中的不同个体。伯乐树人工迁地保护种群遗传多样性降低是由于种质材料仅来自单个种群，不能充分反映南岭山地天然种群遗传组成，换言之，当前伯乐树迁地保护的规模尚未达到遗传多样性保护的要求。

### （二）伯乐树天然种群与人工种群遗传结构比较

本研究表明，南岭山地伯乐树天然种群遗传分化较大（$\Phi_{ST}=0.3407$），接近于 Nybom（2004）统计的植物种群 RAPD 分子标记遗传分化系数平均数（$\Phi_{ST}=0.35$），远高于王美娜等（2011）对两个伯乐树种群的研究结果（$G_{ST}=0.167$），这可能与取样的种群不同有关，他们研究的两个种群相距很近，实为一个复合种群（王美娜等，2011），也可能与研究的标记类型不同有关。

植物种群遗传结构与其物种的生活史、分布区、交配系统、种子传播方式及群落演替阶段有关（Hamrick et al.，1991, Nybom, 2004）。南岭山地伯乐树天然种群遗传分化与广布种（$\Phi_{ST}=0.34$）相接近，但高于长寿命林木（$\Phi_{ST}=0.25$）及特有种（$\Phi_{ST}=0.26$）（Nybom, 2004）。伯乐树天然种群片断化分布，南岭山地起伏，走向多变，地形复杂，形成丰富的局部小气候（陈涛和张宏达，1994），种群间为高山阻隔，势必促进种群遗传分化（Weller et al.，1996）。20 世纪森林过度开发、开荒毁林，导致伯乐树种群数量及种群内个体数目减少，也可能加剧种群遗传分化（Stefenon et al.，2008）。

Nybom（2004）根据 104 植物的 ISSR 标记研究数据总结，认为异交、自交及混合交配植物种群遗传分化系数 $\Phi_{ST}$ 平均值分别为 0.27、0.65 和 0.40，伯乐树种群 $\Phi_{ST}$ 接近于混合交配植物。很遗憾的是，迄今为止尚未开展伯乐树生殖生物学特性研究。

本研究根据在一些公路、沟旁天然生长的伯乐树幼树的周围 2km 范围内没有发现成年大树的事实认为，鸟类、动物及水流可能是其种子传播的一条重要途径。ISSR 标记表明，伯乐树天然种群遗传分化系数高于种子靠动物（$\Phi_{ST}=0.27$）和水（或风）传播（$\Phi_{ST}=0.25$）的植物，低于种子靠重力传播的植物（$\Phi_{ST}=0.45$）。有关伯乐树种子传播方式有待于进一步研究。

伯乐树天然种群遗传分化（$\Phi_{ST}=0.3407$）高于人工迁地保护种群（$\Phi_{ST}=0.2248$），可能是伯乐树天然种群所处的生境（南岭山地中部及西部余脉）条件差异大，而建立的人工迁地保护种群的种子采集地生境条件差异不大（大庚岭以南），也可能是人工种群来源于母种群的部分个体而产生的偏差。

### （三）伯乐树遗传资源保护

物种遗传多样性水平决定着物种对自然或人工选择反应的能力，是制定物种遗传多样性保护与利用策略的必需信息资料（Reis et al.，2004）。本研究表明，湖南省阳明山、莽山种群遗传多样性较其他种群高，建议南岭山地应优先保护这两个种群。伯乐树幼年期需半阴湿环境，成年树要求"少阴大阳"生境，天然更新困难（乔琦等，2011），目前各级自然保护区开展的封禁措施虽然有利于伯乐树成年母树的保护，但不利于天然种群更新。建议应加强伯乐树天然种群中幼苗抚育管理，适度砍伐林下灌木丛，修剪林冠层的枝叶，逐步加强幼林光照强度，以满足不同年龄阶段对光照的需求，促进天然种群自然更新能力，扩大其种群内个体数目。

南岭山地伯乐树天然种群存在显著的遗传分化（$\Phi_{ST}=0.3407$）的结果表明，在制定迁地保护策略过程中应尽可能地从多个种群中收集种质材料，以增加人工迁地保护种群进化潜力（Stefenon et al.，2008）。由于伯乐树分布区内生态环境复杂多样，从多个不同生态地理种群采集种子，一方面可维持迁地保护种群的遗传完整性及适应性进化潜力，防止近交衰退和遗传漂移，另一方面也可能引起来源于生态地理条件差异大的种群材料远交衰退的危险（Ferreira et al.，2012）。因此，在目前缺乏伯乐树种群生殖生物学特性的详细信息条件下，建议分别在云贵高原、武陵山脉、南岭山地、幕阜山脉、武夷山脉等不同生态类型区内的国家级自然保护区，选择适宜伯乐树生长的较湿润的小气候环境，开展伯乐树迁地保护工作，扩大种植规模，增加人工迁地保护种群遗传变异水平，保证其遗传完整性。

## 参 考 文 献

曹坤方. 1993. 植物生殖生态学透视. 植物学通报, 10 (2): 15-23.

陈亚州, 阎秀峰. 2007. 芥子油苷在植物-生物环境关系中的作用. 生态学报, 27 (6): 2584-2593.

陈义堂, 陈世品, 张晓萍, 等. 2012. 福建省闽江源国家级自然保护区钟萼木群落特征研究. 福建林业科技, 39 (1): 17-21.

陈奕良, 林鹏, 叶朝坤, 等. 2010. 伯乐树木材物理力学性质的研究. 浙江林业科技, 30 (05): 20-23.

樊宝敏, 董源. 2001. 中国历代森林覆盖率的探讨. 北京林业大学学报, 23 (4): 60-65.

傅书遐, 傅坤俊. 1984. 中国植物志 (第34卷). 北京: 科学出版社: 8-10.

葛永奇, 邱英雄, 丁炳扬, 等. 2003. 子遗植物银杏种群遗传多样性的ISSR分析. 生物多样性, 11 (4): 276-287.

郭祥泉, 周立华, 熊自华, 等. 2012. 子遗树种钟萼木幼树生长特性探讨. 亚热带植物科学, 41 (2): 32-36.

郭治友, 龙应霞, 肖国学. 2007. 钟萼木的组织培养和快速繁殖. 植物生理学通讯, 43 (1): 127.

黄健锋, 陈定如. 2008. 珍稀植物伯乐树和半枫荷的生物学特性及园林应用. 广东园林, 30 (01): 46-49.

黄久香, 庄雪影. 2000. 车八岭苗圃三种国家二级保护植物的菌根研究. 华南农业大学学报, 21 (2): 38-41.

康华靖, 陶月良, 陈子林, 等. 2011. 伯乐树种子不同条件贮藏下前后生理比较. 中国野生植物资源, 30 (1): 35-39.

李乃伟, 贺善安, 束晓春, 等. 2011. 基于ISSR标记的南方红豆杉野生种群和迁地保护种群的遗传多样性和遗传结构分析. 植物资源与环境学报, 20 (1): 25-30.

刘成运. 1986. 伯乐树科及其近缘科的花粉形态研究. 植物分类与资源学报, 8 (4): 441-450.

刘菊莲, 周莹莹, 潘建华, 等. 2013. 浙江九龙山国家级自然保护区伯乐树群落特征及种群结构分析. 植物资源与环境学报, 22 (3): 95-99.

骆文坚, 金国庆, 何贵平, 等. 2010. 红豆树等6种珍贵用材树种的生长特性和材性分析. 林业科学研究, 23 (6): 809-814.

吕静, 胡玉熹. 1994. 伯乐树茎次生木质部结构的研究. 植物学报, 36 (6): 459-465.

马冬雪, 刘仁林. 2012. 天然群落枯枝落叶浸提液与其它处理对伯乐树种子发芽的比较研究. 林业科学研究, 25(5): 632-637.

欧阳献, 李火根. 2009. 伯乐树组织培养快繁技术研究. 安徽农业科学, 37 (28): 3484-3485.

彭沙沙, 黄华宏, 童再康, 等. 2011. 濒危植物伯乐树遗传多样性的初步研究. 植物遗传资源学报, 12 (3): 362-367.

乔琦, 秦新生, 郑希龙, 等. 2013. 伯乐树1年生幼苗的光响应特征. 福建林业科技, 40 (1): 63-69.

乔琦, 秦新生, 刑福武, 等. 2011a. 珍稀植物伯乐树一年生更新幼苗的死亡原因和保育策略. 生态学报, 31 (16): 4709-4716.

乔琦, 刑福武, 陈红峰, 等. 2011b. 中国特有珍稀植物伯乐树的研究进展和科研方向. 中国野生植物资源, 30 (3): 4-8.

乔琦, 陈红锋, 邢福武. 2009. 中国特有珍稀植物伯乐树种子的类型及贮藏. 种子, 28 (12): 25-27.

乔琦, 文香英, 陈红锋, 等. 2010a. 中国特有濒危植物伯乐树根的生态解剖学研究. 武汉植物学研究, 28 (5): 544-549.

乔琦, 邢福武, 陈红锋, 等. 2010b. 广东省南昆山伯乐树群落特征及其保护策略. 西北植物学报, 30 (2): 377-384.

乔琦, 邢福武, 陈红锋, 等. 2010c. 中国特有濒危植物伯乐树叶的结构特征. 武汉植物学研究, 28 (2): 229-233.

涂蔷, 吴涛, 赵良成, 等. 2012. 伯乐树不同发育阶段叶片表面附属结构特征. 植物分类与资源学报, 34 (3): 248-256.

王承南, 徐刚标. 2014. 伯乐树培育技术规程. 北京: 中国标准出版社.

王娟, 刘仁林, 廖为明. 2008. 伯乐树生长发育节律与物候特征研究. 江西科学, 26 (4): 552-555.

王美娜, 乔琦, 张荣京, 等. 2011. 广东南昆山与大岭山子遗植物伯乐树群落特征比较与谱系地理学研究. 广西植物, 31 (6): 789-794.

吴则焰, 刘金福, 洪伟, 等. 2011. 水松自然种群和人工种群遗传多样性比较. 应用生态学报, 22 (4): 873-879.

吴征镒, 路安民, 汤彦承. 2003. 中国被子植物科属综论. 北京: 科学出版社: 702.

吴征镒. 1991. 中国种子植物属的分布区类型. 云南植物研究, 增刊 IV: 29.

伍铭凯, 杨汉远, 龙舞, 等. 2006. 伯乐树种子育苗试验. 贵州林业科技, 34 (4): 39-41.

邢福武. 2005. 中国的珍稀植物. 长沙: 湖南教育出版社: 183.

徐刚标, 梁艳, 蒋燚, 等. 2013. 伯乐树种群遗传多样性及遗传结构. 生物多样性, 21 (6): 723-731.

于永福. 1999. 国家重点保护野生植物名录(第一批). 植物杂志, 151 (5): 4-11.

曾懋修, 童宗伦. 1984. 伯乐树树干的解剖学研究. 西南农学院学报, 1 (1): 42-46.

张大勇, 姜新华. 2001. 植物交配系统的进化、资源分配对策与遗传多样性. 植物生态学报, 25 (2): 130-143.

张季, 田华林, 王玉奇, 等. 2011. 3 个不同地理种源的伯乐树种子和苗期生长差异比较. 热带农业科学, 31 (5): 12-15.

中科院植物研究所. 1980. 中国高等植物图鉴(第二册). 北京: 科学出版社: 72.

李铁华, 周佑勋. 1997. 钟萼木种子生理休眠特性的初步研究. 中南林学院学报, 17 (2): 41-44.

马忠武, 何关福. 1992. 中国特有植物钟萼木化学成分的研究. 植物学报, 34 (6): 483-484.

张季, 田华林, 朱雁, 等. 2013. 珍贵木本蔬菜伯乐树幼嫩叶芽营养成分分析与评价. 农学学报, 3 (12): 48-51.

Angiosperm Phylogeny Group [APG]. 2009. An update of the Angiospeny Phylogeny Group classification for the orders and families of flowering plants: APGIII. Bot. J. Linn. Soc., 161 (2): 105-121.

Breed M F, Marklund M H K, Ottewell K M, et al. 2012. Pollen diversity matters: revealing the neglected effect of pollen diversity on fitness in fragmented landscapes. Molecular Ecology, 21 (24): 5955-5968.

Burgarella C, Navascués M, Soto Á, et al. 2007. Narrow genetic base in forest restoration with holm oak (Quercus ilex L.) in Sicily. Annals of Forest Science, 64: 757-763.

Chaw S C, Peng C I. 1987. Palynological notes on Bretschneidera sinensis Hemsl. Botanical Bulletin of Academia Sinica, 18(1): 55-60.

Craene L P, Yang T Y A, Schols P, et al. 2002. Floral anatomy and systematics of Bretschneidera (Bretschneideraceae). Botanical Journal of the Linnean Society, 139 (1): 29-45.

Crema A, Cristofolini G, Rossi M, et al. 2009. High genetic diversity detected in the endemic Primula apennina Widmer (Primulaceae) using ISSR fingerprinting. Plant Systematics and Evolution, 280: 29-36.

Evanno G, Regnaut S, Goudet J. 2005. Detecting the number of clusters of individuals using the software structure: a simulation study. Molecular Ecology, 14 (8): 2611-2620.

Ferreira D K, Nazareno A G, Mantovani A, et al. 2012. Genetic analysis of 50-year old Brazilian pine (Araucaria angustifolia) plantation: implications for conservation planning. Conservation Genetics, 13: 435-442.

Gauli A, Gailing O, Stefenon V M, et al. 2009. Genetic similarity of natural populations and plantations of Pinus roxburghii Sarg. In Nepal. Annals of Forest Science, 66: 702-713.

Guan B, Song G, Ge G. 2012. Sixteen microsatellite markers developed from Bretschneidera sinensis (Bretschneideraceae). Conservation Genetics Resources, 4 (3): 673-675.

Hamrick J L, Godt M J W, Murawski D A, et al. 1991. Correlation between species traits and allozyme diversity: implication for conservation biology. In: Genetics and Conservation of Rare Plants (Falk D A, Holsinger K E, eds), UK: Oxford University Press: 245-253.

Helenurm K. 2001. High levels of genetic polymorphism in the insular endemic herb Jepsonia malvifolia. J Hered, 92: 427-432.

Hu Z Y, Lin L, Deng J F, et al. 2014. Genetic diversity and differentiation among populations of Bretschneidera sinensis (Bretschneideraceae), a narrowly distributed and endemic species in China, detected by inter-simple sequence repeat (ISSR). Biochemical Systematics and Ecology, 56: 104-110.

Jordan-pla A, Estrelles E, Boscaiu M, et al. 2009. Genetic variability in the endemic Leucojum valetiunm. Biologia Plantarum, 53 (2): 317-319.

Kang U, Chang C S, KimY S. 2000. Genetic structure and conservation considerations of rare endemic *Abeliophyllum distichum* Nakai (Oleaceae) in Korea. Journal of plant research, 113: 127-138.

Kremer A, Ronce O, Robledo-Arnuncio J J, et al. 2012. Long-distance gene flow and adaptation of forest trees to rapid climate change. Ecology Letters, 15 (4): 378-392.

Leiva D E, Duran V M, Perea N. 2009. Genetic diversity of black mangrove (*Avicennia germinans*) in natural and reforested areas of Salamanca Island Parkway, Colombian Caribbean. Hydrobiologia,620: 17-24.

Li Y Y, Chen X Y, Zhang X, et al. 2005. Genetic differences between wild and artificial populations of *Metasequoia glyptostroboides*: implications for species recovery. Conservation Biology, 19: 224-231.

Liu C M, Li B, Shen Y H, et al. 2010. Heterocyclic Compounds and Aromatic Diglycosides from *Bretschneidera sinensis*. Journal of Natural Products, 73(9): 1582-1585.

Lu L L, David E B. 2005. Flora of China. Beijing: Science Press.

Nybom H, Bartish I V. 2000. Effects of life history traits and sampling strategies on genetic diversity estimates obtained with RAPD markers in plants. Perspectives in Plant Ecology Evolution & Systematics, 3 (3): 93-114.

Nybom H. 2004. Comparison of different nuclear DNA markers for estimation intraspecific genetic diversity in plants. Molecular Ecology, 13: 1143-1156.

Qiao Q, Chen H F, Xing F W, et al. 2009. Seed germination protocol for the threatened plant species, *Bretschneidera sinensis* Hemsl. Seed Science & Technology, 37 (1):70-78.

Qiao Q, Chen H F, Xing F W, et al. 2012. Pollination ecology of Bretschneidera sinensis (Hemsley), a rare and endangered tree in China. Pakistan Journal of Botany, 44 (6): 1897-1903.

Rajora O P. 1999. Genetic biodiversity impacts of silvicultural practices and phenotypic selection in white spruce. Theor Appl Genet, 99:954-961

Reis A M M, Grattapaglia D. 2004. RAPD variation in a germplasm collection of *Myracrodruon urundeuva* (Anacardiaceae), an endangered tropical tree: recommendations for conservation. Genet Resour Crop Evol, 51:529-538.

Schnabel A, Nason J D, Hamrick J L. 1998. Understanding the population genetic structure of *Gleditsia triacanthos* L.: seed dispersal and variation in female reproductive success. Molecular Ecology, 7: 819-832.

Segarra-Moragues J G, Palop-Esteban M, González-Candeles F, et al. 2005. On the verge of extinction: genetics of the critically endangered Iberian plant species, *Borderea chouardii* (Dioscoreaceae) and implications for conservation management. Molecular Ecology, 14 (4): 969-982.

Sozen E, Oxaydin B. 2010. A study of genetic variation in endemic plant *Centaurea wiedemanniana* by using RAPD markers. Ekoloji, 77: 1-8.

Stefenon V M, Gailing O, Finkeldey R. 2008. Genetic structure of plantations and the conservation of genetic resources of Brazilian pine (*Araucaria angustifolia*). Forestry Ecology Management, 255: 2718-2725.

Stoehr M U, El-Kassaby Y A. 1997. Levels of genetic diversity at different stages of the domestication cycle of interior spruce in British Columbia. Theoretical and Applied Genetics, 94: 83-90.

Thomas B R, Macdonald S, Ehicks M, et al. 1999. Effects of reforestation methods on genetic diversity of lodgepole pine: an assessment using microsatellite and randomly amplified polymorphic DNA markers. Theor Appl Genet, 98: 793-801.

Tobe H, Peng C I.1990. The embryology and relationships of *Bretschneidera* (Bretschneideraceae). Botanical Journal of the Linnean Society, 103 (2): 139-152.

Wang D Y, Chen Y J, Zhu H M, et al. 2014. Highly differentiated populations of the narrow endemic and endangered species Primula cicutariifoliain China, revealed by ISSR and SSR. Biochemical Systematics and Ecology, 53: 59-68.

Wang Z S, Liu H, Xu W X, et al. 2010. Genetic diversity in young and mature cohorts of cultivated and wild populations of *Picea asperata* Mast ( Pinaceae), a spruce endemic in western China. European Journal of Forest Research, 129: 719-728.

Weller S G, Sakai A K, Straub C. 1996. Allozyme diversity and identity in *Schiedea and Alsinidendron* (Caryophyllaceae: Alsinoideae in t he Hawaiian Islands. Evolution, 50: 20-34.

Xue D W, Ge X J, Hao G, et al. 2004. High genetic diversity in a rare, narrowly endemic primrose species: *Primula interjacens* by ISSR analysis. Acta Botanica Sinica, 46 (10): 1163-1169.

Zhao X, Ma Y, Sun W, et al. 2012. High genetic diversity and low differentiation of *Michelia coriacea* (Magnoliaceae), a critically endangered endemic in Southeast Yunnan, China. International Journal of Molecular Sciences, 13 (4): 4396-4411.

# 附　　录

## 一、种群遗传多样性与遗传结构分析软件

种群遗传多样性与遗传结构分析软件，是基于遗传标记检测的种群等位基因频率和基因型频率进行多项种群遗传多样性与遗传结构参数统计分析的便捷式操作软件。其中用得比较广泛的有 POPGENE、STRUCTURES、GENEPOP、GenAlEx6、NTSYSpc、FSTAT 等。

### （一）POPGENE

POPGENE 软件是由加拿大 Alberta 大学 Francis Yeh 等开发的，具有进行正合检验（如 Hardy-Weinberg 平衡、种群差异、连锁不平衡等）、估算种群遗传学参数（如多态位点百分比、等位基因频率等种群遗传多样性丰富度参数，$F_{ST}$ 等种群遗传分化参数以及复杂的遗传学数据基因流）、转换输入文件格式功能的分析软件。POPGENE 软件操作较简单，功能较全，数据输入文件为纯文本文件，数据文件要与 GENEPOP 存于同一子目录下才可使用，可以用 2 位或 3 位数对数据进行编号，输入文件中缺失的数据可以用"00"或"000"表示。输出结果可以在 EDIT 文字处理程序中进行查看（可通过匿名 FTP 在服务器 ftp.cefe.cnrsmop.fr 的 pub/pc/msdos/genepop 子目录下下载）。

POPGENE 下载地址：

http://www.ualberta.ca/~fyeh/download.htm

### （二）FSTAT

FSTAT 软件包是 Jérôme Goudet 开发的用于计算共显性标记的遗传多样性和遗传分化参数。主要功能如下：检测样本和总体水平上的等位基因频率、观察和期望基因型频率、等位基因数目、基因丰富度；检测整体水平上以及每个样本或位点是否处于 Hardy-Weinberg 平衡；估计 Nei's（1987）基因多样性和遗传分化值，以及 Weir 和 Cockerham（1984）的 $F_{IT}$、$F_{ST}$ 和 $F_{IS}$ 值。

基于再抽样设计的置信区间由 Weir 和 Cockerham 统计量给出，新版本继承了旧版本的绝大多数功能，如用 Jackknifing 或 Bootstrapping 进行再抽样，估计 $R$ 统计量，进行 Hardy-Weinberg 检验等，还增加了一些新的检验功能：每个样本和总体中每一对基因座是否处于平衡；样本中各组是否存在差异；个体分散率是否相同。并且能将 FSTAT 格式转化为 GENEPOP 格式，以及能够进行多元回归分析。

FSTAT 下载地址：

http://www2.unil.ch/popgen/softwares/fstat.htm

## （三）ARLEQUIN

ARLEQUIN 软件是由 Excoffier 等开发出来的种群遗传学软件，能提供大量的基础方法和统计学检测。Arlequin 有大量的选项，主要功能包括多态位点百分比、种群内遗传多样性、单倍体频率的估算，连锁不平衡、Hardy-Weinberg 平衡、Tajima's 中性、Fu's $F_S$ 中性、Ewens-Watterson 中性的检测，以及寻找共显性单倍型、分子方差分析、成对的种群间遗传距离、基因型的指派分析等。ARLEQUIN 下载地址：

http://cmpg.unibe.ch/software/arlequin3

## （四）GENEPOP

GENEPOP 软件包是由 Michel Raymond 和 Francois Rousset 开发出来的，主要功能与 FSTAT 相近，是一个非常实用的种群遗传学分析软件包，适用于对大量种群遗传数据分析。它主要有 3 个方面的用途。

（1）进行正合检验，如对 Hardy-Weinberg 平衡、种群差异和位点间的连锁不平衡进行检验。

（2）估算经典的种群遗传学参数，和其他相关指数及基因频率等。

（3）将 GENEPOP 的输入文件转换为其他常用的种群遗传学分析软件包（如 FSTAT 等）所要求的输入文件格式。

GENEPOP 的主菜单有 8 个选项。

（1）Hardy-Weinberg exact test：提供种群内各位点的平衡状态及种群整体的平衡状态的检验。

（2）Linkage disequilibrium：进行连锁不平衡分析。可分别用于单倍体或二倍体数据的处理。

（3）Population differentiation：检验所有种群间的遗传分化和基因型差异，并对任意的种群对进行检验。

（4）$Nm$ estimates：估计有效迁移的个体数 $Nm$，采用的是私有等位基因法，该项不需要进行参数设定。

（5）Allele frequency：估计等位基因频率等。包括 3 个子选项：基础信息，即基因型矩阵、纯合子和杂合子的数目、等位基因频率。

（6）$F_{ST}$ and other correlations：根据等位基因频率和等位基因大小分别用 $F$-统计量和 Rho 统计量来估算种群间的相似度，以及根据地理距离进行 Mantel 检测。

（7）Data format conversions：将数据转化为 BIOSYS（letter code）、BIOSYS（number code）、LINKDOS、ARLEQUIN 5 种文件格式。

（8）Mscellaneous utilities：可用最大似然法估计基因频率，将单倍体数据二倍化。

直接在线计算地址：

http://genepop.curtin.edu.au/index.htm

GENEPOP 4.0 下载地址：

http://kimura.univ-montp2.fr/~rousset/Genepop.htm

## （五）GENALEX

GENALEX 软件是由澳大利亚国立大学 Peakall 和 Smouse 研究出的一种在 Microsoft Excel 程序中运行的跨操作系统平台的种群遗传分析软件包，可以对共显性数据、单倍体数据和二元数据进行分析，可以分析的数据范围包括了几乎所有遗传学分子标记的数据形式，包括等位酶、微卫星、单核苷酸多态性（SNP）、扩增片段长度多态性（AFLP）以及其他的多位点标记，还可以用于 DNA 序列的分析。

对于共显性数据，除了有标准的种群遗传多样性参数，如等位基因数、特有等位基因数、等位基因频率以及观测和期望杂合位点之外，GENALEX 还提供了一系列基于频率的分析。例如，用 GENALEX 软件可进行 $F$-统计检验、Nei's 遗传距离和地理距离的同一性检验以及偏性分布的检验，它还可以估计基因型概率、特异性概率和排除概率，并可以比对两两估计之间的关系。针对单倍体和二元数据，GENALEX 专门有一个程序对它们进行上述分析，而且还为单倍型数据提供不平衡检验。

GENALEX 软件为共显性数据、单倍型数据以及二元数据提供了单独的计算遗传距离矩阵的选项。这些遗传距离矩阵可以在 GENALEX 软件中进行进一步的遗传分析：分子变异的 AMOVA 分析、相关性 PCA 分析、Mantel 检验、种群遗传变异的空间自相关分析和 TWOGENER 分析。

GENALEX 软件专门设计了一系列用来帮助用户从自动生成的序列和基因型软件中输入、编辑并校对原始数据的新工具。有了这些程序，用户可以从自动生成序列的软件中快速输入基因型数据。输入 DNA 序列信息和查找单倍型的功能在 GENALEX 中也可获得。在输入数据以后，选项就会提供在运行过程中合并数据，检验是否完全匹配。因此，选项允许位点以任意顺序出现。另外，此软件可以立即获取存在缺失位点数据的样本列表，最终还能按照单个种群的数据形式给出数据集。只要完成了最终数据组的编辑收集，就可以运行 GENALEX 软件中的所有的统计分析功能了。为了扩大可被用于其他种群遗传分析软件的数据格式，GENALEX 软件包还提供了输出选项菜单。通过编辑该选项，可以将 GENALEX 格式的数据转换为其他多种适于种群遗传学分析软件的数据格式，如 ARLEQUIN、GENEPOP、SPAGEDI 以及 STRUCTURE。用户还可以通过 PHYLIP、MEGA 的输出选项菜单将数据输出为一系列系统发育分析的格式。

在 GENALEX 6 中还为高级用户提供了一些新的统计分析算法。除了已经存在的一系列多元空间分析选项外，其中还包括二维局部空间（2D LSA）自相关分析程序。此外，还有用于估测比较个体之间，以及种群之间两两相互关系的选项。多位点共显性数据组的分析工具也被添加到 GENALEX 6 中。

在一个数据组中定位配对的多位点基因型，计算基因型概率、同一性概率以及排除概率等功能都可以在该软件包内实现。这些多位点分析工具在被应用到遗传标签的标志重捕研究中时，被认为有广阔的应用空间。TWOGENER 选项专门用于在植物学研究中分析花粉流，还可对植物克隆进行检测并构图。

实际上，所有的 GENALEX 选项都可以处理缺失数据。这些缺失数据在基于距离的比对分析，如 AMOVA、Mantel 和空间自相关分析中是不可忽略的问题。因此，GENALEX

软件包提供了一个独立选项用于插入和缺失的逐个个体比对距离。

GenAlEx 6.2 下载地址：

http://www.anu.edu.au/BoZo/GenAlEx/ genalex_download_6_1.php

## （六）STRUCTURES

STRUCTURES 软件包实现了通过基因型信息来推断种群遗传结构。这种方法是由 Pritchard、Stephens 和 Donnelly（2000），以及 Falush、Stephens 和 Pritchard（2003，2007）开发和修订的。他们利用一个假想的模型：有 $K$ 个种群（$K$ 不一定知道），个体被随机指派到种群中，如果某些个体的基因型显示出它们是混合的情况下，它们甚至加入了两个或两个的种群中。这种方法可以应用解释现有的种群结构识别独特的遗传种群，将个体指派到种群中，鉴定迁移者和混合的个体。该软件主要有家系模型和等位基因模型。其中家系模型包括：①不混合模型；②混合模型；③连锁模型（考虑位点的连锁信息的混合模型）；④先前信息模型（可以让使用者指派一些或所有的个体到提前定义好的种群中）。

STRUCTURES 2.2 下载地址：

http://pritch.bsd.uchicago.edu/software/ structure2_ 2.html

## （七）NTSYS-pc

NTSYS-pc 软件可以用来从多元数据中寻找其规律和结构，是形态学和遗传学分类的常用软件。可以用来进行多变量数据、数据转换、相似及非相似分析、群集分析、数字性分类系统，也可以应用于族群分析、委任分析、多尺寸缩放、树状资料分析、cophenetic 数值数组、调和分析、主要成分分析、双中心化、特征函数向量、傅立叶变换、合并方差-协方差、遗传距离系数、相似/不相似、转化等。NTSYS 能将 AFLP、RAPD 和 ISSR 等显性标记分析的种群，以单个个体的形式聚类出来。这样可以很直观地看出种群间的关系和混合程度。但对于以共显性标记如 SSR，由于数据处理方面的问题（NTSYS 要求以 1，0 矩阵的形式输入），应用得较少。

NTSYSpc 2.2 下载地址：

http://www.exetersoftware.com/cat/ntsyspc/ntsyspc.html

## （八）SPAGeDi

SPAGeDi(spatial pattern analysis of genetic diversity)是由 Olivier HARDY 和 Xavier VEKEMANS 开发的主要利用基因型来分析个体或种群的空间遗传结构的一个软件包。它可以通过成对的比较来计算出多种数据来描述个体或种群间的相关和分化程度，同时也分析这些数值与地理距离之间的关系，如空间自相关分析和线性回归分析（这些回归分析的斜率可以用来间接的评估基因分散的参数如邻去尺寸等）。在没有地理信息的条件下，SPAGeDi 也可用来计算总的遗传分化和两两比对的矩阵。

SPAGeDi 1.2 下载地址：

http://www.ulb.ac.be/sciences/ecoevol/spagedi.html

## （九）BOTTLENECK

BOTTLENECK 是由由法国学者 Gordon Luikart 和 Jean-Marie Cornuet（1996）开发出的用于检测种群在过去的 $2N_e$-$4N_e$（$N_e$ 为有效种群大小）世代内经历的有效种群急剧下降。假定突变-漂移平衡的前提下，已知抽样大小 $n$ 时，该程序可由等位基因数（$k$）的观察值计算各种群和各基因座杂合度的期望分布。在经历了瓶颈的种群中，有效种群大小较小，多态位点上的等位基因数和杂合度也会相应地减少，但等位基因数的降低比杂合度要快，从而使得杂合度比突变-漂变平衡下根据等位基因数计算来的期望杂合度大（$H_e > H_{eq}$），即杂合度过量。Bottleneck 有 3 种模型：IAM 突变模型、SMM 突变模型和两步突变（two-phased model of mutation，TPM）模型。严格地讲，只有在符合 IAM 突变模型的位点上，才能检测出杂合度过量。对于遵循严格的 SMM 突变模型的位点，不会观察到杂合度的过量。然而，极少位点会严格地符合 SMM 突变模型，一旦位点稍微从 SMM 突变模型偏向 IAM 突变模型，就会由于遗传瓶颈产生杂合度过量。TPM 是介于 SMM 和 IAM 之间的一个突变模型，是一种更适合微卫星标记的突变模式。为了检测种群中杂合度过量的位点数是否显著，BOTTLENECK 提供了三种方法：sign test、standardized differences test、wilcoxon sign-rank test。第一种方法的统计功效较低，第二种方法需要至少 20 个多态位点，而第三种的统计功效相对较高，同时在 4 个以上多态位点的情况下即可以使用。

BOTTLENECK 可以识别 5 种数据文件格式，且都为文本文件，其中两个分别为 GENEPOP 和 GENETIX。另外三种涉及单个种群数据。文件的第一行为标题行，之后每一行分别为每个基因座的信息。每一行总以基因座的名称开始，后面紧跟等位基因数（$k$）。在第一种数据文件格式中，一行中包括抽样大小（$n$）和无偏基因多样性；第二中格式，在一行中连续输入每个等位基因的数目；第三种格式则是输入抽样大小（$n$）和各等位基因频率。所有的数据都在同一行，可由一个或多个空格分开。

Bottleneck 1.2.02 下载地址：

http://www.montpellier.inra.fr/URLB/bottleneck/bottleneck.html

# 二、分子系统学及序列分析软件

分子系统学是通过检测生物大分子包含的遗传信息，定量描述、分析这些信息在分类、系统发育和进化上的意义，从而在分子水平上解释系统发育及进化规律的一门学科。分析分子系统学数据的软件很多，常用的分子系统学软件包括 PHYLIP、MEGA、PAUP 等。

## （一）PHYLIP

PHYLIP（PHY logeny inference package）是一个推断系统发育或进化树的软件包，由西雅图华盛顿大学 Joseph Felsenstein 编写。PHYLIP 是多个软件的压缩包，功能极其强大，主要包括 5 个方面的功能软件。

（1）DNA 和蛋白质序列数据的分析软件。

（2）序列数据转变成距离数据后，对距离数据分析的软件。

（3）对基因频率和连续的元素分析的软件。

（4）把序列的每个碱基/氨基酸独立看待（碱基/氨基酸只有 0 和 1 的状态）时，对序列进行分析的软件。

（5）按照 DOLLO 简约性算法对序列进行分析的软件。

（6）绘制和修改进化树的软件 PHYLIP 是最广泛的系统发育软件包，但对文件格式都有严格的规定，所有的计算过程也许要一步接一步的进行。因此 PHYLIP 软件的操作过程比较复杂。

PHYLIP 3.68 下载地址：

http://evolution.genetics.washington.edu/phylip.html

## （二）MEGA

MEGA（the molecular evolutionary genetics analysis）是由 Kumar 开发出的分子系统学软件，它主要集中于进化分析获得的综合的 DNA 和蛋白质序列信息，构建系统发育树、推测物种间的进化距离等。主要功能有以下几个方面。

（1）序列比对的构建。该软件能够识别 MEGA、NEXUS、FASTA 和其他格式的序列，并且能够手工编辑序列和直接对选中序列在网上 BLAST。

（2）估算遗传距离，如 Tamura-Nei distance 和最大相似法等。

（3）选择的检测。其中包括 Fisher's Exact Test、Tajima's Test of Neutrality、Large sample Z-test；多种方法建立系统树，如 Neighbor-Joining、Minimum Evolution method、UPGMA、Maximum Parsimony，并且对建好的树进行的 Bootstrap 检测和 Confidence Probability 检测；该软件还可将序列输出成 PAUP3、PHYLIP 的格式。MEGA 4 下载地址：

http://www.megasoftware.net/index.html

## （三）PAUP

PAUP（phylogenetic analysis using parsimony）是 David L. Swofford 等开发设计的一款用于构建进化树（系统发育树）及进行相关检验的软件，包含了众多分子进化模型和方法。PAUP 用最大简约法做系统发生分析时，既能对 DNA 序列做邻近归并法（neighbor joining，NJ）、最大简约法（maximumparsimony，MP）和最大相似法（maximum likelihood，ML）分析，又能对蛋白质序列做 NJ 和 MP 分析。PAUP 分析得到的进化树默认的浏览软件是 TreeView，由于 TreeView 所提供的编辑功能很弱，使用 MEGA 软件执行上述运算命令后保存得到 phylip 类型的进化树，可在 MEGA 中直接打开。

PAUP 下载地址：

http://paup.csit.fsu.edu

TreeView 下载地址：

http://taxonomy.zoology.gla.ac.uk/rod/treeview.html